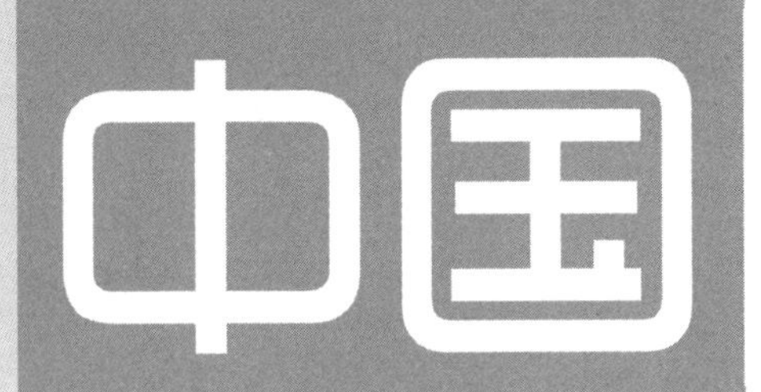

CHINA
FORESTRY
AND GRASSLAND
STATISTICAL
YEARBOOK

中国林业和草原统计年鉴 2019

国家林业和草原局 ◎ 编

中国林业出版社
CHINA FORESTRY PUBLISHING HOUSE

图书在版编目(CIP)数据

中国林业和草原统计年鉴．2019／国家林业和草原局编．—北京：中国林业出版社，2020.10

ISBN 978-7-5219-0876-3

Ⅰ.①中…　Ⅱ.①国…　Ⅲ.①林业经济-统计资料-中国-2019-年鉴 ②草原资源-统计资料-中国-2019-年鉴　Ⅳ.①F326.2-66 ②S812.8-66

中国版本图书馆CIP数据核字(2020)第206657号

翻　　译： 张坤　唐肖彬

中国林业和草原统计年鉴（2019）

作者：国家林业和草原局

地址：北京市东城区和平里东街18号

电话：010-83143580

E-mail：luckyhr@163.com

出版：中国林业出版社(100009　北京市西城区德内大街刘海胡同7号)

发行：新华书店北京发行所

印刷：北京中科印刷有限公司

版次：2020年10月第1版

印次：2020年10月第1次

开本：880mm×1230mm　1/16

印张：22

字数：1100千字

定价：258.00元

中国

林业和草原统计年鉴2019

CHINA

FORESTRY AND GRASSLAND STATISTICAL YEARBOOK 2019

一、为了适应改革开放的需要，便于国内外各界了解中国林业建设与发展情况，我们编辑的《中国林业统计年鉴》从 1987 年开始公开出版，每年出版一册，供广大读者作为资料性的工具书使用。自 2018 年开始，草原管理职能调至国家林业和草原局，相关数据编入年鉴，《中国林业统计年鉴》更名为《中国林业和草原统计年鉴》。

二、本书系根据各省、自治区、直辖市林业和草原管理部门以及国家林业和草原局相关司局、直属单位上报的 2019 年林业草原统计年报和其他有关资料编辑而成。全书分为：林草资源、国土绿化、产业发展、从业人员和劳动报酬、林草投资、林草教育 6 个部分及东北、内蒙古重点国有林区森工企业主要统计指标、林业工作站和乡村林场基本情况、林草主要灾害情况、全国分县造林情况、全国历年主要统计指标完成情况、主要林草产品进出口情况、野生动植物进出口情况和世界主要国家林业情况 8 个附录。

三、本书中内蒙古集团、吉林集团、长白山集团、龙江集团、伊春集团和大兴安岭指内蒙古森工集团、吉林森工集团、长白山森工集团、龙江森工集团、伊春森工集团和大兴安岭林业集团。本书数据除特别标注外不包括香港特别行政区、澳门特别行政区以及台湾省。

四、“—”表示数据不足本表最小单位数、不详或无该项数据。

五、为了不断提高年鉴质量，竭诚欢迎广大读者提出改进意见。

编　者

2020 年 6 月

Preface

China Forestry Statistical Yearbook has been annually published since 1987. The yearbook, as a reference tool, is used to help people from all walks of life at home and abroad to understand forestry construction and development in China. Since the grassland administration was combined into former State Forestry Administration, the yearbook is renamed as *China Forestry and Grassland Statistical Yearbook.*

China Forestry and Grassland Statistical Yearbook 2019 is edited on the basis of some relevant information and the statistics submitted by the competent forestry and grassland departments of provinces, autonomous regions, municipalities directly under the Central Government , relevant departments and bureaus of National Forestry and Grassland Administration. The yearbook is composed of six components including forestry and grassland resources, national land greening,forest industrial development, employment and remuneration, investment in forestry and grassland, education on forestry and grassland. It also contains 8 appendices of major statistical data of forest industry enterprises in the key state-owned forest areas of the Northeast region and Inner Mongolia, forestry workstation and rural forest farms, major forest and grassland disasters, afforestation in counties, main forestry statistical indicators over years, import and export of primary forest and grassland products, import and export of wild fauna and flora and forestry in major countries of the world.

In the yearbook, Inner Mongolia Group, Jilin Group, Changbai Mountain Group, Longjiang Group , Yichun Group and Daxinganling refer to Inner Mongolia Forest Industry Group, Jilin Forest Industry Group, Changbai Mountain Forest Industry Group, Longjiang Forest Industry Group and Daxinganling Forestry Group.

The yearbook (in case there are no specific notes) does not include the data of Hong Kong Special Administrative Region, Macao Special Administrative Region and Taiwan Province.

"—" indicates that the figure is not large enough to be measured with the smallest unit in the table or the data are not available.

In order to improve the quality of the yearbook, readers' suggestions and comments are warmly welcomed.

Editor

June, 2020

CONTENTS

一、林草资源

Forestry and Grassland Resources

二、国土绿化

National Land Greening

三、产业发展

Forest Industrial Development

四、从业人员和劳动报酬

Employment and Remuneration

五、林草投资

Investment in Forestry and Grassland

六、林草教育

Education on Forestry and Grassland

附录一：东北、内蒙古重点国有林区 87 个森工企业主要统计指标

Annex I Main Statistical Indicators for 87 Forest Industry Enterprises in the Key State-owned Forest Areas of the Northeast Region and Inner Mongolia by Enterprise

附录二：林业工作站和乡村林场基本情况

Annex II Forestry Workstations and Rural Forest Farms

附录三：林草主要灾害情况

Annex III Major Forest and Grassland Disasters

附录四：全国分县造林情况

Annex IV National Afforestation by County

附录五：全国历年主要统计指标完成情况

Annex V Main Statistical Indicators Nationwide Over the Years

附录六：2010~2019 年主要林草产品进出口情况

Annex VI　Import and Export of Major Forest and Grass Products between 2010 and 2019

附录七：野生动植物进出口情况

Annex VII　Import and Export of Wild Fauna and Flora

附录八：世界主要国家林业情况

Annex VIII　Forestry in Major Countries in the World

1

林草资源

FORESTRY AND GRASSLAND RESOURCES

全国森林

地区	森林覆盖率(%)	森林面积(万公顷)					
		乔木林			竹林		
		合计	天然	人工	合计	天然	人工
全国合计	**22.96**	**17988.85**	**12276.18**	**5712.67**	**641.16**	**390.38**	**250.78**
北京	43.77	62.16	28.22	33.94	—	—	—
天津	12.07	10.26	0.66	9.60	—	—	—
河北	26.78	365.40	179.71	185.69	—	—	—
山西	20.50	244.37	140.30	104.07	—	—	—
内蒙古	22.10	1756.22	1420.60	335.62	—	—	—
辽宁	39.24	425.56	217.37	208.19	—	—	—
吉林	41.49	774.64	607.22	167.42	—	—	—
黑龙江	43.78	1984.40	1742.42	241.98	—	—	—
上海	14.04	7.23	—	7.23	0.31	—	0.31
江苏	15.20	126.77	5.16	121.61	3.13	—	3.13
浙江	59.43	426.88	311.96	114.92	90.06	48.38	41.68
安徽	28.65	308.67	153.86	154.81	38.80	8.96	29.84
福建	66.80	621.35	326.20	295.15	113.96	99.79	14.17
江西	61.16	808.48	520.43	288.05	105.65	103.73	1.92
山东	17.51	152.66	10.40	142.26	—	—	—
河南	24.14	348.27	156.92	191.35	2.26	—	2.26
湖北	39.61	606.67	471.01	135.66	17.92	15.04	2.88
湖南	49.69	798.92	436.43	362.49	82.31	64.04	18.27
广东	53.52	780.98	297.39	483.59	44.62	11.99	32.63
广西	60.17	1050.10	457.79	592.31	36.02	7.20	28.82
海南	57.36	173.38	53.73	119.65	1.68	0.36	1.32
重庆	43.11	245.85	176.89	68.96	15.39	6.58	8.81
四川	38.03	1332.41	956.49	375.92	59.28	14.07	45.21
贵州	43.77	585.44	332.43	253.01	16.01	3.84	12.17
云南	55.04	1862.87	1452.10	410.77	11.52	4.80	6.72
西藏	12.14	883.67	877.91	5.76	—	—	—
陕西	43.06	707.10	560.32	146.78	2.24	1.60	0.64
甘肃	11.33	263.89	177.78	86.11	—	—	—
青海	5.82	42.14	34.82	7.32	—	—	—
宁夏	12.63	17.31	6.16	11.15	—	—	—
新疆	4.87	214.80	163.50	51.30	—	—	—

说明：1. 森林资源数据来源第九次全国森林资源清查(2014—2018)结果；

2. 全国数据除森林覆盖率外，其他数据均不含台湾省和香港、澳门特别行政区；

3. 全国天然特殊灌木林面积为3524.47万公顷，其中2323.26万公顷未计入全国森林面积。

资源情况

			森林蓄积量(万立方米)			
特灌林			乔木林			其他林木
合计	天然	人工	合计	天然	人工	
3192.04	**1201.21**	**1990.83**	**1705819.59**	**1367059.63**	**338759.96**	**144690.21**
9.66	0.12	9.54	2437.36	1092.18	1345.18	563.45
3.38	—	3.38	460.27	32.14	428.13	160.29
137.29	59.44	77.85	13737.98	6474.82	7263.16	2182.36
76.72	13.16	63.56	12923.37	8838.06	4085.31	1855.28
858.63	594.24	264.39	152704.12	138796.24	13907.88	13567.86
146.27	39.14	107.13	29749.18	18262.95	11486.23	1139.35
10.23	1.71	8.52	101295.77	89573.66	11722.11	4072.68
6.06	4.78	1.28	184704.09	164338.44	20365.65	15295.32
1.36	—	1.36	449.59	—	449.59	214.73
26.09	—	26.09	7044.48	229.66	6814.82	2565.14
88.05	—	88.05	28114.67	19772.51	8342.16	3270.19
48.38	0.12	48.26	22186.55	10499.91	11686.64	3958.55
76.27	—	76.27	72937.63	42979.88	29957.75	6773.66
106.89	28.16	78.73	50665.83	36772.18	13893.65	6898.46
113.85	—	113.85	9161.49	305.97	8855.52	3879.00
52.65	0.48	52.17	20719.12	9336.94	11382.18	5845.36
111.68	52.80	58.88	36507.91	28670.93	7836.98	3071.91
171.35	50.60	120.75	40715.73	22650.91	18064.82	5425.30
120.38	21.09	99.29	46755.09	25137.74	21617.35	3308.40
343.53	231.13	112.40	67752.45	33236.33	34516.12	6680.79
19.43	—	19.43	15340.15	7691.04	7649.11	1006.99
93.73	75.57	18.16	20678.18	15390.65	5287.53	3733.99
448.08	366.99	81.09	186099.00	160652.53	25446.47	11102.77
169.58	119.31	50.27	39182.90	22596.63	16586.27	5281.67
231.77	141.58	90.19	197265.84	175619.57	21646.27	15979.15
607.32	605.24	2.08	228254.42	228012.36	242.06	2264.73
177.50	14.39	163.11	47866.70	43453.48	4413.22	3156.72
245.84	205.39	40.45	25188.89	20874.90	4313.99	3197.99
377.61	365.83	11.78	4864.15	4288.94	575.21	692.71
48.29	15.89	32.40	835.18	384.42	450.76	275.96
587.43	517.31	70.12	39221.50	31093.66	8127.84	7269.45

全国草原综合植被盖度

地　区	全国合计	北京	天津	河北	山西	内蒙古	辽宁	吉林
草原综合植被盖度(%)	55.72	—	—	72.50	72.80	44.00	63.13	71.70

续表一

地　区	黑龙江	上海	江苏	浙江	安徽	福建	江西	山东
草原综合植被盖度(%)	67.50	—	—	—	83.20	—	86.50	77.60

续表二

地　区	河南	湖北	湖南	广东	广西	海南	重庆	四川
草原综合植被盖度(%)	78.00	86.00	86.60	—	81.50	—	85.20	85.50

续表三

地　区	贵州	云南	西藏	陕西	甘肃	青海	宁夏	新疆
草原综合植被盖度(%)	86.00	87.81	45.90	60.10	51.60	56.80	55.43	40.98

说明:此数据为2018年数据。

全国湿地资源和荒漠化防治情况

地区	湿地面积（万公顷）	湿地保护率（%）	沙化土地面积（平方千米）	防沙治沙任务完成面积（万公顷）
全国合计	**5342.06**	**51.36**	**17211.75**	**225.12**
北京	4.81	46.65	2.76	1.66
天津	29.56	59.14	1.39	0.44
河北	94.19	42.66	210.34	13.86
山西	15.19	63.86	58.02	10.45
内蒙古	601.06	31.26	4078.79	93.66
辽宁	139.48	40.30	51.07	7.80
吉林	99.76	44.98	70.44	0.85
黑龙江	514.34	48.85	47.40	0.74
上海	46.46	50.45	—	—
江苏	282.28	42.60	52.59	—
浙江	111.01	23.16	—	—
安徽	104.18	50.02	17.11	0.36
福建	87.10	20.40	3.51	0.03
江西	91.01	59.45	6.40	1.38
山东	173.75	57.93	68.18	0.01
河南	62.79	50.51	59.68	2.55
湖北	144.50	51.50	18.97	2.92
湖南	101.97	75.77	5.87	—
广东	175.34	49.24	5.38	—
广西	75.43	34.39	18.66	0.19
海南	32.00	37.55	5.50	—
重庆	20.72	60.20	0.13	—
四川	174.78	57.00	86.31	2.45
贵州	20.97	57.72	0.26	—
云南	56.35	52.96	2.94	0.44
西藏	652.90	68.75	2158.36	10.87
陕西	30.85	39.61	135.39	7.03
甘肃	169.39	55.48	1217.02	10.54
青海	814.36	64.31	1246.17	12.05
宁夏	20.72	55.54	112.46	8.76
新疆	394.82	47.55	7470.64	36.08

说明：湿地面积数据来源为第二次全国湿地资源调查（2009~2013年）结果。

大熊猫数量及分布情况

地　区	种群数量(只)	分布面积(公顷)	分布密度(个体/平方千米)
四　川	1387	2027244	0.0684
陕　西	345	360587	0.0957
甘　肃	132	188764	0.0699

国家公园情况

国家公园体制试点区名称	国家公园体制试点区面积(公顷)	投资完成额(万元)		
		合计	其中:中央投资	其中:地方投资
合　计	**22318937**	**509525**	**333280**	**176245**
东北虎豹国家公园	1461226	19745	19745	—
祁连山国家公园	5023700	55400	46700	8700
大熊猫国家公园	2713400	211549	205958	5591
三江源国家公园	12314140	90897	32695	58202
海南热带雨林国家公园	440300	65505	—	65505
武夷山国家公园	100141	9473	2000	7473
神农架国家公园	116988	13735	10535	3200
香格里拉普达措国家公园	60210	8500	8500	—
钱江源国家公园	25238	11955	5147	6808
南山国家公园	63594	22766	2000	20766

自然保护区和自然公园情况

地区	自然保护区				国家级自然公园	
	个数(个)		面积(万公顷)		个数(个)	面积(万公顷)
	合计	其中：国家级	合计	其中：国家级		
全国总计	**2830**	**474**	**14721**	**9811**	**2443**	**3350**
北　京	21	2	14	3	24	18
天　津	8	3	9	4	8	5
河　北	45	13	71	26	76	93
山　西	46	8	109	14	69	75
内蒙古	219	29	1370	445	112	198
辽　宁	102	19	174	89	77	54
吉　林	57	24	170	118	66	65
黑龙江	208	49	761	389	144	340
上　海	4	2	14	7	7	2
江　苏	31	3	53	30	60	27
浙　江	26	11	19	15	87	89
安　徽	103	8	46	15	88	53
福　建	127	17	49	23	76	39
江　西	190	16	103	25	112	92
山　东	78	7	92	22	160	100
河　南	30	13	77	45	91	59
湖　北	78	22	108	55	120	93
湖　南	192	23	144	61	180	110
广　东	404	15	172	34	77	36
广　西	78	23	128	39	64	95
海　南	49	10	268	16	20	17
重　庆	60	6	82	25	61	50
四　川	166	32	804	306	104	401
贵　州	105	10	86	29	100	76
云　南	163	20	287	151	77	186
西　藏	47	11	4066	3720	38	328
陕　西	61	26	115	63	95	36
甘　肃	56	21	875	693	56	72
青　海	11	7	2178	2074	45	186
宁　夏	14	9	53	46	25	10
新　疆	51	15	2226	1230	128	344

2

国土绿化

NATIONAL LAND GREENING

全国营造林生产主要指标

指 标 名 称	单位	2019年
一、造林面积	**公顷**	**7390294**
1. 人工造林面积	公顷	3458315
2. 飞播造林面积	公顷	125565
3. 封山育林面积	公顷	1898314
4. 退化林修复面积	公顷	1537877
5. 人工更新面积	公顷	370223
二、森林抚育面积	**公顷**	**8477587**
三、林木种苗		
1. 林木种子采集量	吨	22767
2. 当年苗木产量	万株	6320374
3. 育苗面积	公顷	1415566

2019 年与 2018 年比较

2018 年	2019 年比 2018 年增减（%）
7299473	**1. 24**
3677952	−5. 97
135429	−7. 28
1785067	6. 34
1329166	15. 70
371859	−0. 44
8675957	**−2. 29**
30364	−25. 02
6463753	−2. 22
1426929	−0. 80

各地区造林

地区	造林			
	总计	人工造林	飞播造林	
				合计
全国合计	**7390294**	**3458315**	**125565**	**1898314**
北　京	34084	18698	—	15386
天　津	16538	16522	—	—
河　北	520644	350969	21365	140156
山　西	347355	275024	—	58266
内蒙古	720285	371332	32186	121361
内蒙古集团	32125	1914	—	—
辽　宁	157599	48980	13333	55333
吉　林	102929	24595	—	—
吉林集团	29707	—	—	—
长白山集团	33331	—	—	—
黑龙江	118264	43030	—	28620
龙江集团	21960	4095	—	—
伊春集团	18525	2650	—	2379
上　海	5003	5003	—	—
江　苏	44366	32370	—	—
浙　江	75527	6276	—	1332
安　徽	138746	51264	—	40381
福　建	214092	6738	—	142780
江　西	269354	66951	—	74312
山　东	168297	125393	—	—
河　南	196493	164771	13335	18287
湖　北	473105	138486	—	192486
湖　南	574543	191985	—	162741
广　东	244726	22132	—	93201
广　西	220068	34537	—	43194
海　南	15704	3057	—	—
重　庆	275195	146539	—	53256
四　川	400370	136609	79	126563
贵　州	346974	142472	—	101592
云　南	353812	261244	—	53859
西　藏	87124	36026	—	51098
陕　西	333451	151419	45000	79427
甘　肃	369085	259997	—	85209
青　海	220576	128735	—	67679
宁　夏	92254	63057	—	12401
新　疆	229331	131704	267	79394
新疆兵团	35684	7034	—	26413
大兴安岭	24400	2400	—	—

和抚育情况

单位:公顷

面积					森林抚育面积
封山育林			退化林修复	人工更新	
无林地和疏林地新封山育林	有林地和灌木林地新封山育林	新造幼林地封山育林			
1072561	**781476**	**44277**	**1537877**	**370223**	**8477587**
3506	11880	—	—	—	104891
—	—	—	16	—	52293
135286	3937	933	3946	4208	254164
58266	—	—	14065	—	72133
109614	11747	—	187710	7696	679109
—	—	—	24708	5503	367444
17333	38000	—	29460	10493	46668
—	—	—	69926	8408	230897
—	—	—	29659	48	74007
—	—	—	32738	593	119126
27659	961	—	42214	4400	620787
—	—	—	13465	4400	314749
2379	—	—	13496	—	192898
—	—	—	—	—	24774
—	—	—	159	11837	66704
—	1332	—	61400	6519	72684
4905	35443	33	46109	992	510902
3246	132131	7403	16938	47636	359506
17226	51310	5776	122704	5387	394622
—	—	—	18114	24790	188402
18287	—	—	100	—	303040
61159	120599	10728	136220	5913	299385
86554	76187	—	213907	5910	473006
10974	65575	16652	69898	59495	502597
7128	36066	—	5885	136452	839276
—	—	—	55	12592	43816
39743	13513	—	75400	—	156571
48260	78303	—	129833	7286	208056
77574	24018	—	95376	7534	403032
22922	30937	—	38376	333	70454
51098	—	—	—	—	37812
76608	2819	—	57272	333	218826
68364	16398	447	23879	—	185533
66586	—	1093	24162	—	60571
12401	—	—	16796	—	30645
47862	30320	1212	15957	2009	735831
6640	19560	213	1004	1233	165203
—	—	—	22000	—	230600

林业重点生态

指　标	单位	总计	天然林资源保护工程	退耕还林工程	京津风沙源治理工程	石漠化治理工程
一、造林面积	**公顷**	**2308302**	**503662**	**478020**	**230799**	**178965**
1. 人工造林	公顷	1242626	127378	476414	134789	40883
2. 飞播造林	公顷	78518	59852	—	10000	—
3. 无林地和疏林地新封山育林	公顷	687314	184039	—	86010	131816
4. 退化林修复	公顷	272288	126791	635	—	6266
5. 人工更新	公顷	27556	5602	971	—	—
二、森林抚育面积	**公顷**	**1698460**	**1481618**	**100594**	**—**	**1508**
三、全部林业投资完成额	**万元**	**2320342**	**654331**	**586684**	**139606**	**94516**
其中：中央投资	万元	1854708	626823	568660	122049	90597
地方投资	万元	159716	22809	7417	17099	3919

工程建设情况

三北及长江流域等防护林体系工程							国家储备林建设工程
合计	三北防护林工程	长江流域防护林体系工程		沿海防护林体系工程	珠江流域防护林体系工程	太行山绿化工程	
		小计	其中:林业血防				
868158	**596500**	**172012**	**2046**	**26675**	**22249**	**50722**	**48698**
451905	315605	78771	1512	24018	12614	20897	11257
8666	5333	—	—	—	—	3333	—
285449	204198	57025	333	667	2333	21226	—
112199	71098	27792	201	1558	6485	5266	26397
9939	266	8424	—	432	817	—	11044
79451	**45928**	**13108**	**—**	**10325**	**10090**	**—**	**35289**
720683	**499630**	**123090**	**2236**	**43256**	**18913**	**35794**	**124522**
419741	274151	93493	1286	16160	15072	20865	26838
106972	78919	12078	950	9292	928	5755	1500

各地区林业重点生态工程造林面积

单位:公顷

地　区	全部造林面积	重点生态工程造林面积							其他造林面积
		合计	天然林资源保护工程	退耕还林工程	京津风沙源治理工程	石漠化治理工程	三北及长江流域等重点防护林体系工程	国家储备林建设工程	
全国合计	**7390294**	**2308302**	**503662**	**478020**	**230799**	**178965**	**868158**	**48698**	**5081992**
北　京	34084	1507	—	—	1174	—	333	—	32577
天　津	16538	859	—	—	859	—	—	—	15679
河　北	520644	126118	—	—	32740	—	91452	1926	394526
山　西	347355	232367	57076	32067	52736	—	90488	—	114988
内蒙古	720285	342826	86950	32405	121249	—	102222	—	377459
内蒙古集团	32125	29424	29424	—	—	—	—	—	2701
辽　宁	157599	41675	—	—	—	—	41675	—	115924
吉　林	102929	78154	63433	—	—	—	13388	1333	24775
吉林集团	29707	29389	28056	—	—	—	—	1333	318
长白山集团	33331	32175	32175	—	—	—	—	—	1156
黑龙江	118264	97853	20016	—	—	—	51214	26623	20411
龙江集团	21960	11067	11067	—	—	—	—	—	10893
伊春集团	18525	17354	8949	—	—	—	—	8405	1171
上　海	5003	—	—	—	—	—	—	—	5003
江　苏	44366	5327	—	—	—	—	5327	—	39039
浙　江	75527	—	—	—	—	—	—	—	75527
安　徽	138746	17695	—	133	—	—	17196	366	121051
福　建	214092	4529	—	—	—	—	4356	173	209563
江　西	269354	39051	—	—	—	—	37753	1298	230303
山　东	168297	8662	—	—	—	—	8662	—	159635
河　南	196493	30306	6416	2225	—	—	21665	—	166187
湖　北	473105	71251	6731	9787	—	34466	19066	1201	401854
湖　南	574543	52385	—	—	—	17471	33177	1737	522158
广　东	244726	1148	—	—	—	—	1148	—	243578
广　西	220068	25200	—	—	—	7447	6821	10932	194868
海　南	15704	53	—	—	—	—	—	53	15651
重　庆	275195	100997	15616	69595	—	8121	7332	333	174198
四　川	400370	53733	39119	10746	—	3868	—	—	346637
贵　州	346974	99174	12667	—	—	75146	10002	1359	247800
云　南	353812	243059	15414	185993	—	32446	7842	1364	110753
西　藏	87124	20755	1466	—	—	—	19289	—	66369
陕　西	333451	205621	87402	50934	22041	—	45244	—	127830
甘　肃	369085	108006	15434	19179	—	—	73393	—	261079
青　海	220576	76123	39487	—	—	—	36636	—	144453
宁　夏	92254	38631	9840	1267	—	—	27524	—	53623
新　疆	229331	160837	2195	63689	—	—	94953	—	68494
新疆兵团	35684	9251	334	2105	—	—	6812	—	26433
大兴安岭	24400	24400	24400	—	—	—	—	—	—

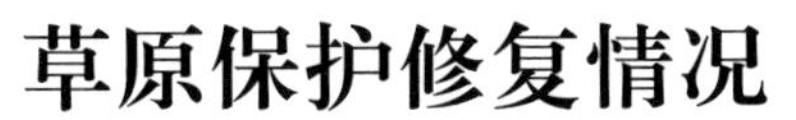

草原保护修复情况

指标名称	单位	本年实际
一、种草面积	**公顷**	**1169405**
1. 建设人工草地	公顷	745526
2. 补播种草	公顷	423879
二、草原改良面积	**公顷**	**1206820**
三、草原管护面积	**公顷**	**254979357**
1. 禁牧	公顷	82392255
2. 草畜平衡	公顷	172587102

各地区草原保护修复情况

单位:公顷

地区	种草面积			草原改良面积	草原管护面积		
	合计	建设人工草地	补播种草		合计	禁牧	草畜平衡
全国合计	**1169405**	**745526**	**423879**	**1206820**	**254979357**	**82392255**	**172587102**
北 京	—	—	—	—	—	—	—
天 津	—	—	—	—	—	—	—
河 北	4467	2467	2000	26380	1416620	1416620	—
山 西	1613	1613	—	28120	172028	27501	144527
内蒙古	502672	449693	52979	241687	61801450	25886436	35915014
内蒙古集团	—	—	—	—	—	—	—
辽 宁	1473	1473	—	7969	948888	948888	—
吉 林	6116	1216	4900	713	222055	187983	34072
吉林集团	—	—	—	—	—	—	—
长白山集团	—	—	—	—	—	—	—
黑龙江	30332	4993	25339	102851	987861	984261	3600
龙江集团	—	—	—	—	—	—	—
伊春集团	—	—	—	—	—	—	—
上 海	—	—	—	—	—	—	—
江 苏	—	—	—	—	—	—	—
浙 江	—	—	—	—	—	—	—
安 徽	—	—	—	—	—	—	—
福 建	—	—	—	—	—	—	—
江 西	—	—	—	—	—	—	—
山 东	—	—	—	—	—	—	—
河 南	—	—	—	—	—	—	—
湖 北	—	—	—	—	—	—	—
湖 南	—	—	—	—	—	—	—
广 东	—	—	—	—	—	—	—
广 西	—	—	—	—	—	—	—
海 南	200	200	—	—	8944	—	8944
重 庆	463	263	200	333	133	133	—
四 川	159716	21384	138332	61200	14647547	5298888	9348659
贵 州	2944	2312	632	233	128028	17943	110085
云 南	75476	58055	17421	17224	9464305	1415912	8048393
西 藏	—	—	—	551780	68370658	8625333	59745325
陕 西	19664	17064	2600	1707	1502618	1500180	2438
甘 肃	104843	83263	21580	35447	16269696	6764110	9505586
青 海	106400	3333	103067	51333	31611561	16361336	15250225
宁 夏	15167	1666	13501	9417	2250452	2250452	—
新 疆	137859	96531	41328	70426	45176513	10706279	34470234
新疆兵团	7187	3488	3699	2092	1457783	780730	677053
大兴安岭	—	—	—	—	—	—	—

林草种苗生产情况

指标	单位	本年实际
一、种子生产		
1. 林木种子产量	吨	22745
其中:良种	吨	8687
2. 穗条产量	万条(根)	199247
3. 草种产量	吨	25794
二、苗木生产		
1. 育苗面积	公顷	1415566
其中:新育	公顷	159714
2. 苗木产量	万株	6320374
其中:良种	万株	1459346
三、良种使用率	**%**	**65.00**

各地区林草种苗生产情况

地区	林木种子产量(吨)		穗条产量(万条、根)	草种产量(吨)	育苗面积(公顷)		苗木产量(万株)		良种使用率(%)
	合计	其中:良种			合计	其中:新育	合计	其中:良种	
全国合计	**22745**	**8687**	**199241**	**25794**	**1415566**	**159714**	**6320374**	**1459346**	**65.00**
北　京	—	—	6	—	14792	636	7974	11	50.86
天　津	—	—	—	—	13112	1528	24027	23025	99.78
河　北	749	95	8174	48	99540	16959	382319	27055	61.65
山　西	1693	435	2209	—	77230	17048	529757	74519	67.80
内蒙古	1457	113	3446	5109	42946	2814	195513	21282	50.26
内蒙古集团	—	—	26	—	152	36	12745	3800	60.72
辽　宁	1862	57	739	—	22032	3079	159859	22027	65.00
吉　林	189	169	4869	—	10282	1259	225139	116723	73.11
吉林集团	27	16	—	—	95	16	5426	1613	—
黑龙江	173	108	1664	—	7611	1373	107966	26555	46.15
龙江集团	97	87	10	—	958	22	15183	8646	88.75
上　海	—	—	—	—	8308	87	5957	124	—
江　苏	4702	4033	4653	1	205219	11524	629393	105318	58.30
浙　江	36	1	272	—	138077	8347	562607	85723	61.02
安　徽	291	53	6257	—	100986	7765	123733	10908	73.51
福　建	10	4	1284	—	734	152	12393	8706	82.90
江　西	67	5	2836	—	101388	3697	191039	35336	63.13
山　东	1374	789	22701	6	180734	19308	481163	256795	83.80
河　南	1301	260	15625	—	62249	22361	248491	88473	72.31
湖　北	181	12	5132	—	50958	2923	134980	41155	72.47
湖　南	290	13	47098	—	1789	627	73140	47642	89.53
广　东	27	10	769	—	2349	794	47178	12804	59.90
广　西	572	29	12565	—	7721	1278	89773	45251	79.02
海　南	236	13	859	51	1311	523	9684	293	51.90
重　庆	138	63	737	—	20169	2380	103484	35938	67.60
四　川	342	45	5403	—	21725	2653	252094	17728	68.01
贵　州	535	5	24671	—	7364	3215	200309	21079	57.00
云　南	1525	26	2390	3	3062	1506	78973	13509	62.30
西　藏	44	20	68	725	1574	872	3773	618	—
陕　西	1839	264	3153	26	99924	13084	445975	30075	54.60
甘　肃	1196	598	1151	10068	39890	6030	566906	180296	52.11
青　海	144	4	3	9556	8960	951	96313	7082	42.00
宁　夏	1015	810	6559	201	28728	1628	202423	32866	58.91
新　疆	758	651	13948	1	34622	3292	120767	69936	88.61
新疆兵团	15	7	122	—	4638	90	2652	1298	60.99
大兴安岭	—	—	—	—	183	20	7271	492	—

3

产业发展

FOREST INDUSTRIAL DEVELOPMENT

林业产业总产值(一)

(按现行价格计算)

单位:万元

指　　标	总产值
总产值	**807510000**
一、第一产业	**252646249**
(一)涉林产业	239648266
1. 林木育种和育苗	23655135
(1)林木育种	1986371
(2)林木育苗	21668764
2. 营造林	20501673
3. 木材和竹材采运	12775818
(1)木材采运	9193958
(2)竹材采运	3581860
4. 经济林产品的种植与采集	150841253
(1)水果、坚果、含油果和香料作物种植	99248596
(2)茶及其他饮料作物的种植	15837968
(3)森林药材、食品种植	23203473
(4)林产品采集	12551216
5. 花卉及其他观赏植物种植	26854311
6. 陆生野生动物繁育与利用	5020076
(二)林业系统非林产业	12997983
二、第二产业	**361959335**
(一)涉林产业	353999404
1. 木材加工和木、竹、藤、棕、苇制品制造	133988804
(1)木材加工	26170659
(2)人造板制造	68017090
(3)木制品制造	28107173
(4)竹、藤、棕、苇制品制造	11693882

林业产业总产值(二)

(按现行价格计算)　　单位:万元

指　　标	总产值
2. 木、竹、藤家具制造	66177562
3. 木、竹、苇浆造纸和纸制品	69610978
(1)木、竹、苇浆制造	7360184
(2)造纸	36108427
(3)纸制品制造	26142367
4. 林产化学产品制造	5704470
5. 木质工艺品和木质文教体育用品制造	8752313
6. 非木质林产品加工制造	58676597
(1)木本油料、果蔬、茶饮料等加工制造	45618193
(2)森林药材加工制造	10159480
(3)其他	2898924
7. 其他	11088680
(二)林业系统非林产业	7959931
三、第三产业	**192904416**
(一)涉林产业	181024148
1. 林业生产服务	7546430
2. 林业旅游与休闲服务	153923928
3. 林业生态服务	9568281
4. 林业专业技术服务	3052283
5. 林业公共管理及其他组织服务	6933226
(二)林业系统非林产业	11880268
补充资料：竹产业产值	28919692
林下经济产值	95627938

各地区林业

(按现行

地区	林业产业					
	总计	合计	小计	林木育种和育苗		
				计	林木育种	林木育苗
全国合计	**807510000**	**252646249**	**239648266**	**23655135**	**1986371**	**21668764**
北　京	2610077	1755419	1741137	141269	7042	134227
天　津	336160	335258	335258	2811	1329	1482
河　北	14607173	6626352	6618079	567763	107336	460427
山　西	5319197	4128224	4107301	759881	67460	692421
内蒙古	4869345	2048583	1905060	403023	14206	388817
内蒙古集团	600668	247181	239914	5382	634	4748
辽　宁	10145402	5844794	5772328	638772	33639	605133
吉　林	11255288	3375634	3199488	242263	16563	225700
吉林集团	931440	225324	216054	2540	596	1944
长白山集团	705099	213254	199276	3362	56	3306
黑龙江	12852222	5787290	4260803	487615	16060	471555
龙江集团	3331032	1155891	542112	2097	67	2030
伊春集团	620380	221564	139060	1188	14	1174
上　海	2922402	400835	400835	219	—	219
江　苏	48934524	10936743	10628794	2302480	116078	2186402
浙　江	51672221	10617080	10606902	2325284	509	2324775
安　徽	43452388	12211927	11833138	1390658	194545	1196113
福　建	64505423	9931520	9930320	108160	17580	90580
江　西	51120531	12150115	11285112	1141881	202852	939029
山　东	65877734	23390904	23269407	5382938	4180	5378758
河　南	21439310	9965997	9719960	716625	138660	577965
湖　北	40957696	13597523	12689429	793102	64368	728734
湖　南	50297711	16448416	15137337	1406107	431048	975059
广　东	84159503	11031591	10880242	120261	17089	103172
广　西	70426465	21371104	17649287	581809	136381	445428
海　南	6541382	3454378	3454062	51006	320	50686
重　庆	13901849	5707529	5540925	332345	36987	295358
四　川	39478893	14251419	13230523	557487	77707	479780
贵　州	33645800	8678800	7767612	726475	120939	605536
云　南	24841778	14379988	13863184	309678	44515	265163
西　藏	396405	321862	302619	18134	—	18134
陕　西	14132385	11028865	10958485	1296572	96714	1199858
甘　肃	4307313	3655421	3490419	261091	15531	245560
青　海	699625	528909	528909	18610	243	18367
宁　夏	1549705	894749	894749	154035	1608	152427
新　疆	9213675	7336536	7335662	411803	4882	406921
新疆兵团	1903667	1806804	1806804	16893	1722	15171
大兴安岭	1040418	452484	310900	4978	—	4978

产业总产值(一)

价格计算)

单位:万元

总产值						
第一产业						
涉林产业						
营造林	木材和竹材采运			经济林产品的种植与采集		
	计	木材采运	竹材采运	计	水果、坚果、含油果和香料作物种植	茶及其他饮料作物的种植
20501673	**12775818**	**9193958**	**3581860**	**150841253**	**99248596**	**15837968**
1066088	11677	11677	—	414471	409706	—
146792	20961	20961	—	147102	147102	—
1263729	66232	66232	—	4323488	3992847	34860
929369	13612	13612	—	2364395	2199315	4285
871775	44344	44344	—	512934	384954	5155
208769	973	973	—	4869	134	—
232756	88924	88924	—	4019173	2800138	59945
291203	143110	143110	—	2098735	365325	3266
131109	19216	19216	—	58389	4412	—
79525	5778	5778	—	82531	14335	
258093	99090	99090	—	2965904	330182	6610
123372	195	195	—	410258	3493	—
49694	—	—	—	85606	739	—
114666	1151	42	1109	218459	216946	—
816988	333488	314667	18821	4606965	3372187	351966
253381	406727	137817	268910	6918758	3308890	1492963
1374677	752824	525273	227551	6392205	2862919	1801394
354117	1670878	731513	939365	6027598	2547715	1314016
923042	717264	394456	322808	6381330	3228398	849710
726159	396479	396479	—	13799747	13077056	575539
870216	218297	213668	4629	5337936	3368936	618931
1035050	279965	212877	67088	8473891	4221212	1729999
2109067	754557	383692	370865	8145109	5324641	1054098
643516	1137157	825920	311237	6476296	4648853	463063
1190817	3028626	2647478	381148	10620242	7750318	502463
102544	449613	445268	4345	2479416	2049986	3927
728639	132992	59406	73586	3797909	2967049	251408
794263	790849	352304	438545	8994534	6014896	917477
722273	376930	354192	22738	5397438	2568225	1379910
639256	758339	650844	107495	10819097	5147506	1477696
221122	6216	6216	—	56847	51346	—
708826	46009	24612	21397	8567652	6839893	904063
300473	2355	2246	109	2902940	2489340	16508
113644	166	108	58	389754	15136	280
108663	—	—	—	603925	227271	956
419692	26986	26930	56	6473568	6317459	17480
104336	5494	5438	56	1678477	1633181	17480
170777	—	—	—	113435	2849	—

各地区林业

(按现行

地区	林业产业				
	第一产业				
	涉林产业				林业系统非林产业
	经济林产品的种植与采集		花卉及其他观赏植物种植	陆生野生动物繁育与利用	
	森林药材、食品种植	林产品采集			
全国合计	**23203473**	**12551216**	**26854311**	**5020076**	**12997983**
北　京	—	4765	100287	7345	14282
天　津	—	—	15655	1937	—
河　北	242114	53667	263956	132911	8273
山　西	156881	3914	35782	4262	20923
内蒙古	95969	26856	14333	58651	143523
内蒙古集团	862	3873	118	19803	7267
辽　宁	857704	301386	158545	634158	72466
吉　林	1607324	122820	53599	370578	176146
吉林集团	39593	14384	357	4443	9270
长白山集团	53257	14939	110	27970	13978
黑龙江	2028284	600828	23586	426515	1526487
龙江集团	349135	57630	5	6185	613779
伊春集团	68567	16300	200	2372	82504
上　海	144	1369	66340	—	—
江　苏	371626	511186	2525808	43065	307949
浙　江	1958563	158342	503591	199161	10178
安　徽	1161500	566392	1711172	211602	378789
福　建	1174733	991134	1667606	101961	1200
江　西	1309345	993877	1927550	194045	865003
山　东	144245	2907	2709166	254918	121497
河　南	916936	433133	2291185	285701	246037
湖　北	1938336	584344	1764492	342929	908094
湖　南	1313495	452875	2303579	418918	1311079
广　东	466767	897613	2458965	44047	151349
广　西	909899	1457562	1709245	518548	3721817
海　南	24551	400952	340283	31200	316
重　庆	433321	146131	488942	60098	166604
四　川	1287170	774991	1742799	350591	1020896
贵　州	1097457	351846	485584	58912	911188
云　南	1849955	2343940	1157023	179791	516804
西　藏	3475	2026	300	—	19243
陕　西	573654	250042	282143	57283	70380
甘　肃	374766	22326	22357	1203	165002
青　海	373603	735	—	6735	—
宁　夏	363208	12490	27166	960	—
新　疆	105822	32807	3124	489	874
新疆兵团	6609	21207	1438	166	—
大兴安岭	62626	47960	148	21562	141584

产业总产值(二)

价格计算)

单位:万元

总产值						
第二产业						
合计	涉林产业					
	小计	木材加工和木、竹、藤、棕、苇制品制造				
		计	木材加工	人造板制造	木质品制造	竹、藤、棕、苇制品制造
361959335	**353999404**	**133988804**	**26170659**	**68017090**	**28107173**	**11693882**
—	—	—	—	—	—	—
—	—	—	—	—	—	—
6831785	6831728	3795352	535457	2962149	296384	1362
576318	536718	59716	42493	11509	5714	—
1286352	1197956	1056968	1015720	40772	476	—
76973	1418	—	—	—	—	—
2718321	2681194	1188349	328291	218037	575879	66142
5700530	5470119	1897628	292693	840912	764023	—
383118	326089	234516	1307	144495	88714	—
101609	47258	41050	14817	10296	15937	—
3569404	2556589	1196228	734682	127804	290514	43228
719315	267073	121798	19767	7432	66537	28062
20120	5883	3595	230	198	3167	—
2390067	2390067	398800	—	398800	—	—
31284940	29726893	18976418	1547415	12865900	4070194	492909
27537225	27533325	7282287	986377	1466537	3743522	1085851
19941746	19598008	11880572	2054700	6966605	1482468	1376799
42899326	42528562	14370608	1602650	2296434	5986295	4485229
22797646	21885129	4214270	799167	1277039	1693142	444922
37371682	37323995	21602079	3126411	17003090	1282171	190407
7924671	7890592	3556308	974459	2253166	263757	64926
13163437	12496361	4090027	567361	1924408	1308157	290101
16744503	15754134	5498991	1180830	1180720	1408855	1728586
54463761	54336664	5681015	1037358	2681348	1525687	436622
33389135	32795373	20515965	7196563	11012897	1923334	383171
2717676	2716389	240557	136925	82621	8221	12790
4036143	3976041	986723	283993	315575	243628	143527
10109238	9802444	2686075	749552	1148265	441572	346686
4352700	4352700	737979	390543	218582	80279	48575
7009522	6619796	1723853	445400	598638	642521	37294
2036	2036	2036	2036	—	—	—
1545459	1522992	241130	92350	74224	60357	14199
258187	253715	12210	6413	4533	708	556
81220	81220	34050	2550	31500	—	—
340441	340441	—	—	—	—	—
753817	751384	53822	38245	15025	552	—
91245	91095	2715	2404	311	—	—
162047	46839	8788	25	—	8763	—

各地区林业

(按现行

地区	林业产业					
	第二					
	涉林					
	木、竹、藤家具制造	木、竹、苇浆造纸和纸制品				林产化学产品制造
		计	木、竹、苇浆制造	造纸	纸制品制造	
全国合计	**66177562**	**69610978**	**7360184**	**36108427**	**26142367**	**5704470**
北京	—	—	—	—	—	—
天津	—	—	—	—	—	—
河北	530129	34149	1404	32083	662	49530
山西	33967	635	—	35	600	1120
内蒙古	2281	29623	—	—	29623	1800
内蒙古集团	—	—	—	—	—	—
辽宁	588129	243395	21250	129738	92407	—
吉林	474067	435079	46571	90173	298335	9147
吉林集团	2028	2000	—	—	2000	6967
长白山集团	2425	—	—	—	—	—
黑龙江	301094	255026	3494	235910	15622	2027
龙江集团	1868	14460	—	14460	—	—
伊春集团	1034	—	—	—	—	—
上海	991267	1000000	—	1000000	—	—
江苏	2235522	4712959	307504	2297618	2107837	998224
浙江	5303035	9573190	231120	5762317	3579753	152008
安徽	2361807	698549	97605	498984	101960	146768
福建	6449701	9813412	810374	4298719	4704319	1169434
江西	14141338	466221	55444	317527	93250	710825
山东	2889530	4747854	1071374	3377977	298503	—
河南	1268943	929640	487826	297427	144387	22955
湖北	1956005	2229432	882883	1183744	162805	47062
湖南	2032796	2523272	311904	1903692	307676	230531
广东	17265321	22909622	464094	10192956	12252572	483899
广西	2563876	3720560	446806	2069125	1204629	998182
海南	7876	2235267	654267	1581000	—	644
重庆	1157664	866703	543604	261448	61651	10928
四川	2962654	1466237	626649	379385	460203	178515
贵州	343009	425519	129902	116581	179036	80005
云南	247783	266806	166109	81988	18709	405162
西藏	—	—	—	—	—	—
陕西	62173	25768	—	—	25768	—
甘肃	7475	—	—	—	—	—
青海	—	—	—	—	—	—
宁夏	—	—	—	—	—	—
新疆	120	2060	—	—	2060	—
新疆兵团	90	—	—	—	—	—
大兴安岭	—	—	—	—	—	5704

产业总产值(三)

价格计算)

单位:万元

总产值						
产业						
产业						
木质工艺品和木质文教体育用品制造	非木质林产品加工制造				其他	林业系统非林产业
	计	木本油料、果蔬、茶饮料等加工制造	森林药材加工制造	其他		
8752313	**58676597**	**45618193**	**10159480**	**2898924**	**11088680**	**7959931**
—	—	—	—	—	—	—
—	—	—	—	—	—	—
9445	2381541	1722634	599760	59147	31582	57
143	421441	413539	7362	540	19696	39600
46	66416	57577	593	8246	40822	88396
—	1418	1418	—	—	—	75555
7570	573610	210677	299253	63680	80141	37127
23958	2506168	650048	1786713	69407	124072	230411
300	71998	65860	6138	—	8280	57029
—	120	120	—	—	3663	54351
77247	493648	336613	89403	67632	231319	1012815
2300	20275	2180	18095	—	106372	452242
—	404	—	404	—	850	14237
—	—	—	—	—	—	—
273550	1903455	980008	320570	602877	626765	1558047
2398572	2631566	1743349	667670	220547	192667	3900
563752	3584051	3099408	421846	62797	362509	343738
1723055	7565169	6812588	715151	37430	1437183	370764
300872	1859869	1744259	98614	16996	191734	912517
1720604	6061516	5949758	101682	10076	302412	47687
184236	1549233	864505	669925	14803	379277	34079
114512	3155751	2276904	600386	278461	903572	667076
374983	4109305	3496942	499578	112785	984256	990369
198204	6865775	5663501	600927	601347	932828	127097
268290	2406407	1321683	893319	191405	2322093	593762
2025	229913	39124	—	190789	107	1287
144344	470014	289504	115630	64880	339665	60102
52562	1651959	1279611	270705	101643	804442	306794
267472	2244689	1641819	589266	13604	254027	—
38290	3724975	3325940	320287	78748	212927	389726
—	—	—	—	—	—	—
8471	999908	792387	176557	30964	185542	22467
110	217036	210811	6165	60	16884	4472
—	27140	18284	8836	20	20030	—
—	339736	48824	290912	—	705	—
—	604126	600778	3308	40	91256	2433
—	88240	88200	—	40	50	150
—	32180	27118	5062	—	167	115208

各地区林业

(按现行

地区	林业产业				
	第三				
		涉林产业			
	合计	小计	林业生产服务	林业旅游与休闲服务	林业生态服务
全国合计	**192904416**	**181024148**	**7546430**	**153923928**	**9568281**
北京	854658	832466	19922	532723	44203
天津	902	902	—	902	—
河北	1149036	1095837	57650	875700	35226
山西	614655	594640	43246	324645	111271
内蒙古	1534410	1303895	92422	949581	109468
内蒙古集团	276514	61392	18604	6970	20601
辽宁	1582287	1531857	27825	1370778	110436
吉林	2179124	1636821	68424	1273232	131034
吉林集团	322998	110793	10641	21026	68586
长白山集团	390236	102428	19412	24838	21518
黑龙江	3495528	2173270	57975	1323773	104592
龙江集团	1455826	306423	16242	235388	6606
伊春集团	378696	365579	3948	105524	2289
上海	131500	131500	—	64712	—
江苏	6712841	6479575	647484	4570381	635827
浙江	13517916	13468966	96794	12282367	277395
安徽	11298715	10940613	445887	8292842	1304651
福建	11674577	11523596	111972	11064564	187156
江西	16172770	13405271	422731	11072911	1332084
山东	5115148	4750586	271529	3559236	502531
河南	3548642	3516008	191924	2563845	568580
湖北	14196736	13759594	1958932	9903054	1024792
湖南	17104792	16022020	1163807	12107213	1438248
广东	18664151	18550846	14656	18194446	138398
广西	15666226	14069330	675019	12721810	144280
海南	369328	369170	3739	312599	4669
重庆	4158177	4046647	103872	3529226	209226
四川	15118236	13572715	341480	12619082	438899
贵州	20614300	20614300	256019	19654931	300591
云南	3452268	2914436	288707	1994373	227567
西藏	72507	70093	—	70008	—
陕西	1558061	1470820	45016	1146979	138172
甘肃	393705	361033	40145	90646	22691
青海	89496	89466	—	88579	873
宁夏	314515	306951	65389	239552	1320
新疆	1123322	1120644	10440	909764	19041
新疆兵团	5618	5468	870	3866	592
大兴安岭	425887	300280	23424	219474	5060

产业总产值(四)

价格计算)

单位:万元

总产值			补充资料	
产业				
林业专业技术服务	林业公共管理及其他组织服务	林业系统非林产业	竹产业产值	林下经济产值
3052283	**6933226**	**11880268**	**28919692**	**95627938**
24246	211372	22192	—	46400
—	—	—	—	—
27978	99283	53199	—	205323
8654	106824	20015	—	8986
42974	109450	230515	—	469015
7544	7673	215122	—	31939
8937	13881	50430	—	164219
32365	131766	542303	—	934353
650	9890	212205	—	58126
1655	35005	287808	—	110186
21597	665333	1322258	—	4727373
1577	46610	1149403	—	1444609
255	253563	13117	—	9283
—	66788	—	—	303
240287	385596	233266	415	533899
135399	677011	48950	4424269	21710626
268689	628544	358102	1973896	3229128
39246	120658	150981	7172003	4933700
173098	404447	2767499	2943492	20337660
234713	182577	364562	—	1756482
61071	130588	32634	6783	1760995
281727	591089	437142	733651	5917892
670446	642306	1082772	3230353	3833292
59506	143840	113305	132833	2523156
228432	299789	1596896	342036	11443904
4142	44021	158	24379	258240
91200	113123	111530	790427	666680
111968	61286	1545521	6066974	6009148
109804	292955	—	854976	1127914
75973	327816	537832	219705	1860598
85	—	2414	—	100
40434	100219	87241	3391	508831
24748	182803	32672	109	413154
—	14	30	—	280
627	63	7564	—	13866
32062	149337	2678	—	16122
34	106	150	—	131
1875	50447	125607	—	216299

全国主要林产工业产品产量2019年与2018年比较

主 要 指 标	单 位	2019年	2018年	2019年比2018年增减(%)
木材产量	万立方米	10045.85	8810.86	14.02
1.原木	万立方米	9020.96	8088.70	11.53
2.薪材	万立方米	1024.89	722.17	41.92
竹材产量	万根	314479.74	315517.18	-0.33
锯材产量	万立方米	6745.45	8361.83	-19.33
人造板产量	万立方米	30859.19	29909.29	3.18
1.胶合板	万立方米	18005.73	17898.33	0.60
2.纤维板	万立方米	6199.61	6168.05	0.51
3.刨花板	万立方米	2979.73	2731.53	9.09
4.其他人造板	万立方米	3674.12	3111.37	18.09
木竹地板产量	万平方米	81805.01	78897.76	3.68
松香类产品产量	吨	1438582	1421382	1.21
栲胶类产品产量	吨	2348	3165	-25.81
紫胶类产品产量	吨	6549	6570	-0.32

全国主要木材、竹材产品产量

指标名称	单位	全部产量
一、木材	**万立方米**	**10046**
1.原木	万立方米	9021
2.薪材	万立方米	1025
二、竹材		
(一)大径竹	万根	314480
1.毛竹	万根	183279
2.其他	万根	131201
(二)小杂竹	万吨	7018

说明:大径竹一般指直径在5厘米以上,以根为计量单位的竹材。

各地区主要木材、竹材产品产量

单位:万立方米、万根、万吨

地区	木材				竹材			
	合计	其中:针叶木材	原木	薪材	大径竹			小杂竹
					合计	毛竹	其他	
全国合计	**10046**	**1893**	**9021**	**1025**	**314480**	**183279**	**131201**	**7018**
北 京	17	—	15	2	—	—	—	—
天 津	31	—	31	—	—	—	—	—
河 北	107	11	92	14	—	—	—	—
山 西	26	3	18	8	—	—	—	—
内蒙古	85	3	84	2	—	—	—	—
内蒙古集团	3	1	3	—	—	—	—	—
辽 宁	107	7	100	7	—	—	—	—
吉 林	205	37	201	4	—	—	—	—
吉林集团	25	3	24	—	—	—	—	—
长白山集团	7	2	7	—	—	—	—	—
黑龙江	155	13	146	9	—	—	—	—
龙江集团	—	—	—	—	—	—	—	—
伊春集团	—	—	—	—	—	—	—	—
上 海	—	—	—	—	—	—	—	—
江 苏	233	10	215	18	406	401	5	—
浙 江	124	95	121	3	20655	19760	895	50
安 徽	510	99	413	97	16696	14018	2678	211
福 建	648	273	595	53	92876	61304	31572	131
江 西	277	141	257	20	22036	19869	2167	41
山 东	516	3	432	84	—	—	—	—
河 南	256	—	221	35	120	120	—	8
湖 北	304	68	253	51	3724	2413	1312	10
湖 南	331	75	289	42	28236	26638	1598	54
广 东	945	123	843	102	23491	8191	15300	386
广 西	3500	637	3255	245	59971	13429	46542	5095
海 南	209	—	204	5	834	287	546	—
重 庆	63	8	52	11	11964	1583	10380	152
四 川	244	49	217	27	15528	6126	9402	506
贵 州	309	143	285	24	1870	1381	489	103
云 南	745	94	607	139	15021	6727	8295	271
西 藏	10	—	—	10	1	1	—	—
陕 西	21	—	10	11	1050	1029	20	—
甘 肃	6	1	4	2	—	—	—	—
青 海	—	—	—	—	—	—	—	—
宁 夏	—	—	—	—	—	—	—	—
新 疆	63	—	61	2	—	—	—	—
新疆兵团	9	—	9	1	—	—	—	—
大兴安岭	—	—	—	—	—	—	—	—

全国主要经济林产品生产情况

单位:吨

指　标	产量
各类经济林产品总量	**195088331**
一、水果	**159104131**
二、干果	**12050980**
其中:板栗	2198130
枣(干重)	5284979
榛子	137167
松子	133757
三、林产饮料产品(干重)	**2411842**
四、林产调料产品(干重)	**747439**
五、森林食品	**4680038**
其中:竹笋干	1032505
六、森林药材	**4541553**
其中:杜仲	253512
七、木本油料	**7706323**
1. 油茶籽	2679270
2. 核桃(干重)	4689184
3. 油橄榄	62955
4. 油用牡丹籽	37035
5. 其他木本油料	237879
八、林产工业原料	**3846025**
其中:紫胶(原胶)	6549

各地区主要经济林产品生产情况(一)

单位:吨

地区	各类经济林产品总量						
	合计	水果	干果				
			小计	板栗	枣(干重)	榛子	松子
全国合计	**195088331**	**159104131**	**12050980**	**2198130**	**5284979**	**137167**	**133757**
北　京	694086	648148	33476	22529	1373	—	—
天　津	187777	184259	1743	1743	—	—	—
河　北	10304221	9244027	798529	326510	309281	12438	23
山　西	6975206	5372759	1195700	2803	815546	69	283
内蒙古	801918	715278	35803	—	708	11486	—
内蒙古集团	352	80	6	—	—	6	—
辽　宁	6488947	5352106	482983	144196	133497	86755	42481
吉　林	597487	361285	27208	436	—	3941	19475
吉林集团	9959	140	2773	—	—	—	2577
长白山集团	14736	248	5084	—	—	—	5084
黑龙江	754358	322417	35879	—	—	14034	15936
龙江集团	58658	2149	4750	—	—	1504	2720
伊春集团	32168	150	1012	—	—	500	512
上　海	276462	276318	—	—	—	—	—
江　苏	3210215	2990424	48249	12151	9191	—	86
浙　江	5163846	4510539	89335	70967	1409	—	—
安　徽	4875816	4046809	153271	109454	17674	727	—
福　建	8048404	6173147	216057	86904	3444	1580	—
江　西	6227651	4639333	41181	21339	754	70	325
山　东	19489764	18418008	715673	256351	222556	3760	—
河　南	7092212	5890355	345197	105724	87193	—	—
湖　北	9372918	7626248	445302	390281	11778	—	—
湖　南	8623170	6491042	165657	107812	25385	—	176
广　东	12101367	11217830	77545	39589	2832	—	—
广　西	19560159	17596487	169749	109757	8289	1582	1
海　南	5302415	2580731	2317415	—	—	—	—
重　庆	4320358	3795585	36490	23656	4120	—	757
四　川	9736803	8207792	93143	51729	12195	—	11743
贵　州	4166400	2756240	151316	81033	1464	—	12794
云　南	9984190	5894663	220909	142648	3092	20	23720
西　藏	26997	18184	—	—	—	—	—
陕　西	12214754	10263374	1117524	86600	858933	—	5778
甘　肃	6466734	5947108	130766	3631	84068	15	151
青　海	384783	855	28026	—	—	—	—
宁　夏	830159	685008	49143	—	45234	4	—
新　疆	10795800	6877772	2826997	287	2624963	—	—
新疆兵团	2651789	1661532	938223	—	900818	—	—
大兴安岭	12954	—	714	—	—	686	28

各地区主要经济林

地区	各类经济林					
	林产饮料产品(干重)	林产调料产品(干重)	森林食品		森林药材	
			小计	其中：竹笋干	小计	其中：杜仲
全国合计	**2411842**	**747439**	**4680038**	**1032505**	**4541553**	**253512**
北京	—	—	—	—	—	—
天津	—	—	—	—	—	—
河北	187	3530	25211	—	70559	50
山西	17500	13470	31593	—	86934	10
内蒙古	13420	—	9448	—	19469	—
内蒙古集团	—	—	240	—	26	—
辽宁	39000	—	559915	—	40072	2
吉林	—	—	83295	—	100606	—
吉林集团	—	—	3588	—	1418	—
长白山集团	—	—	8654	—	604	—
黑龙江	4573	—	265686	—	125079	—
龙江集团	600	—	34326	—	16617	—
伊春集团	—	—	23373	—	7252	—
上海	—	—	144	144	—	—
江苏	12708	99	51445	727	95861	65
浙江	178292	—	250789	191223	16534	108
安徽	125606	954	129084	41228	185570	1257
福建	329183	—	774257	214917	203595	71
江西	48170	377	328867	60796	200630	6859
山东	46951	38352	72699	—	21472	25
河南	22619	29625	269979	1507	245578	20952
湖北	314884	2846	331811	19891	256320	16457
湖南	158455	1707	154764	64342	442991	143702
广东	89184	66690	84423	60677	114465	—
广西	71277	156673	237377	180536	302697	4114
海南	1306	23290	364	363	28990	—
重庆	32640	97949	86060	28132	214185	9748
四川	160833	105333	257151	104802	279743	25119
贵州	234798	11031	340654	17834	448364	14046
云南	409380	98088	259289	40961	345294	992
西藏	—	—	—	—	3975	—
陕西	97827	49738	63000	4424	117561	9895
甘肃	3048	47425	1340	1	97247	40
青海	1	9	—	—	353014	—
宁夏	—	253	—	—	92997	—
新疆	—	—	—	—	30904	—
新疆兵团	—	—	—	—	6346	—
大兴安岭	—	—	11393	—	847	—

产品生产情况(二)

单位:吨

产品总量							
木本油料						林产工业原料	
小计	油茶籽	核桃(干重)	油橄榄	油用牡丹籽	其他木本油料	小计	其中:紫胶(原胶)
7706323	**2679270**	**4689184**	**62955**	**37035**	**237879**	**3846025**	**6549**
12462	—	12460	—	2	—	—	—
1775	—	1775	—	—	—	—	—
160978	—	159765	—	159	1054	1200	—
257250	—	254877	—	989	1384	—	—
500	—	—	—	—	500	8000	—
—	—	—	—	—	—	—	—
14871	—	13011	—	1	1859	—	—
25093	—	25032	—	—	61	—	—
2040	—	2040	—	—	—	—	—
146	—	146	—	—	—	—	—
724	—	724	—	—	—	—	—
216	—	216	—	—	—	—	—
381	—	381	—	—	—	—	—
—	—	—	—	—	—	—	—
2429	152	1892	—	336	49	9000	—
100057	74022	25974	—	—	61	18300	—
130749	94096	26659	—	9111	883	103773	—
142127	130330	—	64	—	11733	210038	—
426684	421686	13	—	—	4985	542409	—
176609	—	164472	—	11018	1119	—	—
242429	54822	177022	—	5552	5033	46430	—
335133	209419	122401	191	2539	583	60374	—
1110847	1100375	7584	2	51	2835	97707	—
164802	161528	—	—	—	3274	286428	656
300587	265059	2558	—	—	32970	725312	—
21906	21906	—	—	—	—	328413	—
49492	12929	27776	1600	97	7090	7957	—
624334	19792	563233	20607	143	20559	8474	—
178764	70750	97234	3	240	10537	45233	—
1422208	25193	1341927	1064	1747	52277	1334359	5893
4838	9	4829	—	—	—	—	—
493287	17202	398987	140	4740	72218	12443	—
239625	—	194853	39284	249	5239	175	—
2878	—	2878	—	—	—	—	—
2758	—	2697	—	61	—	—	—
1060127	—	1058551	—	—	1576	—	—
45688	—	45603	—	—	85	—	—
—	—	—	—	—	—	—	—

全国油茶产业发展情况

指　标	单位	产量
一、年末实有油茶林面积	**公顷**	**4330511**
其中:新造面积	公顷	148065
其中:低改面积	公顷	164396
二、定点苗圃个数	**个**	**658**
三、定点苗圃面积	**公顷**	**5997**
四、苗木产量	**万株**	**105459**
其中:一年生苗木产量	万株	53297
二年以上(含二年)留床苗木产量	万株	36919
五、油茶籽产量	**吨**	**2679270**
六、茶油产量	**吨**	**553756**
七、规模以上油茶加工企业	**个**	**931**
八、油茶产业产值	**万元**	**11574651**

各地区油茶产业发展情况(一)

地　区	年末实有油茶林面积(公顷)			定点苗圃	
	合计	当年新造面积	当年低改面积	个数(个)	面积(公顷)
全国合计	**4330511**	**148065**	**164396**	**658**	**5997**
北　京	—	—	—	—	—
天　津	—	—	—	—	—
河　北	—	—	—	—	—
山　西	—	—	—	—	—
内蒙古	—	—	—	—	—
内蒙古集团	—	—	—	—	—
辽　宁	—	—	—	—	—
吉　林	—	—	—	—	—
吉林集团	—	—	—	—	—
长白山集团	—	—	—	—	—
黑龙江	—	—	—	—	—
龙江集团	—	—	—	—	—
伊春集团	—	—	—	—	—
上　海	—	—	—	—	—
江　苏	30	—	—	17	1000
浙　江	156665	1986	4395	11	86
安　徽	147025	5210	845	20	300
福　建	167174	369	8468	12	94
江　西	894100	22656	10590	125	526
山　东	—	—	—	—	—
河　南	55460	1638	90	10	51
湖　北	286484	10399	13085	44	443
湖　南	1452518	58689	68787	74	1266
广　东	180997	141	489	24	158
广　西	513333	17588	33793	109	696
海　南	5209	102		49	493
重　庆	56746	6890	566	9	177
四　川	36628	1164	60	5	21
贵　州	171658	18945	22687	39	255
云　南	179253	1774	334	102	347
西　藏	303	193	—	—	—
陕　西	26928	321	207	8	84
甘　肃	—	—	—	—	—
青　海	—	—	—	—	—
宁　夏	—	—	—	—	—
新　疆	—	—	—	—	—
新疆兵团	—	—	—	—	—
大兴安岭	—	—	—	—	—

各地区油茶产业发展情况(二)

地区	苗木产量(万株)			油茶籽产量(吨)	茶油产量(吨)	规模以上油茶加工企业(个)	油茶产业产值(万元)
	合计	其中:一年生苗木产量	其中:二年以上(含二年)留床苗木产量				
全国合计	**105459**	**53297**	**36919**	**2679270**	**553756**	**931**	**11574651**
北京	—	—	—	—	—	—	—
天津	—	—	—	—	—	—	—
河北	—	—	—	—	—	—	—
山西	—	—	—	—	—	—	—
内蒙古	—	—	—	—	—	—	—
内蒙古集团	—	—	—	—	—	—	—
辽宁	—	—	—	—	—	—	—
吉林	—	—	—	—	—	—	—
吉林集团	—	—	—	—	—	—	—
长白山集团	—	—	—	—	—	—	—
黑龙江	—	—	—	—	—	—	—
龙江集团	—	—	—	—	—	—	—
伊春集团	—	—	—	—	—	—	—
上海	—	—	—	—	—	—	—
江苏	1600	1200	400	152	—	—	—
浙江	1361	538	823	74022	13535	118	367215
安徽	4245	2012	1502	94096	20447	18	369597
福建	3385	1692	1691	130330	17855	60	401098
江西	14252	8270	5675	421686	105411	112	3139265
山东	—	—	—	—	—	—	—
河南	1165	1030	85	54822	3714	4	85182
湖北	4329	2287	1796	209419	38822	54	976257
湖南	22988	12319	9814	1100375	263007	428	4719124
广东	814	485	279	161528	33428	50	303341
广西	23069	13615	7293	265059	33405	35	820636
海南	451	123	132	21906	722	11	47430
重庆	3280	1865	1415	12929	1918	4	41637
四川	1820	1476	344	19792	3771	9	46466
贵州	8641	3475	4957	70750	8776	16	184916
云南	3216	2575	641	25193	4523	7	58884
西藏	5	—	—	9	1	—	8
陕西	10838	335	73	17202	4421	5	13595
甘肃	—	—	—	—	—	—	—
青海	—	—	—	—	—	—	—
宁夏	—	—	—	—	—	—	—
新疆	—	—	—	—	—	—	—
新疆兵团	—	—	—	—	—	—	—
大兴安岭	—	—	—	—	—	—	—

注:规模以上企业指年主营业收入在2000万元以上的企业。

全国核桃产业发展情况

指标名称	单位	本年实际
一、年末实有核桃种植面积	公顷	**8076270**
二、苗圃个数	个	**2084**
三、苗圃面积	公顷	**52970**
四、苗木产量	万株	**83040**
五、核桃产量(干重)	吨	**4689184**
六、核桃油产量	吨	**30745**
七、规模以上核桃油加工企业	个	**4035**

各地区核桃产业发展情况

单位:公顷、个、万株、吨

地 区	年末实有核桃种植面积	苗圃个数	苗圃面积	苗木产量	核桃产量(干重)	规模以上核桃油加工企业
全国合计	**8076270**	**2084**	**52970**	**83040**	**4689184**	**30745**
北 京	13623	1	13	195	12460	—
天 津	1609	14	21	79	1775	—
河 北	147739	146	1056	3633	159765	5426
山 西	545755	196	619	9557	254877	6333
内蒙古	—	—	—	—	—	—
内蒙古集团	—	—	—	—	—	—
辽 宁	22438	1	20	40	13011	31
吉 林	11371	5	57	35	25032	—
吉林集团	42	—	—	—	2040	—
长白山集团	—	—	—	—	146	—
黑龙江	935	—	—	—	724	—
龙江集团	—	—	—	—	216	—
伊春集团	—	—	—	—	381	—
上 海	—	—	—	—	—	—
江 苏	3938	28	2365	962	1892	—
浙 江	73292	11	103	60	25974	—
安 徽	84199	64	827	1434	26659	40
福 建	165	—	—	—	—	—
江 西	420	30	667	17	13	—
山 东	140071	72	768	4944	164472	1214
河 南	221876	185	2769	2351	177022	75
湖 北	175213	22	184	626	122401	1339
湖 南	6246	60	1016	4	7584	711
广 东	—	22	20	470	—	—
广 西	153341	28	346	112	2558	6
海 南	—	—	—	—	—	—
重 庆	75221	43	694	1961	27776	1112
四 川	1222874	42	5217	18698	563233	1972
贵 州	338781	66	672	1043	97234	551
云 南	3307853	164	3648	11823	1341927	6948
西 藏	7413	14	19	25	4829	17
陕 西	785730	249	3854	20698	398987	3675
甘 肃	327942	54	7798	1293	194853	1230
青 海	6616	—	—	—	2878	—
宁 夏	2857	3	103	34	2697	—
新 疆	398752	564	20114	2944	1058551	65
新疆兵团	9631	5	188	47	45603	—
大兴安岭	—	—	—	—	—	—

全国花卉产业发展情况

指　标	单位	本年实际
一、年末实有花卉种植面积	公顷	1507702
二、销售额	万元	25525468
三、出口额	万元	294242
四、观赏苗木面积	公顷	973642
五、切花切枝切叶产量	万支	2622654
六、盆栽植物产量	万盆	820489
七、食用及工业用花卉面积	公顷	273653
八、花卉市场	个	3447
九、规模以上花卉企业	个	21881
十、设施化栽培面积	万平方米	223711
十一、花卉从业人员期末人数	人	7048873
其中：花农	户	2559664
其中：具有工程师（含）职称以上从业人员	人	415726

各地区花卉

地区	年末实有花卉种植面积	销售额	出口额	观赏苗木面积	切花切枝切叶产量	盆栽植物产量
全国合计	**1507702**	**25525468**	**294242**	**973642**	**2622654**	**820489**
北　京	4261	74850	1348	1935	2959	21235
天　津	—	—	—	—	—	—
河　北	43457	263956	—	—	2800	5500
山　西	7775	293000	—	—	—	—
内蒙古	9277	46910	—	1096	1725	22937
辽　宁	16377	310000	—	12979	63015	18059
吉　林	18462	317382	2797	14666	337	2493
黑龙江	25533	97893	—	12912	41603	8907
上　海	1559	93687	6917	85	285	580
江　苏	161648	1847940	16604	134776	146362	85270
浙　江	158447	1906100	31509	138313	63800	38000
安　徽	61793	636237	1500	52405	6133	4531
福　建	92239	1906255	71685	65807	198042	83908
江　西	32365	212626	706	59737	28978	3247
山　东	73048	—	—	—	58615	84904
河　南	151406	2133254	6799	89901	24716	5721
湖　北	110453	469105	—	73780	10815	3820
湖　南	85099	1034970	14900	70882	1485	535
广　东	82638	2367845	60291	41589	371442	315985
广　西	58558	1085963	255	23719	2226	4663
海　南	9323	317042	9982	3553	137171	10371
重　庆	26667	300000	—	35000	8000	6000
四　川	72232	1672654	8387	44248	50277	26460
贵　州	12950	169661	595	12673	3214	1179
云　南	117067	7514000	55644	20867	1390000	58000
西　藏	60	1130	—	116	—	59
陕　西	25134	178187	—	53666	834	1022
甘　肃	15781	153469	4323	2346	2835	2518
青　海	800	6160	—	2400	2000	2
宁　夏	1755	30531	—	444	1763	2263
新　疆	31538	84662	—	3747	1222	2322

产业发展情况

单位:公顷、万元、万支、万盆、个、万平方米、人

食用及工业用花卉面积	花卉市场	规模以上花卉企业	设施化栽培面积	花卉从业人员期末人数		
				合计	其中:花农(户)	其中:具有工程师(含)职称以上从业人员
273653	**3447**	**21881**	**223711**	**7048873**	**2559664**	**415726**
366	17	76	679	10000	600	944
—	—	—	—	—	—	—
—	191	1450	245	209000	201900	7100
—	241	28	178	67000	1706	—
3348	50	18	122	33518	16837	921
326	28	36	4300	27600	12800	160
108	32	21	—	23066	21501	1565
9931	15	28	1680	193240	52864	1872
76	32	77	842	4976	490	822
9041	144	900	23229	607507	187992	60465
8520	128	3403	8000	877000	179000	20000
35812	191	277	501	184774	26270	1267
12708	76	1101	9771	263410	240516	22894
959	177	195	166	60231	23487	1423
—	388	587	—	430563	198374	18484
27076	170	2340	502	785230	336836	2313
12314	243	2410	336	324341	57364	16674
2179	59	28	265	411814	118055	2526
942	317	5558	133442	261727	70499	15860
34109	86	334	508	545954	104953	1854
191	12	896	2272	66809	6949	2842
—	100	650	60	600000	100000	200000
12777	318	143	622	338943	119314	17176
4024	80	265	237	82870	10289	257
50867	88	89	23727	357334	347663	9671
3	5	1	7	168	23	4
9062	95	696	500	123288	29399	1478
10498	98	186	100	45110	29529	576
—	5	60	—	6000	5000	6000
731	19	23	11357	3600	3173	427
27685	42	5	63	103800	56281	151

全国主要林产工业产品产量(一)

指标名称	单位	产量
木竹加工产品		
一、锯材	**万立方米**	**6745.45**
1.普通锯材	万立方米	6561.62
2.特种锯材	万立方米	183.83
二、人造板	**万立方米**	**30859.19**
1.胶合板	万立方米	18005.73
其中:竹胶合板	万立方米	1764.65
2.纤维板	万立方米	6199.61
(1)木质纤维板	万立方米	5910.79
其中:中密度纤维板	万立方米	5038.55
(2)非木质纤维板	万立方米	288.83
3.刨花板	万立方米	2979.73
4.其他人造板	万立方米	3674.12
其中:细木工板	万立方米	1760.80

全国主要林产工业产品产量(二)

指标名称	单位	产量
三、木竹地板	**万平方米**	**81805.01**
1. 实木地板	万平方米	9175.70
2. 实木复合木地板	万平方米	19427.87
3. 浸渍纸层压木质地板(强化木地板)	万平方米	45894.88
4. 竹地板(含竹木复合地板)	万平方米	6475.15
5. 其他木地板(含软木地板、集成材地板等)	万平方米	831.41
林产化工产品		
一、松香类产品	**吨**	**1438582**
1. 松香	吨	1101353
2. 松香深加工产品	吨	337229
二、栲胶类产品	**吨**	**2348**
1. 栲胶	吨	2348
2. 栲胶深加工产品	吨	—
三、紫胶类产品	**吨**	**6549**
1. 紫胶	吨	6197
2. 紫胶深加工产品	吨	352

各地区主要木竹

地区	锯材			
	总计	普通锯材	特种锯材	总计
全国合计	**6745.45**	**6561.62**	**183.83**	**30859.19**
北京	—	—	—	—
天津	—	—	—	—
河北	68.70	68.68	0.02	1628.46
山西	14.00	14.00	—	14.74
内蒙古	335.85	335.85	—	29.01
内蒙古集团	—	—	—	—
辽宁	157.41	154.21	3.20	137.61
吉林	89.27	89.19	0.08	256.12
吉林集团	0.17	0.17	—	95.17
长白山集团	0.01	0.01	—	1.45
黑龙江	394.54	393.53	1.01	58.66
龙江集团	4.30	4.30	—	4.11
伊春集团	—	—	—	0.12
上海	—	—	—	—
江苏	463.80	463.11	0.69	5734.06
浙江	438.80	404.89	33.91	551.97
安徽	568.12	552.69	15.42	2662.84
福建	209.80	205.10	4.70	1114.18
江西	304.61	301.12	3.49	501.87
山东	1031.97	1001.19	30.78	7772.86
河南	174.61	174.61	—	1676.38
湖北	215.14	192.08	23.07	840.91
湖南	398.97	366.49	32.48	568.80
广东	197.95	196.32	1.63	1016.44
广西	931.55	907.04	24.50	4955.91
海南	96.28	95.48	0.80	51.34
重庆	160.55	159.43	1.11	132.80
四川	159.02	157.31	1.71	605.29
贵州	158.63	155.65	2.98	159.97
云南	141.14	140.97	0.17	326.06
西藏	1.16	1.16	—	—
陕西	14.05	12.47	1.58	41.22
甘肃	1.79	1.79	—	5.07
青海	—	—	—	—
宁夏	—	—	—	2.20
新疆	17.77	17.27	0.50	14.42
新疆兵团	0.54	0.54	—	0.51
大兴安岭	—	—	—	—

加工产品产量(一)

单位:万立方米、万平方米

人造板					
胶合板		纤维板			
			木质纤维板		
合计	其中:竹胶合板	合计	小计	其中:中密度纤维板	非木质纤维板
18005.73	**1764.65**	**6199.61**	**5910.79**	**5038.55**	**288.83**
—	—	—	—	—	—
—	—	—	—	—	—
668.50	—	483.40	483.40	459.95	—
1.36	—	4.48	4.48	4.45	—
24.23	—	—	—	—	—
—	—	—	—	—	—
35.10	—	48.85	48.85	28.44	—
90.45	—	73.77	73.77	73.77	—
—	—	73.77	73.77	73.77	—
1.45	—	—	—	—	—
31.59	—	0.08	0.04	0.04	0.04
0.31	—	—	—	—	—
0.11	—	—	—	—	—
—	—	—	—	—	—
3657.37	1155.27	878.15	878.15	733.60	—
176.36	89.11	81.53	81.38	79.01	0.16
1852.27	73.91	358.16	358.16	307.36	—
692.91	106.77	197.46	197.25	160.35	0.21
142.12	52.31	120.03	119.17	111.91	0.86
5188.16	—	1459.32	1184.12	1009.69	275.20
703.17	—	401.57	401.57	315.84	—
378.19	25.54	322.95	317.79	300.41	5.17
285.10	61.07	62.79	62.49	25.46	0.30
221.94	0.50	540.80	540.26	419.88	0.54
3411.47	152.63	626.20	626.20	514.02	—
30.87	—	6.02	6.02	6.02	—
49.64	10.67	40.93	39.04	38.58	1.89
127.15	35.29	334.26	330.01	323.42	4.25
90.10	1.01	14.90	14.73	11.68	0.17
127.70	0.08	110.62	110.57	96.52	0.05
—	—	—	—	—	—
12.23	0.50	27.44	27.44	12.64	—
0.57	—	3.50	3.50	3.50	—
—	—	—	—	—	—
2.20	—	—	—	—	—
4.96	—	2.40	2.40	2.00	—
0.50	—	—	—	—	—
—	—	—	—	—	—

各地区主要木竹

地区	人造板			
		其他人造板		
	刨花板	合计	其中:细木工板	总计
全国合计	**2979.73**	**3674.12**	**1760.80**	**81805.01**
北京	—	—	—	—
天津	—	—	—	—
河北	262.24	214.32	208.11	—
山西	0.58	8.32	1.14	—
内蒙古	—	4.77	1.59	0.80
内蒙古集团	—	—	—	—
辽宁	11.67	41.99	1.81	1215.65
吉林	22.47	69.43	44.10	3268.92
吉林集团	21.39	—	—	328.04
长白山集团	—	—	—	188.09
黑龙江	1.17	25.83	13.01	302.44
龙江集团	0.56	3.25	2.26	38.25
伊春集团	—	0.01	0.01	—
上海	—	—	—	—
江苏	878.84	319.70	86.60	39756.68
浙江	17.29	276.78	267.58	9719.90
安徽	180.70	271.71	94.02	8434.09
福建	38.14	185.67	142.38	3268.53
江西	49.46	190.25	91.86	3024.74
山东	668.67	456.70	189.55	4251.21
河南	166.22	405.43	32.29	226.17
湖北	77.76	62.01	25.02	3329.46
湖南	38.72	182.18	156.28	1163.39
广东	188.53	65.17	0.98	2164.91
广西	253.71	664.53	341.01	1273.80
海南	14.08	0.37	—	16.73
重庆	34.05	8.18	0.08	25.59
四川	20.34	123.54	25.65	111.10
贵州	6.97	48.01	29.24	71.74
云南	47.66	40.07	7.21	178.93
西藏	—	—	—	—
陕西	0.48	1.07	0.30	0.24
甘肃	—	1.00	1.00	—
青海	—	—	—	—
宁夏	—	—	—	—
新疆	—	7.06	—	—
新疆兵团	—	0.01	—	—
大兴安岭	—	—	—	—

加工产品产量(二)

单位:万立方米、万平方米

木竹地板				
实木地板	实木复合木地板	浸渍纸层压木质地板(强化木地板)	竹地板(含竹木复合地板)	其他木地板(含软木地板、集成材地板等)
9175.70	**19427.87**	**45894.88**	**6475.15**	**831.41**
—	—	—	—	—
—	—	—	—	—
—	—	—	—	—
—	—	—	—	—
—	0.80	—	—	—
—	—	—	—	—
394.24	821.41	—	—	—
815.87	2451.19	—	—	1.85
—	328.04	—	—	—
—	188.09	—	—	—
207.29	92.50	—	—	2.65
37.25	—	—	—	1.01
—	—	—	—	—
—	—	—	—	—
2885.27	5742.51	29796.25	1325.39	7.26
2492.43	3277.66	3181.96	747.48	20.37
160.01	1436.93	5915.60	464.41	457.14
170.99	520.63	0.47	2576.44	—
469.88	613.81	736.51	1082.45	122.10
388.64	946.48	2912.13	—	3.96
91.87	76.50	57.80	—	—
86.87	583.02	2563.73	46.69	49.15
289.97	564.38	69.69	194.41	44.94
615.08	1549.83	—	—	—
19.53	632.27	622.00	—	—
3.10	10.10	—	—	3.53
9.15	2.00	4.60	3.22	6.62
41.46	12.35	32.98	24.32	—
7.82	48.67	1.15	1—	4.10
26.19	44.84	—	0.15	107.74
—	—	—	—	—
0.04	—	—	0.20	—
—	—	—	—	—
—	—	—	—	—
—	—	—	—	—
—	—	—	—	—
—	—	—	—	—
—	—	—	—	—

各地区主要林产化工产品产量

单位:吨

地区	松香类产品			栲胶类产品			紫胶类产品		
	合计	松香	松香深加工产品	合计	栲胶	栲胶深加工产品	合计	紫胶	紫胶深加工产品
全国合计	**1438582**	**1101353**	**337229**	**2348**	**2348**	**—**	**6549**	**6197**	**352**
北　京	—	—	—	—	—	—	—	—	—
天　津	—	—	—	—	—	—	—	—	—
河　北	—	—	—	1200	1200	—	—	—	—
山　西	—	—	—	—	—	—	—	—	—
内蒙古	—	—	—	—	—	—	—	—	—
内蒙古集团	—	—	—	—	—	—	—	—	—
辽　宁	—	—	—	—	—	—	—	—	—
吉　林	—	—	—	—	—	—	—	—	—
吉林集团	—	—	—	—	—	—	—	—	—
长白山集团	—	—	—	—	—	—	—	—	—
黑龙江	—	—	—	—	—	—	—	—	—
龙江集团	—	—	—	—	—	—	—	—	—
伊春集团	—	—	—	—	—	—	—	—	—
上　海	—	—	—	—	—	—	—	—	—
江　苏	9000	9000	—	—	—	—	—	—	—
浙　江	18300	1800	16500	—	—	—	—	—	—
安　徽	10065	9715	350	—	—	—	—	—	—
福　建	116847	103816	13031	—	—	—	—	—	—
江　西	513563	402404	111159	—	—	—	—	—	—
山　东	—	—	—	—	—	—	—	—	—
河　南	—	—	—	980	980	—	—	—	—
湖　北	15973	15209	764	—	—	—	—	—	—
湖　南	48367	36191	12176	—	—	—	—	—	—
广　东	136546	84664	51882	—	—	—	656	656	—
广　西	381570	289510	92060	68	68	—	—	—	—
海　南	735	649	86	—	—	—	—	—	—
重　庆	1208	1208	—	—	—	—	—	—	—
四　川	—	—	—	—	—	—	—	—	—
贵　州	7042	6542	500	—	—	—	—	—	—
云　南	179366	140645	38721	100	100	—	5893	5541	352
西　藏	—	—	—	—	—	—	—	—	—
陕　西	—	—	—	—	—	—	—	—	—
甘　肃	—	—	—	—	—	—	—	—	—
青　海	—	—	—	—	—	—	—	—	—
宁　夏	—	—	—	—	—	—	—	—	—
新　疆	—	—	—	—	—	—	—	—	—
新疆兵团	—	—	—	—	—	—	—	—	—
大兴安岭	—	—	—	—	—	—	—	—	—

全国主要林草产品销售实际平均价格

指　标	单位	本年实际		
		产品销售实际平均价格	产品销售收入（元）	产品销售量（立方米、根、平方米、吨）
一、木材	元/立方米	748	62527686784	83583525
二、竹材	元/根	9355	27071684555	2893850
三、锯材	元/立方米	1364	74256272995	54434616
四、木地板	元/平方米	163	99181582780	607068554
五、胶合板	元/立方米	2142	379609502608	177205920
六、硬质纤维板	元/立方米	1755	5882297616	3351010
七、中密度纤维板	元/立方米	1717	67398670218	39262926
八、刨花板	元/立方米	1795	34658279236	19308363
九、松香	元/吨	10050	7642301229	760402
十、栲胶	元/吨	9066	304838000	33626
十一、紫胶	元/吨	12143	413281500	34035
十二、天然草原干草	元/吨	506	4902100651	9690049
十三、苜蓿干草	元/吨	1629	5099778143	3129802
十四、羊草干草	元/吨	517	539107500	1043516

各地区主要林草产品销售

地区	木材			竹材		
	产品销售实际平均价格	产品销售收入	产品销售量	产品销售实际平均价格	产品销售收入	产品销售量
全国合计	**748**	**62527686784**	**83583525**	**9**	**27071684555**	**2893850237**
北　京	600	71216800	118695	—	—	—
天　津	647	73347900	113380	—	—	—
河　北	634	554586243	874664	—	—	—
山　西	458	99358549	216914	—	—	—
内蒙古	580	410074760	707056	—	—	—
内蒙古集团	469	6166674	13135	—	—	—
辽　宁	552	527890334	956310	—	—	—
吉　林	698	1329343439	1904353	—	—	—
吉林集团	797	204168304	256072	—	—	—
长白山集团	774	46806661	60457	—	—	—
黑龙江	581	217184574	373810	—	—	—
龙江集团	2082	36322890	17442	—	—	—
伊春集团	—	—	—	—	—	—
上　海	500	247000	494	4	2140000	535010
江　苏	615	1084582018	1762165	24	42495002	1772350
浙　江	908	1075257232	1184204	11	3024439671	274949061
安　徽	885	3309645389	3740080	14	2162681459	158542829
福　建	773	3441688673	4451025	11	6342399706	601907170
江　西	1153	2572822809	2231379	14	2586510543	180245624
山　东	777	2438893318	3139074	—	—	—
河　南	682	1351499985	1981765	7	6590320	904120
湖　北	636	1347858667	2118753	15	323982451	22143578
湖　南	1041	2385157172	2291701	18	4482791253	248865133
广　东	651	5078898464	7806508	10	1847288637	176653370
广　西	728	23739826724	32591957	5	2937149438	647217594
海　南	480	691535783	1440870	5	41389133	7840014
重　庆	752	967183468	1285932	4	581534665	134334061
四　川	740	1804097060	2437969	7	979345262	134396183
贵　州	896	2412640175	2691693	7	140104123	19972829
云　南	823	5238898877	6368279	5	1504269763	276269261
西　藏	—	—	—	—	—	—
陕　西	631	79840582	126453	9	66498329	7263550
甘　肃	437	11648181	26627	2	74800	38500
青　海	—	1790	13769	—	—	—
宁　夏	—	—	—	—	—	—
新　疆	339	212460818	627646	—	—	—
新疆兵团	415	29933409	72049	—	—	—
大兴安岭	—	—	—	—	—	—

实际平均价格(一)

单位:元/(立方米、根、平方米、吨),元,立方米,根,平方米,吨

锯材			木地板			胶合板		
产品销售实际平均价格	产品销售收入	产品销售量	产品销售实际平均价格	产品销售收入	产品销售量	产品销售实际平均价格	产品销售收入	产品销售量
1364	**74256272995**	**54434616**	**163**	**99181582780**	**607068554**	**2142**	**379609502608**	**177205920**
—	—	—	—	—	—	—	—	—
—	—	—	—	—	—	—	—	—
1127	724652784	642937	—	—	—	1983	13198638884	6654265
551	69743040	126664	—	—	—	2321	57929200	24958
1445	10131130143	7013375	200	1600000	8000	1546	420842415	272161
—	—	—	—	—	—	—	—	—
1429	1811089300	1267625	127	3584316075	28273262	1346	559802235	415974
2568	1944091871	757159	154	1855613545	12027593	2186	1696864183	776224
2675	4935000	1845	158	513575310	3250422	—	—	—
1877	429741	229	145	271822388	1875156	7157	102015183	14253
1028	189361297	184275	216	84819000	392391	1383	167797705	121290
2127	61153097	28751	163	11616000	71450	1585	9902687	6247
—	—	—	—	—	—	—	168	1100
—	—	—	—	—	—	—	—	—
1295	4464708230	3448258	154	52857289221	344019401	2170	70270172400	32386991
1707	7700142147	4510921	178	17904152428	100585126	3397	5600596533	1648689
1325	6360247857	4799702	109	5333181925	49151640	2603	42119957073	16181212
1487	1179619395	793415	264	1755659850	6638217	1894	9353646053	4938902
1821	5564572970	3055737	270	3924252100	14528519	2090	3520271200	1683975
1288	9641919768	7484230	382	5372931661	14048625	2197	142932982281	65064262
956	1007756418	1054437	138	220705284	1599264	1215	6268948826	5160166
759	853983040	1125504	126	2739679907	21825412	2065	4629025649	2241711
1336	2498657281	1870721	605	1228348325	2031734	2928	4907952555	1676477
1325	1678323306	1266495	151	161310000	1070627	2671	2222477148	832105
1416	11159080260	7881528	100	591341380	5919126	1941	63512098630	32715484
1132	447946401	395667	—	—	—	1383	361405850	261293
800	1339841097	1674150	675	87878525	130190	2368	949065862	400807
1381	1828259050	1323907	297	247948271	833627	2315	2547239677	1100320
1137	1871868171	1646023	108	67487700	622163	1283	1375059800	1071846
859	1616285916	1881358	348	1163014200	3341994	2224	2725472789	1225321
—	—	—	—	—	—	—	—	—
1059	38022500	35921	—	3383	21143	1624	134047160	82548
1325	20035600	15117	—	—	—	2100	12000000	5714
—	—	—	—	—	—	—	31500	210000
—	—	—	—	—	—	—	—	—
640	114935153	179490	100	50000	500	1225	65177000	53225
746	3700033	4960	—	—	—	600	3000000	5000
—	—	—	—	—	—	—	—	—

各地区主要林草产品销售

地区	硬质纤维板			中密度纤维板		
	产品销售实际平均价格	产品销售收入	产品销售量	产品销售实际平均价格	产品销售收入	产品销售量
全国合计	**1755**	**5882297616**	**3351010**	**1717**	**67398670218**	**39262926**
北　京	—	—	—	—	—	—
天　津	—	—	—	—	—	—
河　北	1031	117820000	114323	1500	7079209267	4719134
山　西	—	—	—	1242	110265262	88798
内蒙古	1435	1600000	1115	—	—	—
内蒙古集团	—	—	—	—	—	—
辽　宁	1302	28623000	21980	1208	304781065	252301
吉　林	—	—	—	1616	1150826202	712354
吉林集团	—	—	—	1617	1146926202	709354
长白山集团	—	—	—	—	—	—
黑龙江	—	—	—	1200	480000	400
龙江集团	—	—	—	—	—	—
伊春集团	—	—	—	—	—	—
上　海	—	—	—	—	—	—
江　苏	2186	352000000	161000	2026	13411994800	6619990
浙　江	1528	32819912	21479	1124	788934476	701899
安　徽	1771	800708030	452004	2151	6121760645	2846668
福　建	1300	179920000	138400	1065	1802155632	1691850
江　西	665	199868000	300550	1668	1917563498	1149295
山　东	1910	854453082	447441	1836	4912560110	2675358
河　南	1500	5402700	3601	1211	2727246728	2252680
湖　北	1600	136862467	85520	1844	3889129030	2108962
湖　南	2822	76200000	27000	1896	693477600	365760
广　东	2330	2635819615	1131482	2075	5506196002	2653846
广　西	1150	48300000	42000	1829	9706374520	5306868
海　南	—	—	—	1000	31280000	31280
重　庆	1100	52030000	47300	1456	536976471	368915
四　川	1323	97825570	73938	1505	4763733782	3165545
贵　州	6014	20928000	3480	1666	212810500	127745
云　南	866	240972240	278247	1292	1368544250	1058998
西　藏	—	—	—	—	—	—
陕　西	967	145000	150	960	263370378	274280
甘　肃	—	—	—	—	—	—
青　海	—	—	—	—	—	—
宁　夏	—	—	—	—	—	—
新　疆	—	—	—	1100	99000000	90000
新疆兵团	—	—	—	—	—	—
大兴安岭	—	—	—	—	—	—

实际平均价格(二)

单位:元/(立方米、根、平方米、吨),元,立方米,根,平方米,吨

刨花板			松香			栲胶		
产品销售实际平均价格	产品销售收入	产品销售量	产品销售实际平均价格	产品销售收入	产品销售量	产品销售实际平均价格	产品销售收入	产品销售量
1795	**34658279236**	**19308363**	**10050**	**7642301229**	**760402**	**9066**	**304838000**	**33626**
—	—	—	—	—	—	—	—	—
—	—	—	—	—	—	—	—	—
1436	3678428313	2562441	—	—	—	10075	12090000	1200
600	2820000	4700	—	—	—	—	—	—
—	—	—	—	—	—	—	—	—
—	—	—	—	—	—	—	—	—
762	46965000	61650	—	—	—	—	—	—
1182	254290460	215199	—	—	—	—	—	—
1148	234720000	204446	—	—	—	—	—	—
—	—	—	—	—	—	—	—	—
1114	9635363	8653	—	—	—	—	—	—
1198	6737063	5623	—	—	—	—	—	—
—	—	—	—	—	—	—	—	—
—	—	—	—	—	—	—	—	—
1826	5487705400	3005920	—	—	—	—	—	—
1346	108877940	80890	12254	22057200	1800	—	—	—
1967	3082942950	1567322	9866	92771880	9403	—	—	—
1577	502908000	318938	13622	595919319	43748	—	—	—
1498	660879100	441314	10054	1048270700	104267	—	—	—
2046	8374422860	4093826	—	—	—	—	—	—
1116	561646876	503229	—	—	—	15000	14700000	980
1570	856132050	545227	8440	73708330	8733	—	—	—
921	292432590	317475	10829	211596900	19540	—	—	—
2509	4342915600	1730971	8828	716373540	81147	—	—	—
1646	4365857516	2652996	9989	3374911952	337856	10000	680000	68
885	31115900	35155	9314	6044800	649	—	—	—
3208	991849600	309211	—	—	—	—	—	—
1189	241797418	203362	—	—	—	—	—	—
1364	100852000	73953	8886	58132925	6542	—	—	—
1153	662804300	575081	9832	1442513683	146717	8840	277368000	31378
—	—	—	—	—	—	—	—	—
1176	1000000	850	—	—	—	—	—	—
—	—	—	—	—	—	—	—	—
—	—	—	—	—	—	—	—	—
—	—	—	—	—	—	—	—	—
—	—	—	—	—	—	—	—	—
—	—	—	—	—	—	—	—	—
—	—	—	—	—	—	—	—	—

各地区主要林草产品销售

地区	紫胶			天然草原干草		
	产品销售实际平均价格	产品销售收入	产品销售量	产品销售实际平均价格	产品销售收入	产品销售量
全国合计	**12143**	**413281500**	**34035**	**506**	**4902100651**	**9690049**
北　京	—	—	—	—	—	—
天　津	—	—	—	—	—	—
河　北	—	—	—	—	—	—
山　西	—	—	—	—	—	—
内蒙古	—	—	—	593	2850438061	4804467
内蒙古集团	—	—	—	—	—	—
辽　宁	—	—	—	—	—	—
吉　林	—	—	—	503	43320000	86100
吉林集团	—	—	—	—	—	—
长白山集团	—	—	—	—	—	—
黑龙江	—	—	—	569	266814700	469286
龙江集团	—	—	—	—	—	—
伊春集团	—	—	—	—	—	—
上　海	—	—	—	—	—	—
江　苏	—	—	—	—	—	—
浙　江	—	—	—	—	—	—
安　徽	—	—	—	—	—	—
福　建	—	—	—	—	500	85123
江　西	—	—	—	—	—	—
山　东	—	—	—	—	—	—
河　南	—	—	—	—	—	—
湖　北	—	—	—	—	—	—
湖　南	—	—	—	—	—	—
广　东	12174	7986000	656	—	—	—
广　西	—	—	—	—	—	—
海　南	—	—	—	—	—	—
重　庆	—	—	—	—	—	—
四　川	—	—	—	237	65780800	277118
贵　州	—	—	—	—	—	—
云　南	12142	405295500	33379	207	455562500	2195987
西　藏	—	—	—	172	395892	2300
陕　西	—	—	—	—	—	—
甘　肃	—	—	—	800	71490000	89346
青　海	—	—	—	—	—	—
宁　夏	—	—	—	—	—	—
新　疆	—	—	—	683	1148298198	1680322
新疆兵团	—	—	—	1000	612072000	612072
大兴安岭	—	—	—	—	—	—

实际平均价格(三)

单位:元/(立方米、根、平方米、吨),元,立方米,根,平方米,吨

苜蓿干草			羊草干草		
产品销售实际平均价格	产品销售收入	产品销售量	产品销售实际平均价格	产品销售收入	产品销售量
1629	**5099778143**	**3129802**	**517**	**539107500**	**1043516**
—	—	—	—	—	—
—	—	—	—	—	—
—	—	—	—	—	—
—	—	—	—	—	—
924	396770152	429584	1136	32512000	28612
—	—	—	—	—	—
—	—	51	—	—	—
2169	22380000	10320	716	320600000	448000
—	—	—	—	—	—
—	—	—	—	—	—
1103	23508000	21320	650	112885500	173670
—	—	—	—	—	—
—	—	—	—	—	—
—	—	—	—	—	—
—	—	—	—	—	—
—	—	—	—	—	—
—	—	—	—	—	—
—	—	—	—	—	—
—	—	—	—	—	—
—	—	—	—	—	—
—	—	—	—	—	—
—	—	—	—	—	—
—	—	—	—	—	—
—	—	—	—	—	—
—	—	—	—	—	—
—	—	—	—	—	—
—	—	—	—	—	—
2000	6000	3	—	—	—
—	—	—	—	—	1
2000	42000	21	150	55760000	371733
—	—	—	—	—	—
1300	4940000	3800	—	—	—
1768	890393875	503754	800	16000000	20000
—	—	—	—	—	—
1927	636000000	330000	—	—	—
1707	3125738116	1830949	900	1350000	1500
1746	2941446042	1684677	900	1350000	1500
—	—	—	—	—	—

各地区林草旅游与休闲产业发展情况

地区	旅游人次(人次)	旅游收入(万元)	人均花费(元)	直接带动的其他产业产值(万元)
全国合计	**3906011123**	**149911133**	**384**	**130838909**
北　京	231109296	524751	23	485786
天　津	332807	902	27	—
河　北	48299952	829234	172	730372
山　西	20669135	294550	143	101664
内蒙古	29048405	1041429	359	1298468
内蒙古集团	311816	6970	224	2994
辽　宁	52726034	1354949	257	1005762
吉　林	30443497	1273232	418	292668
吉林集团	379147	21026	555	21829
长白山集团	446386	24838	556	47212
黑龙江	28762345	1098628	382	825544
龙江集团	4707337	185749	395	208638
伊春集团	3748652	156720	418	36944
上　海	9841648	64712	66	462
江　苏	126807377	4508491	356	3789086
浙　江	433287481	12282367	283	11201040
安　徽	181317718	8119524	448	10290881
福　建	257033624	11063800	430	10842699
江　西	187843360	10742686	572	19429542
山　东	123189600	3668490	298	4376499
河　南	119114218	2563845	215	1797701
湖　北	194905697	9261228	475	15620987
湖　南	185332913	12009846	648	5998224
广　东	324058063	18022682	556	3019967
广　西	196599000	12721810	647	10706936
海　南	12940676	240515	186	241895
重　庆	122462251	3522905	288	2993769
四　川	417363774	12619082	302	7931948
贵　州	358757083	16560186	462	12916601
云　南	73550237	2057061	280	1443487
西　藏	8757300	735700	840	59780
陕　西	72181896	1117012	155	1716074
甘　肃	10446014	117653	113	94980
青　海	9592800	95569	100	9663
宁　夏	9649608	239942	249	355773
新　疆	26946359	938878	348	1108184
新疆兵团	655339	6207	95	1966
大兴安岭	2640955	219474	831	152467

各地区森林公园建设与经营情况主要指标(一)

地　区	森林公园总数(处)	森林公园总面积(公顷)	国家森林公园数量(处)	国家森林公园面积(公顷)	省级森林公园数量(处)	省级森林公园面积(公顷)	县级森林公园数量(处)	县级森林公园面积(公顷)
全国合计	**3564**	**18607393**	**897**	**12799963**	**1459**	**4381604**	**1208**	**1425825**
北　京	31	96260	15	68438	16	27822	—	—
天　津	1	2126	1	2126	—	—	—	—
河　北	101	514533	29	308819	72	205715	—	—
山　西	140	594529	24	417565	55	131744	61	45221
内蒙古	58	1307975	36	1096484	21	206120	1	5370
辽　宁	74	225742	32	145256	42	80486	—	—
吉　林	63	855337	35	392081	28	463256	—	—
黑龙江	107	2319346	66	2170212	41	149134	—	—
上　海	4	1830	4	1830	—	—	—	—
江　苏	106	180558	22	53570	43	39199	41	87790
浙　江	276	466446	42	225867	86	137879	148	102700
安　徽	81	164186	35	117775	46	46411	—	—
福　建	176	238317	30	128468	125	86594	21	23256
江　西	179	528064	50	389102	117	111171	12	27791
山　东	246	407569	49	210881	67	84496	130	112192
河　南	176	401083	32	136381	87	168891	57	95810
湖　北	94	423911	37	316748	57	107162	—	—
湖　南	145	546373	63	347411	58	144702	24	54260
广　东	711	1089818	27	155412	83	113148	601	821258
广　西	67	267428	23	225133	36	40905	8	1390
海　南	29	169771	9	119350	18	48728	2	1693
重　庆	89	186724	26	136303	58	49390	5	1030
四　川	140	2336980	44	1732968	66	593213	30	10799
贵　州	95	278930	28	179161	45	79238	22	20532
云　南	57	179553	32	144315	15	33627	10	1611
西　藏	9	1186760	9	1186760	—	—	—	—
陕　西	91	368691	37	206908	52	160784	2	999
甘　肃	91	890306	22	459553	69	430753	—	—
青　海	23	512422	7	293297	16	219125	—	—
宁　夏	37	48164	4	28587	7	9042	26	10535
新　疆	64	1662031	24	1247572	33	412870	7	1589
大兴安岭	3	155629	3	155629	—	—	—	—

各地区森林公园建设与

地　　区	森林公园旅游收入情况					
	收入总额（万元）	其中旅游收入				
		合计（万元）	门票收入（万元）	食宿收入（万元）	娱乐收入（万元）	其他收入（万元）
全国合计	**9641136**	**8854378**	**1682881**	**3431239**	**844431**	**2895828**
北　京	36600	46502	9567	29171	4716	3047
天　津	2397	2397	1316	—	—	1081
河　北	408483	407075	66204	156193	99632	85045
山　西	114416	114416	48990	41284	10627	13515
内蒙古	31046	30791	17294	2021	1994	9482
辽　宁	40170	39830	18311	6721	7068	7730
吉　林	31809	31809	14392	6763	4154	6500
黑龙江	94400	94400	17810	69404	2744	4443
上　海	7567	7567	4474	700	1576	817
江　苏	488024	418648	118368	147398	13299	139582
浙　江	2965259	2962967	194416	1165734	57681	1545135
安　徽	131075	118507	49383	34717	14538	19869
福　建	122455	102668	13521	43572	14824	30751
江　西	1265850	1263103	243751	630205	269212	119935
山　东	264168	261942	106505	39054	15699	100684
河　南	182393	168200	70674	68292	11974	17260
湖　北	543417	263339	60447	115402	53514	33975
湖　南	702000	402641	197628	112493	26981	65539
广　东	248628	241565	38859	129927	30690	42089
广　西	179789	179790	32483	77873	10374	59060
海　南	121653	66124	14552	21523	13531	16518
重　庆	318546	323530	96151	147870	32586	46922
四　川	492389	492324	63753	215273	67594	145704
贵　州	473257	443618	97067	85656	46568	214328
云　南	36761	34067	17820	3398	1580	11269
西　藏	24158	24516	6498	9830	6095	2092
陕　西	132946	130683	47069	18677	19264	45673
甘　肃	13814	13814	7947	2916	717	2233
青　海	151996	151997	2111	47045	1118	101722
宁　夏	4856	4856	2712	403	237	1504
新　疆	8207	8087	2593	56	3593	1845
大兴安岭	2604	2604	213	1666	249	477

经营情况主要指标(二)

旅游接待人数		本年度投入资金				本年度生态建设情况		
旅游总人数（万人次）	海外旅游者（万人次）	合计（万元）	国家投资（万元）	自筹资金（万元）	招商引资（万元）	生态建设投资（万元）	植树造林（公顷）	改造林相（公顷）
105884	**1896**	**3702612**	**1139397**	**1690309**	**872907**	**752642**	**61795**	**140620**
3515	5	36600	21950	14650	—	12650	55	2941
55	—	—	—	—	—	—	—	—
2254	66	89636	49660	37556	2420	4949	7906	5605
3406	23	41674	11781	26992	2901	12910	1657	2775
1003	4	23555	10399	2756	10400	4949	1516	1243
1073	23	25131	1885	21145	2101	2046	1183	358
614	3	50866	16325	8748	25793	3268	2616	880
789	16	18850	4477	10115	4258	7689	2772	37580
609	15	13390	11637	1753	—	8150	—	4
7183	113	655134	360112	259202	35820	313016	1584	1820
7509	59	126652	79313	27890	19448	15636	1224	6145
3537	36	107703	29930	45812	31962	13581	713	4589
2793	210	58687	15843	10138	32706	15016	1222	2327
7426	123	325519	26335	191203	107981	44720	2196	7430
4729	64	152602	50985	78978	22640	33369	3453	7489
5643	97	226235	16455	149147	60633	39498	5437	7685
3240	39	194487	27446	77111	89930	27967	4651	6230
5747	623	262789	65799	81309	115681	37964	4705	10046
24324	138	358140	123608	216505	18027	53229	3982	8938
1202	44	93396	15978	52118	25300	7680	437	751
421	13	14076	1371	7705	5000	465	8	—
7973	98	268824	35727	118777	114320	13924	1348	3444
3485	13	166229	32939	109675	23615	20137	1192	6502
2694	17	127787	78273	27675	21839	18142	5441	3582
1103	13	110549	1742	18599	90208	5207	584	49
138	5	11208	11108	100	—	30	31	—
1619	30	90266	21180	67453	1633	29173	602	7021
732	5	25902	9021	11630	5250	3461	1209	281
400	—	13149	1789	11320	40	3090	3632	4227
272	2	3396	680	2716	—	595	270	251
380	0	8642	5642	—	3000	125	170	107
15	0	1538	8	1530	—	3	—	321

各地区森林公园建设与经营情况主要指标(三)

地　区	从业人员现状		基础设施现状				社会旅游从业人员(人)
	职工总数(人)	导游人数(人)	车船总数(台/艘)	游步道总数(千米)	床位总数(张)	餐位总数(个)	
全国合计	**162187**	**15713**	**32401**	**66509**	**853220**	**1559320**	**757300**
北　京	1145	223	276	984	4460	17274	17750
天　津	180	9	59	15	—	—	—
河　北	6444	359	537	1279	137392	126860	45866
山　西	3831	609	710	2623	62375	88345	24015
内蒙古	3092	276	988	3698	26006	64840	18682
辽　宁	2719	197	1305	805	11042	13460	5621
吉　林	2492	185	584	1431	9057	17700	21875
黑龙江	3892	276	1383	1456	14924	23887	17923
上　海	346	27	272	143	516	1650	695
江　苏	19008	732	2162	2692	36744	72289	23457
浙　江	15022	1473	1643	4183	99181	169919	78107
安　徽	4592	405	596	2870	13325	34723	43677
福　建	5008	596	623	2653	6961	25433	18090
江　西	6809	1018	1696	6549	44202	106236	36853
山　东	13000	1278	1822	4799	35024	71629	59511
河　南	8683	1202	1513	2495	52986	92270	41989
湖　北	9384	778	732	3654	46410	94611	32897
湖　南	12177	834	2347	4740	46027	90691	56937
广　东	11127	426	2101	4826	35495	97567	33643
广　西	3205	248	519	796	13730	25480	7834
海　南	4113	331	197	109	4168	13710	1833
重　庆	5524	2538	5984	3467	47288	100549	23841
四　川	6333	314	1249	1615	52828	104825	30715
贵　州	3734	599	878	2710	15008	43396	15322
云　南	2273	159	653	728	1947	12887	22365
西　藏	307	41	75	321	3037	3176	3061
陕　西	3962	339	678	892	10547	18163	61094
甘　肃	2636	165	274	1752	8140	13353	10238
青　海	441	28	137	757	11495	6120	1360
宁　夏	397	39	92	139	652	1770	390
新　疆	81	2	108	958	1644	2262	1630
大兴安岭	230	7	208	370	609	4245	29

4

从业人员和劳动报酬

EMPLOYMENT AND REMUNERATION

林草系统从业人员和劳动报酬主要指标
2019年与2018年比较

主要指标	单位	2019年	2018年	2019年比2018年增减(%)
一、单位个数	个	**40057**	**38846**	**3.12**
二、年末人数	人	**1123188**	**1240494**	**-9.46**
1.从业人员	人	1016726	1118263	-9.08
①在岗职工	人	929969	1021216	-8.94
②其他从业人员	人	86757	97047	-10.60
2.离开本单位仍保留劳动关系人员	人	106462	122231	-12.90
三、在岗职工年平均工资	元	**64072**	**58430**	**9.66**

林草系统从业人员和劳动报酬情况

单位：人

指标	单位数（个）	年末人数（人）							
		总计	单位从业人员						
			合计	在岗职工					
				小计	其中：女性	其中：专业技术人员			
						计	其中		
							中级技术职称人员	副高级技术职称人员	正高级技术职称人员
总　计	**40057**	**1123188**	**1016726**	**929969**	**250872**	**246930**	**114120**	**41967**	**6609**
一、企业	9477	505369	416727	390850	109663	81813	32062	12564	2078
二、事业	26000	519452	502433	458158	124043	155517	78118	27810	4242
三、机关	4580	98367	97566	80961	17166	9600	3940	1593	289

续表

指标	年末人数						在岗职工年平均人数	在岗职工年工资总额（万元）	在岗职工年平均工资（元）	年末实有离退休人员
	单位从业人员					离开本单位仍保留劳动关系人员				
	在岗职工				其他从业人员					
	按学历结构									
	高中及高中学历以下	中专及大专学历	大学本科学历	研究生学历						
总　计	**375240**	**334642**	**200950**	**19137**	**86757**	**106462**	**910699**	**5835281**	**64075**	**1639149**
一、企业	218949	126537	42343	3021	25877	88642	361817	1599639	44211	792861
二、事业	150665	177568	116814	13111	44275	17019	465283	3372529	72483	560037
三、机关	5626	30537	41793	3005	16605	801	83599	863112	103244	286251

各地区林草系统从业人员和劳动报酬情况

单位:个、人、元

地区	单位个数	年末人数					在岗职工年平均工资	离退休人员
		总计	从业人员			离开本单位仍保留劳动关系人员		
			合计	在岗职工	其他从业人员			
全国合计	**40057**	**1123188**	**1016726**	**929969**	**86757**	**106462**	**64075**	**64072**
北　京	284	10488	10487	8081	2406	1	184457	184457
天　津	43	663	663	585	78	—	148128	148128
河　北	800	18711	18559	18251	308	152	75256	75256
山　西	1731	22201	22169	21009	1160	32	67276	67276
内蒙古	1349	84102	83933	82067	1866	169	65750	65750
内蒙古集团	46	46729	46729	46729	—	—	60218	60218
辽　宁	745	17231	17004	16065	939	227	56896	56896
吉　林	1232	111282	87546	84677	2869	23736	48580	48580
吉林集团	83	30884	25146	24957	189	5738	45818	45818
长白山集团	19	33085	21968	21968	—	11117	52059	52059
黑龙江	8719	271048	209947	205092	4855	61101	39696	39696
龙江集团	108	103149	88688	87184	1504	14461	40618	40618
伊春集团	7213	113797	76536	73193	3343	37261	32862	32862
上　海	32	1423	1421	1359	62	2	185916	185916
江　苏	699	11328	10533	9526	1007	795	55609	55609
浙　江	746	7568	7255	6975	280	313	142026	142026
安　徽	1204	16319	15850	15258	592	469	71131	71131
福　建	1619	20788	19766	17552	2214	1022	84413	84413
江　西	1584	42735	36864	31197	5667	5871	67042	67042
山　东	1665	20353	20328	19372	956	25	77839	77839
河　南	1073	25176	25146	24994	152	30	48129	48129
湖　北	1777	24997	23347	21661	1686	1650	77259	77259
湖　南	1843	46508	41782	39410	2372	4726	60492	60492
广　东	1686	26923	26695	23452	3243	228	107542	107542
广　西	1937	41726	39356	33500	5856	2370	65263	65263
海　南	196	8543	8413	5990	2423	130	53894	53894
重　庆	281	4890	4884	4640	244	6	111952	111952
四　川	2461	48707	47792	35023	12769	915	74873	74873
贵　州	799	32757	32527	30609	1918	230	60125	60125
云　南	1480	47466	47314	26633	20681	152	97174	97174
西　藏	98	1934	1925	1467	458	9	127602	127602
陕　西	1072	28438	27875	26626	1249	563	66054	66054
甘　肃	1271	33946	33898	32098	1800	48	65865	65865
青　海	297	8415	8334	4130	4204	81	124845	124845
宁　夏	338	7549	7548	6213	1335	1	72590	72590
新　疆	858	17586	17250	16573	677	336	71253	71253
新疆兵团	79	730	730	481	249	—	39842	39842
局直属单位	138	61387	60315	59884	431	1072	64323	213281
大兴安岭	67	52855	51793	51736	57	1062	47558	47558

国家林业和草原局机关及直属单位从业人员和劳动报酬情况(一)

单位:人

指　标	单位数(个)	年末人数			
		总计	单位从业人数		
			合计	在岗职工	
				小计	其中:女性
总计	**138**	**61387**	**60315**	**59884**	**19372**
国家林业和草原局机关	1	346	346	346	—
国家林业和草原局信息中心	1	25	25	25	14
国家林业和草原局林业工作站管理总站	1	31	31	30	14
国家林业和草原局林业和草原基金管理总站	1	38	38	38	18
国家林业和草原局宣传中心	1	25	25	25	9
国家林业和草原局天然林保护工程管理中心	1	28	28	26	9
国家林业和草原局西北华北东北防护林建设局	1	79	79	65	19
国家林业和草原局退耕还林(草)工程管理中心	1	26	26	26	7
国家林业和草原局世界银行贷款项目管理中心	1	29	29	28	14
国家林业和草原局科技发展中心	1	19	19	18	9
国家林业和草原局亚太森林网络管理中心	1	22	22	22	11
国家林业和草原局经济发展研究中心	1	68	68	68	37
国家林业和草原局人才开发交流中心	1	25	25	25	12
国家林业和草原局对外合作项目中心	1	22	22	22	13
中国林业科学研究院	20	3967	3967	3967	1090
国家林业和草原局调查规划设计院	1	315	312	271	116
国家林业和草原局林产工业规划设计院	1	466	466	424	213
国家林业和草原局管理干部学院	1	264	264	159	89
中国绿色时报社	1	107	107	107	66
中国林业出版社	1	120	120	116	77
国际竹藤中心	2	125	125	107	43
中国林学会	1	39	39	33	19
中国野生动物保护协会	1	47	47	31	19
中国绿化基金会	1	27	27	27	13
国家林业和草原局机关服务中心	1	116	116	116	50
国家林业和草原局离退休干部局	1	74	74	43	16
国家林业和草原局幼儿园	1	81	81	81	73
驻内蒙古自治区森林资源监督专员办事处	1	26	26	26	6
驻长春森林资源监督专员办事处	1	27	27	26	4
驻黑龙江省森林资源监督专员办事处	1	26	26	26	7
驻大兴安岭森林资源监督专员办事处	1	18	18	18	3
驻福州森林资源监督专员办事处	1	18	18	18	6
驻云南省森林资源监督专员办事处	1	14	14	14	3
驻成都森林资源监督专员办事处	1	20	20	20	4
驻西安森林资源监督专员办事处	1	23	23	23	9
驻武汉森林资源监督专员办事处	1	17	17	17	4
驻贵阳森林资源监督专员办事处	1	16	16	15	3
驻广州森林资源监督专员办事处	1	27	27	25	6
驻合肥森林资源监督专员办事处	1	14	14	14	5
驻乌鲁木齐森林资源监督专员办事处	1	16	16	12	3
驻上海森林资源监督专员办事处	1	16	16	14	6
驻北京森林资源监督专员办事处	1	23	23	20	6
国家林业和草原局森林和草原病虫害防治总站	1	106	106	106	31
国家林业和草原局华东调查规划设计院	1	180	173	173	35
国家林业和草原局中南调查规划设计院	1	217	217	191	32
国家林业和草原局西北调查规划设计院	1	220	220	210	58
国家林业和草原局昆明勘察设计院	1	319	319	319	82
陕西佛坪国家级自然保护区管理局	1	90	90	70	16
甘肃白水江国家级自然保护区管理局	1	147	147	125	36
四川卧龙国家级自然保护区管理局	1	167	167	167	45
中国大熊猫保护研究中心	1	254	254	253	96
大兴安岭林业集团公司	67	52855	51793	51736	16796

国家林业和草原局机关及直属单位

指标	年末人数					
	单位从业人员					
	在岗职工					
	其中:专业技术人员				按学历	
	计	其中			高中及高中学历以下	中专及大专学历
		中级技术职称人员	副高级技术职称人员	正高级技术职称人员		
总计	**19818**	**7894**	**4304**	**840**	**27795**	**15539**
国家林业和草原局机关	—	—	—	—	—	9
国家林业和草原局信息中心	6	2	3	1	—	2
国家林业和草原局林业工作站管理总站	15	6	9	—	—	1
国家林业和草原局林业和草原基金管理总站	7	5	2	—	—	4
国家林业和草原局宣传中心	—	—	—	—	—	—
国家林业和草原局天然林保护工程管理中心	—	—	—	—	—	1
国家林业和草原局西北华北东北防护林建设局	—	—	—	—	—	11
国家林业和草原局退耕还林(草)工程管理中心	—	—	—	—	—	—
国家林业和草原局世界银行贷款项目管理中心	20	8	7	5	—	2
国家林业和草原局科技发展中心	—	—	—	—	—	—
国家林业和草原局亚太森林网络管理中心	1	—	—	1	—	—
国家林业和草原局经济发展研究中心	35	16	8	11	1	3
国家林业和草原局人才开发交流中心	4	2	2	—	—	2
国家林业和草原局对外合作项目中心	—	—	—	—	—	—
中国林业科学研究院	2274	938	705	293	1396	359
国家林业和草原局调查规划设计院	243	91	98	54	3	14
国家林业和草原局林产工业规划设计院	327	162	73	18	5	20
国家林业和草原局管理干部学院	103	64	33	6	1	7
中国绿色时报社	52	24	22	6	4	12
中国林业出版社	66	32	25	9	3	11
国际竹藤中心	70	25	25	20	1	—
中国林学会	30	10	12	5	—	2
中国野生动物保护协会	—	—	—	4	—	—
中国绿化基金会	—	—	—	—	—	—
国家林业和草原局机关服务中心	3	1	2	—	6	30
国家林业和草原局离退休干部局	—	—	—	—	4	4
国家林业和草原局幼儿园	—	—	—	—	22	24
驻内蒙古自治区森林资源监督专员办事处	—	—	—	—	2	1
驻长春森林资源监督专员办事处	14	6	6	2	—	2
驻黑龙江省森林资源监督专员办事处	—	—	—	—	—	—
驻大兴安岭森林资源监督专员办事处	15	11	—	4	—	—
驻福州森林资源监督专员办事处	7	3	4	—	2	3
驻云南省森林资源监督专员办事处	11	4	5	—	—	2
驻成都森林资源监督专员办事处	12	6	—	3	—	1
驻西安森林资源监督专员办事处	7	2	3	2	—	1
驻武汉森林资源监督专员办事处	8	3	4	1	—	2
驻贵阳森林资源监督专员办事处	7	2	—	5	1	—
驻广州森林资源监督专员办事处	—	—	—	—	—	—
驻合肥森林资源监督专员办事处	—	—	—	—	—	—
驻乌鲁木齐森林资源监督专员办事处	4	—	—	—	—	—
驻上海森林资源监督专员办事处	—	—	—	—	—	1
驻北京森林资源监督专员办事处	—	—	—	—	—	3
国家林业和草原局森林和草原病虫害防治总站	57	22	13	22	3	7
国家林业和草原局华东调查规划设计院	143	51	51	12	2	4
国家林业和草原局中南调查规划设计院	183	66	57	20	7	21
国家林业和草原局西北调查规划设计院	169	50	69	10	6	11
国家林业和草原局昆明勘察设计院	266	99	36	5	4	6
陕西佛坪国家级自然保护区管理局	54	15	16	1	—	28
甘肃白水江国家级自然保护区管理局	42	19	4	1	7	38
四川卧龙国家级自然保护区管理局	55	30	11	3	58	54
中国大熊猫保护研究中心	46	24	14	8	32	65
大兴安岭林业集团公司	15462	6095	2985	308	26225	14771

从业人员和劳动报酬情况(二)

单位:人

结构		其他从业人员	离开本单位仍保留劳动关系人员	在岗职工年平均人数	在岗职工年工资总额(万元)	在岗职工年平均工资(元)	年末实有离退休人员
大学本科学历	研究生学历						
13128	**3422**	**431**	**1072**	**58375**	**375483**	**64323**	**83747**
165	172	—	—	323	5473	169433	—
13	10	—	—	27	637	235951	6
20	9	1	—	28	502	179361	17
21	13	—	—	38	553	145540	7
16	9	—	—	26	397	152621	10
18	7	2	—	28	459	163899	7
33	21	14	—	65	801	123178	67
12	14	—	—	27	453	167926	6
14	12	1	—	27	425	157259	10
5	13	1	—	19	305	160364	10
3	19	—	—	24	325	135506	1
13	51	—	—	66	808	122396	35
20	3	—	—	25	555	221989	3
9	13	—	—	23	421	183188	7
686	1526	—	—	3972	49846	125493	3156
126	128	41	3	275	10635	386725	169
205	194	42	—	424	10696	252264	274
93	58	105	—	265	2697	101785	103
73	18	—	—	107	2392	223533	30
48	54	4	—	110	2022	183835	82
24	82	18	—	115	1703	148099	13
10	21	6	—	33	562	170174	28
21	10	16	—	31	279	90111	16
18	9	—	—	26	357	137232	5
75	5	—	—	117	1910	163257	73
19	16	31	—	44	723	164388	589
35	—	—	—	81	814	100469	8
22	1	—	—	26	519	199660	16
16	8	1	—	26	278	107108	14
12	14	—	—	26	257	98742	24
18	—	—	—	18	262	145570	9
10	3	—	—	19	343	180653	4
8	4	—	—	14	252	180295	4
10	9	—	—	21	219	104286	4
12	10	—	—	22	231	104784	3
7	8	—	—	17	244	143722	3
9	5	1	—	14	161	115284	2
12	13	2	—	25	475	189976	2
7	7	—	—	14	161	114952	2
11	1	4	—	16	164	102753	—
10	3	2	—	14	283	201988	4
9	8	3	—	19	298	156988	3
49	47	—	—	102	1038	101801	75
99	68	—	7	176	5687	323119	89
84	79	26	—	189	5997	317294	100
133	60	10	—	208	8918	428740	98
113	196	—	—	318	8235	258948	174
37	5	20	—	71	904	127323	43
77	3	22	—	143	972	67989	64
50	5	—	—	172	1767	102733	156
124	32	1	—	243	3121	128420	1
10394	346	57	1062	50116	238343	47558	78121

生态护林员情况

单位:人

指标名称	人员情况	
	合计	其中:22个贫困省份
总计	**2093434**	**1887414**
其中:天保工程生态护林员	339607	335260
其中:公益林生态护林员	663094	561241
其中:护草员	227561	225694
一、建档立卡贫困人口生态护林员	**1095571**	**1087587**
1. 中央资金选聘	794974	793917
2. 地方资金选聘	300597	293670
二、非建档立卡贫困人口生态护林员	**997863**	**799827**

各地区生态护林员情况

单位：人

地区	总计	其中			建档立卡贫困人口生态护林员			非建档立卡贫困人口生态护林员
		天保工程生态护林员	公益林生态护林员	护草员	合计	中央资金选聘	地方资金选聘	
全国合计	**2093434**	**339607**	**663094**	**227561**	**1095571**	**794974**	**300597**	**997863**
北京	89616	—	—	—	—	—	—	89616
天津	300	—	300	—	—	—	—	300
河北	70635	5447	13169	503	54406	51101	3305	16229
山西	40577	18895	20243	—	27162	24913	2249	13415
内蒙古	109085	47229	39820	1780	23553	20086	3467	85532
内蒙古集团	21702	21702	—	—	—	—	—	21702
辽宁	18763	—	17827	1457	784	639	145	17979
吉林	27686	16939	8304	26	5021	5021	—	22665
吉林集团	6812	6812	—	—	—	—	—	6812
长白山集团	9093	9093	—	—	—	—	—	9093
黑龙江	50846	19824	24713	85	18341	18341	—	32505
龙江集团	795	795	410	—	4	4	—	791
伊春集团	12700	12700	—	—	—	—	—	12700
上海	8887	—	8887	—	407	—	407	8480
江苏	7418	—	6530	—	142	—	142	7276
浙江	17553	454	16625	—	—	—	—	17553
安徽	26658	—	11984	—	23470	20625	2845	3188
福建	13871	3893	9681	410	1130	293	837	12741
江西	35154	2088	13999	—	23137	21500	1637	12017
山东	24672	—	22136	—	870	—	870	23802
河南	46981	3294	6201	—	37695	31783	5912	9286
湖北	40833	21565	7923	—	39303	36634	2669	1530
湖南	36879	—	13809	—	25057	19000	6057	11822
广东	24940	—	19867	—	4651	125	4526	20289
广西	59756	20	10795	—	58074	55299	2775	1682
海南	10436	1196	6196	—	6118	2619	3499	4318
重庆	32896	13490	18682	—	20717	17007	3710	12179
四川	108691	20498	40636	16042	92448	83529	8919	16243
贵州	181720	9713	3383	—	172839	67160	105679	8881
云南	231777	52903	31913	156	201334	96687	104647	30443
西藏	411313	45789	180764	145617	39143	39143	—	372170
陕西	57820	12211	12565	—	51583	48572	3011	6237
甘肃	81285	7513	8592	12387	62803	62803	—	18482
青海	145100	15991	70208	42778	49852	16900	32952	95248
宁夏	15262	2922	1040	493	11686	11672	14	3576
新疆	49585	1294	16302	5827	43845	43522	323	5740
新疆兵团	1252	138	917	51	305	302	3	947
大兴安岭	16439	16439	—	—	—	—	—	16439

林草科技机构、人员和资金投入情况

指　标	单位	本年实际
一、机构数	**个**	**4062**
1. 科研机构	个	535
2. 推广机构	个	3127
3. 质检机构	个	106
4. 其他	个	294
二、科技人员	**人**	**78644**
1. 科技管理人员	人	6789
2. 科研人员	人	20922
3. 科技推广人员	人	49510
4. 其他	人	2746
三、资金投入	**万元**	**352716**
其中:中央资金	万元	223947
地方资金	万元	128769

各地区林草科技机构、人员和资金投入情况(一)

单位:个、人、万元

地区	机构数					科技人员	
	合计	科研机构	推广机构	质检机构	其他	合计	科技管理人员
全国合计	**4062**	**535**	**3127**	**106**	**294**	**78644**	**6789**
北　京	28	14	14	—	—	2054	416
天　津	25	1	23	—	1	309	68
河　北	126	5	119	2	—	1245	197
山　西	111	13	97	1	—	864	18
内蒙古	139	15	113	11	—	718	34
辽　宁	89	27	60	2		1345	662
吉　林	72	7	65	—	—	13530	121
黑龙江	56	11	43	2	—	1023	7
上　海	12	1	10	1	—	353	5
江　苏	112	6	101	5	—	2185	11
浙　江	84	5	79	—	—	1229	63
安　徽	150	9	72	1	68	1622	153
福　建	85	6	65	4	10	688	64
江　西	142	31	99	2	10	1283	189
山　东	99	12	84	3		1447	179
河　南	166	14	151	1	—	4686	53
湖　北	113	49	56	1	7	1760	261
湖　南	289	99	173	1	16	4155	611
广　东	89	56	31	2	—	1224	536
广　西	107	32	72	1	2	1878	229
海　南	3	1	1	1	—	184	34
重　庆	42	4	13	21	4	4806	68
四　川	186	20	140	25	1	3196	632
贵　州	111	10	100	1	—	1356	28
云　南	129	26	99	4	—	1871	117
西　藏	1	1	—	—	—	24	4
陕　西	900	14	866	9	11	6869	164
甘　肃	148	22	125	1		9851	1530
青　海	59	4	54	—	1	851	40
宁　夏	56	1	54	1		678	45
新　疆	331	18	147	3	163	5185	214
新疆兵团	164	1	—	—	163	673	3
大兴安岭	2	1	1	—	—	175	36

各地区林草科技机构、人员和资金投入情况(二)

单位:个、人、万元

地区	科技人员			资金投入		
	科研人员	科技推广人员	其他	合计	其中	
					中央资金	地方资金
全国合计	**20922**	**49510**	**2746**	**352716**	**223947**	**128769**
北　京	1120	435	83	100862	91205	9656
天　津	11	226	4	948	755	193
河　北	164	884	—	1870	1700	170
山　西	290	556	—	3347	2500	847
内蒙古	664	1291	52	7775	6375	1400
辽　宁	683	—	—	3008	3008	—
吉　林	409	13000	—	9096	9096	—
黑龙江	743	273	—	5374	5199	175
上　海	56	292	—	278	72	207
江　苏	788	1339	47	12920	10020	2900
浙　江	245	887	34	16146	8007	8139
安　徽	252	732	485	16247	2331	13916
福　建	207	342	75	7181	2240	4941
江　西	556	497	41	13139	6501	6638
山　东	276	992	—	3855	1669	2186
河　南	1633	3000	—	8669	7345	1324
湖　北	483	815	201	9708	2678	7030
湖　南	1134	1928	482	6048	2233	3815
广　东	334	327	27	22265	8261	14004
广　西	718	783	148	15432	9891	5541
海　南	126	7	17	280	280	—
重　庆	506	4232	—	1850	1200	650
四　川	914	1650	—	14436	5224	9212
贵　州	443	861	24	4052	2462	1591
云　南	654	1091	9	17370	12846	4524
西　藏	10	4	6	1500	500	1000
陕　西	534	5927	244	4664	2075	2589
甘　肃	6315	2006	—	2571	1651	920
青　海	59	719	33	9221	8513	708
宁　夏	20	613	—	1580	1160	420
新　疆	475	3786	710	28261	4834	23427
新疆兵团	25	32	613	17216	1237	15979
大兴安岭	100	15	24	2764	2117	647

天然林保护工程人员情况

指标名称	单位	本年实际
一、年末在册人数	**人**	**868282**
1. 在岗职工	人	745803
2. 离开本单位仍保留劳动关系人员	人	122479
二、年末不在册在岗人数	**人**	**125983**
三、在册在岗职工年平均工资	**元**	**46434**
四、在册在岗职工年工资总额	**元**	**34630628284**
五、年末参加基本养老保险人数	**人**	**986886**
其中：在册在岗职工	人	741592
六、年末参加基本医疗保险人数	**人**	**985254**
其中：在册在岗职工	人	741272

各地区天然林保护工程人员情况

单位:人、元

地区	年末在册人数			年末不在册在岗人数	在册在岗职工年平均工资	在册在岗职工年工资总额	年末参加基本养老保险人数		年末参加基本医疗保险人数	
	合计	在岗职工	离开本单位仍保留劳动关系人员				合计	其中:在册在岗职工	合计	其中:在册在岗职工
全国合计	**868282**	**745803**	**122479**	**125983**	**46434**	**34630628284**	**986886**	**741592**	**985254**	**741272**
北京	—	—	—	—	—	—	—	—	—	—
天津	—	—	—	—	—	—	—	—	—	—
河北	—	—	—	—	—	—	—	—	—	—
山西	7121	7119	2	1202	86005	612271088	8319	7115	8319	7115
内蒙古	93532	89995	3537	75369	111623	5040740240	168038	89642	167590	89477
内蒙古集团	41038	39374	1664	37515	54212	2134543201	78180	39255	77948	39165
辽宁	—	—	—	—	—	—	—	—	—	—
吉林	114370	102809	11561	—	140777	4854516685	114156	102799	113936	102787
吉林集团	24758	23737	1021	—	46967	1114867073	24758	23737	24757	23737
长白山集团	30217	25620	4597	—	45799	1173364487	30123	25615	30014	25609
黑龙江	523837	418434	105403	30613	111132	15777006459	549501	415430	548587	415294
龙江集团	117748	101042	16706	2133	38905	3931026722	118334	99815	118299	99890
伊春集团	123670	88325	35345	7959	33386	2948785770	131026	88133	130603	87985
上海	—	—	—	—	—	—	—	—	—	—
江苏	—	—	—	—	—	—	—	—	—	—
浙江	—	—	—	—	—	—	—	—	—	—
安徽	—	—	—	—	—	—	—	—	—	—
福建	—	—	—	—	—	—	—	—	—	—
江西	—	—	—	—	—	—	—	—	—	—
山东	—	—	—	—	—	—	—	—	—	—
河南	2964	2964	—	—	55627	164879029	2964	2964	2963	2963
湖北	6948	6926	22	772	80313	556249409	7718	6924	7713	6925
湖南	—	—	—	—	—	—	—	—	—	—
广东	—	—	—	—	—	—	—	—	—	—
广西	—	—	—	—	—	—	—	—	—	—
海南	1604	1580	24	681	55485	87666738	2285	1580	2285	1580
重庆	3163	3158	5	—	80321	253654165	3155	3150	3163	3158
四川	19298	19039	259	1367	73163	1392954007	20658	19035	20639	19015
贵州	5455	5243	212	1384	72825	381823753	6834	5238	6810	5243
云南	7641	7607	34	192	68355	495570171	7459	7250	7459	7250
西藏	12	12	—	—	121564	1458769	12	12	12	12
陕西	12461	12397	64	1792	67187	832917830	14249	12395	14243	12388
甘肃	19514	19464	50	1449	70573	1373629582	20716	19221	20712	19219
青海	2095	2095	—	11	116742	244574105	2102	2091	2102	2091
宁夏	4664	4660	4	549	64070	298566596	5164	4611	5163	4610
新疆	2602	2601	1	173	129229	244768456	2775	2601	2775	2601
新疆兵团	78	78	—	73	33241	2592826	151	78	151	78
大兴安岭	41001	39700	1301	10429	50816	2017381203	50781	39534	50783	39544

说明:1. “年末参加基本医疗保险人数”不包括离退休人员。

2. “年末参加基本养老保险人数”“年末参加基本医疗保险人数”为在册职工参加养老(医疗)保险人数+年末不在册在岗人数,默认不在册在岗人员全部参加两项保险。

各地区国有林场情况

单位：个、公顷、人

地区	国有林场个数	国有林场经营面积	国有林场林地面积	国有林场在岗职工人数
全国合计	**4297**	**81098261**	**64676586**	**304185**
北　京	31	61238	58689	902
天　津	1	1400	1400	64
河　北	130	845467	797160	6876
山　西	211	2406933	2339168	9723
内蒙古	303	11637958	10686973	26558
辽　宁	178	794699	784125	9022
吉　林	89	3179468	3174789	23330
黑龙江	424	7419177	7301258	29689
上　海	1	267	267	35
江　苏	57	100351	92151	4344
浙　江	100	263278	246759	2859
安　徽	100	280365	279939	4993
福　建	129	959328	934213	8097
江　西	238	1644187	1601866	18035
山　东	150	152199	143574	7857
河　南	84	443267	436719	8784
湖　北	225	634666	612639	6132
湖　南	216	920002	804725	24226
广　东	201	767159	752424	8373
广　西	145	1444945	1248266	20382
海　南	32	334248	308255	2952
重　庆	69	402000	394025	3330
四　川	159	2877253	2450453	5779
贵　州	105	361970	327515	6033
云　南	141	4629007	4124450	5114
西　藏	2	63	—	650
陕　西	211	4052760	3935897	11607
甘　肃	252	4489113	4190175	17383
青　海	110	8150000	6635203	20685
宁　夏	96	1046966	613338	3899
新　疆	107	20798528	9400174	6472

5

林草投资

INVESTMENT IN FORESTRY AND GRASSLAND

林草投资

指 标 名 称	本年实际	中央资金	
		中央预算内基本建设资金	中央财政资金
总 计	**45255868**	**3034734**	**8720819**
一、生态修复治理	**23758869**	**2174057**	**6115875**
其中:造林与森林抚育	15752381	1502350	3198995
草原保护修复	529534	185164	245113
湿地保护与恢复	696509	54163	199882
防沙治沙	247637	119488	21289
二、林(草)产品加工制造	**8962720**	**17155**	**37727**
三、林业草原服务、保障和公共管理	**12534279**	**843522**	**2567217**
其中:林业草原有害生物防治	583320	17233	97066
林业草原防火	735660	82882	60846
自然保护地监测管理	183918	16542	53871
野生动植物保护	442626	12875	53749

完成情况

单位：万元

地方资金	国内贷款	利用外资	自筹资金	其他社会资金
14767614	**3494582**	**104939**	**9481215**	**5651965**
7895686	**2205029**	**44658**	**2711016**	**2612548**
6182944	1473002	35064	1814899	1545127
94903	—	—	567	3787
223359	57770	—	114680	46655
33124	61200	1403	9381	1752
133671	**1136772**	**52949**	**5268429**	**2316017**
6738257	**152781**	**7332**	**1501770**	**723400**
376320	600	577	69383	22141
542774	100	19	34529	14510
108437	—	—	3967	1101
351430	100	—	10083	14389

各地区林草

地　区	自年初累计				
	总计	其中:国家投资	生态修复		
			合计	其	
				造林与森林抚育	草原保护修复
全国合计	**45255868**	**26523167**	**23758869**	**15752381**	**529534**
北　京	2388438	2345979	1965408	1745694	50439
天　津	448385	199754	445454	196838	—
河　北	1431233	1135517	1231034	1059968	14133
山　西	1074677	1004212	903076	634295	5630
内蒙古	1733035	1670665	992544	630291	87967
内蒙古集团	510863	491707	83521	81323	—
辽　宁	347031	341570	228682	109962	19027
吉　林	875511	781350	542708	339765	6023
吉林集团	257065	194740	175749	175543	—
长白山集团	256338	240470	221151	104923	—
黑龙江	1288251	1273685	541872	294476	5230
龙江集团	440027	431694	322951	174521	—
伊春集团	261713	261673	43253	42538	—
上　海	240345	239565	154490	140443	—
江　苏	731374	403669	558257	475269	—
浙　江	1423907	1295055	275991	155754	—
安　徽	1056938	533468	688633	562481	2113
福　建	1142097	372860	725819	547223	—
江　西	2288186	794112	774370	562231	—
山　东	1245878	543356	932101	849618	—
河　南	1977923	785748	682212	439942	5518
湖　北	3321823	522999	1269588	807582	—
湖　南	907967	1564951	492547	338494	—
广　东	128620	828213	55066	18234	—
广　西	1173403	677608	610401	351664	1070
海　南	7378570	117523	1972924	1251816	5140
重　庆	765752	630096	509771	355409	7706
四　川	2168729	1014387	1009524	588080	32947
贵　州	2990078	1571363	2121453	996018	1928
云　南	1127236	1095030	745943	364683	29431
西　藏	387432	387432	206001	133709	37968
陕　西	1141571	979979	847322	622876	16323
甘　肃	1364271	915250	770672	529091	55614
青　海	576211	575004	350837	113439	75761
宁　夏	295003	209065	224579	110555	6677
新　疆	914730	802810	531632	351910	62624
新疆兵团	225571	158595	111727	95773	4455
局直属单位	921263	910892	397958	74571	265
大兴安岭	437176	426805	367295	51808	—

说明:国家投资为中央资金与地方资金之和,下同。

投资完成情况

单位:万元

完成投资								
治理		林(草)产品加工制造	林业草原服务、保障和公共管理					
中			合计	林业草原有害生物防治	林业草原防火	自然保护地监测管理	野生动植物保护	
湿地保护与恢复	防沙治沙							
696509	**247637**	**8962720**	**12534279**	**583320**	**735660**	**183918**	**442626**	
20605	3365	—	423030	11688	44076	1635	6114	
14846	—	—	2931	1260	715	—	316	
17471	11585	23826	176373	7175	33284	3285	574	
11308	8269	—	171601	4828	24352	2946	849	
8121	62802	458	740033	6397	13420	5205	657	
771	—	—	427342	299	4778	767	—	
8945	279	3190	115159	7050	16081	3169	782	
8476	2502	78981	253822	3039	22096	4648	4581	
—	—	63759	17557	312	8023	—	—	
405	—	393	34794	309	8093	98	3527	
19072	117	659	745720	3217	21574	5030	123	
1475	—	—	117076	159	7598	80	50	
467	—	—	218460	161	1928	522	44	
3241	—	—	85855	1385	1149	341	7167	
30867	—	114920	58197	9874	10862	610	929	
13374	—	13615	1134301	27107	253160	4356	254739	
33429	2200	141315	226990	35840	15725	3738	21752	
8876	881	307025	109253	12070	3306	3944	2718	
50888	16	1095628	418188	51278	50022	10168	924	
12285	120	26051	287726	6357	6244	3645	3086	
11394	3998	1016391	279320	27801	13288	11242	5739	
70176	6026	881600	1170635	36629	24763	15105	9035	
40735	149	760	414660	14744	22594	20997	10323	
20239	—	—	73554	1333	981	2120	20276	
25134	—	45522	517480	32288	15628	9090	5289	
85696	4566	4017644	1388002	69026	26863	14907	3254	
7626	2238	20990	234991	18817	7812	2135	2875	
60886	8922	722009	437196	30558	14736	10249	17663	
26784	2555	191281	677344	4792	8947	2914	622	
26356	2616	15215	366078	4533	36041	15959	20191	
400	10137	14154	167277	241	7	4488	1915	
23376	4488	28689	265560	11946	4139	2547	9940	
10109	82655	189650	403949	7829	9781	10760	6356	
12760	17056	464	224910	5390	7450	460	2649	
8597	265	—	70424	829	3039	4479	390	
3422	8348	9593	373505	118965	13659	742	6062	
—	2570	269	113575	101295	10679	15	80	
1015	1482	3090	520215	9034	9866	3004	14736	
—	—	—	69881	62	5502	—	—	

林草固定资产投资完成情况

单位:万元

指　标	总计
一、本年计划投资	**9811368**
二、自年初累计完成投资	**9576262**
其中:国家投资	1897531
按构成分	
1. 建筑工程	3873267
2. 安装工程	452788
3. 设备工器具购置	449394
4. 其他	4800813
按性质分	
1. 新建	7060088
2. 扩建	1290788
3. 改建和技术改造	706255
4. 单纯建造生活设施	56536
5. 迁建	15221
6. 恢复	186227
7. 单纯购置	261147
三、本年新增固定资产	**3794280**
四、本年实际到位资金合计	**9025564**
1. 上年末结转和结余资金	650836
2. 本年实际到位资金小计	8374728
(1)国家预算资金	3578867
①中央资金	1892844
②地方资金	1686023
(2)国内贷款	436361
(3)债券	—
(4)利用外资	13670
(5)自筹资金	3494459
(6)其他资金	851371
五、本年各项应付款合计	**1641707**
其中:工程款	859545

说明:本表统计范围为按照项目管理的,且计划总投资在500万元以上的城镇林业固定资产投资项目和农村非农户林业固定资产投资项目。

各地区林草固定资产投资完成情况(一)

单位:万元

地　　区	本年计划投资	自年初累计完成投资					
		总计	其中：国家投资	按构成分			
				建筑工程	安装工程	设备工器具购置	其他
全国合计	**9811368**	**9576262**	**1897531**	**3873267**	**452788**	**449394**	**4800813**
北　京	1619703	1628734	171587	1011256	2279	18744	596455
天　津	132828	135368	9786	8647	—	1139	125582
河　北	1864	1092	—	1092	—	—	—
山　西	6297	6297	4060	3964	611	1545	177
内蒙古	278921	108434	100055	57384	378	9844	40828
内蒙古集团	249630	81955	81955	55108	157	8800	17890
辽　宁	35512	34530	33435	3394	—	283	30853
吉　林	26095	30706	18439	19733	2993	2527	5453
吉林集团	2816	7493	3417	5667	529	—	1297
长白山集团	14152	14152	12859	8583	2235	1127	2207
黑龙江	453110	419004	382231	71356	4180	2064	341404
龙江集团	420972	398648	373512	57175	—	1591	339882
伊春集团	25758	16214	5876	12014	4180	—	20
上　海	131936	160353	2885	—	—	746	159607
江　苏	39556	55859	6867	—	—	52	55807
浙　江	6707	3200	—	1679	12	9	1500
安　徽	143521	168626	54862	936	26	1611	166053
福　建	13123	15324	5751	2083	1136	1361	10744
江　西	10522	17901	11258	5854	—	—	12047
山　东	29153	28197	5831	7150	5100	3227	12720
河　南	2012	4243	4242	1154	757	1838	494
湖　北	20881	13039	2280	4379	—	176	8484
湖　南	145148	151083	20568	102702	531	1969	45881
广　东	31082	59772	9023	20466	615	7265	31426
广　西	5377647	5000366	182648	2101930	333258	349949	2215229
海　南	400	9318	—	9318	—	—	—
重　庆	177144	181563	63181	22810	14541	2598	141614
四　川	122441	140475	30719	97111	2635	2160	38569
贵　州	91379	134085	91264	64101	—	5664	64320
云　南	69405	125946	29108	23391	4870	3635	94050
西　藏	196270	206857	177363	94372	72041	—	40444
陕　西	151694	315439	127833	63205	117	1216	250901
甘　肃	117695	78599	39701	6828	3385	2119	66267
青　海	202361	202158	202158	—	—	—	202158
宁　夏	5108	7375	4263	1026	763	2587	2999
新　疆	49040	24165	13795	3179	719	304	19963
新疆兵团	24	40	20	20	—	20	—
局直属单位	122813	108154	92338	62767	1841	24762	18784
大兴安岭	50058	69931	59551	51237	893	8619	9182

各地区林草固定资产

地区	自年初累计完成投资						
	按性质分						
	新建	扩建	改建和技术改造	单纯建造生活设施	迁建	恢复	单纯购置
全国合计	**7060088**	**1290788**	**706255**	**56536**	**15221**	**186227**	**261147**
北京	1555792	8442	45756	—	—	—	18744
天津	134229	—	—	—	—	—	1139
河北	892	—	200	—	—	—	—
山西	5522	—	—	—	—	—	775
内蒙古	60226	12429	24572	1129	—	—	10078
内蒙古集团	34967	12429	24148	1129	—	—	9282
辽宁	34248	—	12	30	—	—	240
吉林	22275	1711	4554	—	—	615	1551
吉林集团	2910	—	3286	—	—	—	1297
长白山集团	10413	1711	1159	—	—	615	254
黑龙江	102838	274090	20753	—	—	18813	2510
龙江集团	84865	273387	20753	—	—	18813	830
伊春集团	15972	242	—	—	—	—	—
上海	112393	—	45336	—	—	2565	59
江苏	52807	2000	1000	—	—	—	52
浙江	3179	—	12	—	—	—	9
安徽	164340	—	3995	—	—	—	291
福建	5927	3083	3656	1671	—	335	652
江西	15617	1238	816	—	—	230	—
山东	17605	2400	3141	—	—	5024	27
河南	2515	—	—	40	—	—	1688
湖北	10028	1199	17	—	—	1730	65
湖南	144878	1000	4790	—	—	165	250
广东	48108	2947	664	—	—	730	7323
广西	3278454	901092	503236	49623	14299	83720	169942
海南	9318	—	—	—	—	—	—
重庆	168963	10325	1200	—	—	—	1075
四川	102269	30256	1977	4043	922	872	136
贵州	99724	1499	13709	—	—	1178	17975
云南	105966	12313	1637	—	—	43	5987
西藏	187287	19570	—	—	—	—	—
陕西	313043	472	1211	—	—	—	713
甘肃	71291	—	986	—	—	4945	1377
青海	136945	—	—	—	—	65213	—
宁夏	7306	—	—	—	—	—	69
新疆	22616	1529	—	—	—	—	20
新疆兵团	20	—	—	—	—	—	20
局直属单位	63487	3193	23025	—	—	49	18400
大兴安岭	44174	3193	18304	—	—	49	4211

投资完成情况(二)

单位:万元

本年新增固定资产	本年实际到位资金							
	总计	上年末结转和结余资金	本年实际到位资金					
			合计	国家预算资金			国内贷款
				小计	中央资金	地方资金	
3794280	**9025564**	**650836**	**8374728**	**3578867**	**1892844**	**1686023**	**436361**
748326	1106142	364151	741991	741008	20392	720616	—
73426	137449	—	137449	63905	—	63905	10180
1092	1864	—	1864	1864	—	1864	—
5529	3347	—	3347	3347	3010	337	—
72380	247467	2942	244525	229032	212962	16070	—
68317	211788	2716	209072	193644	181554	12090	—
9270	33124	15	33109	33096	32588	508	—
14157	38079	13383	24696	21949	21493	456	—
6349	7013	1228	5785	4434	4434	—	—
6401	26913	10857	16056	14660	14580	80	—
88036	452818	—	452818	433042	427692	5350	—
81174	418519	—	418519	410781	410671	110	—
4020	25163	—	25163	13125	12185	940	—
49789	160353	—	160353	160353	—	160353	—
26939	58239	—	58239	14681	887	13794	20000
2050	9402	—	9402	7682	1315	6367	—
124731	190468	79	190389	62877	12149	50728	20356
6523	20460	733	19727	17589	4670	12919	—
—	23508	—	23508	7116	3608	3508	—
12189	42423	5290	37133	20983	5463	15520	—
3439	1138	—	1138	1137	1137	—	—
7514	14724	—	14724	14509	4472	10037	—
104769	234310	5835	228475	105567	52623	52944	—
5458	108794	14238	94556	88147	7486	80661	—
1773425	4401800	68688	4333112	343271	160233	183038	322705
—	9638	—	9638	9638	2009	7629	—
82667	176722	—	176722	133493	84514	48979	—
23934	163886	2466	161420	96891	73216	23675	30300
18241	223074	18851	204223	116737	75542	41195	31800
52907	181340	27098	154242	143333	106473	36860	360
192149	201635	3094	198541	197881	186383	11498	660
151784	344628	6843	337785	210539	130001	80538	—
77670	146992	14250	132742	125318	106344	18974	—
—	—	—	—	—	—	—	—
7923	10089	999	9090	9090	5554	3536	—
11800	118907	25221	93686	90353	76189	14164	—
79	1217	24	1193	1192	920	272	—
46163	162744	76660	86084	74439	74439	—	—
33052	83953	33895	50058	41115	41115	—	—

各地区林草固定资产投资完成情况(三)

单位:万元

地区	本年实际到位资金				本年各项应付款	
	本年实际到位资金				合计	其中:工程款
	债券	利用外资	自筹资金	其他资金		
全国合计	**—**	**13670**	**3494459**	**851371**	**1641707**	**859545**
北　京	—	—	—	983	376567	356053
天　津	—	—	1687	61677	—	—
河　北	—	—	—	—	1864	1864
山　西	—	—	—	—	2577	1677
内蒙古	—	—	15483	10	920	—
内蒙古集团	—	—	15428	—	—	—
辽　宁	—	—	13	—	2090	—
吉　林	—	—	2747	—	7495	2141
吉林集团	—	—	1351	—	—	—
长白山集团	—	—	1396	—	183	179
黑龙江	—	4000	15776	—	23353	21437
龙江集团	—	—	7738	—	21437	21437
伊春集团	—	4000	8038	—	422	—
上　海	—	—	—	—	97171	51998
江　苏	—	—	23306	252	5552	395
浙　江	—	—	1720	—	1021	—
安　徽	—	—	90357	16799	53490	14535
福　建	—	—	2128	10	6803	6505
江　西	—	—	4392	12000	580	580
山　东	—	—	16150	—	30343	13633
河　南	—	—	1	—	—	—
湖　北	—	—	—	215	1426	400
湖　南	—	4425	99904	18579	2124	1311
广　东	—	—	5628	781	40883	3523
广　西	—	1918	3092020	573198	705875	178846
海　南	—	—	—	—	—	—
重　庆	—	233	3375	39621	32701	30579
四　川	—	—	11922	22307	32701	31591
贵　州	—	—	20593	35093	15026	13526
云　南	—	3094	5203	2252	22363	2111
西　藏	—	—	—	—	123687	88992
陕　西	—	—	64951	62295	14972	9396
甘　肃	—	—	3605	3819	11280	5583
青　海	—	—	—	—	—	—
宁　夏	—	—	—	—	8857	7732
新　疆	—	—	1853	1480	17446	12699
新疆兵团	—	—	—	1	4	4
局直属单位	—	—	11645	—	2540	2438
大兴安岭	—	—	8943	—	—	—

林草利用外资基本情况

单位:万美元

指　　标	项目个数（个）	实际利用外资金额				协议利用外资金额			
		合计	国外借款	外商投资	无偿援助	合计	国外借款	外商投资	无偿援助
总计	**65**	**16494**	**6224**	**10195**	**75**	**9938**	**3931**	**6000**	**7**
一、营造林	**48**	**7218**	**5566**	**1643**	**9**	**8915**	**2908**	**6000**	**7**
1. 公益林	18	1364	1146	209	9	37	30	—	7
2. 工业原料林	19	4120	3601	519	—	2194	2194	—	—
3. 特色经济林	11	1734	819	915	—	6684	684	6000	—
二、草原保护修复	—	—	—	—	—	—	—	—	—
三、木竹材加工	**2**	**52**	—	**52**	—	—	—	—	—
其中:木家具制造	1	2	—	2	—	—	—	—	—
人造板制造	—	—	—	—	—	—	—	—	—
木制品制造	—	—	—	—	—	—	—	—	—
四、林纸一体化	—	—	—	—	—	—	—	—	—
五、林产化工	**1**	**7500**	—	**7500**	—	—	—	—	—
六、非木质林产品加工	**1**	**1000**	—	**1000**	—	—	—	—	—
七、花卉、种苗	**1**	—	—	—	—	**5**	**5**	—	—
八、林草科学研究	**2**	**229**	**229**	—	—	—	—	—	—
九、其他	**10**	**495**	**429**	—	**66**	**1018**	**1018**	—	—

各地区林草

地　区	总计	营造林				草原保护修复	
		合计	公益林	工业原料林	特色经济林		合计
全国合计	**65**	**48**	**18**	**19**	**11**	**—**	**2**
北　京	—	—	—	—	—	—	—
天　津	—	—	—	—	—	—	—
河　北	—	—	—	—	—	—	—
山　西	3	3	3	—	—	—	—
内蒙古	—	—	—	—	—	—	—
内蒙古集团	—	—	—	—	—	—	—
辽　宁	7	1	1	—	—	—	1
吉　林	—	—	—	—	—	—	—
吉林集团	—	—	—	—	—	—	—
长白山集团	—	—	—	—	—	—	—
黑龙江	—	—	—	—	—	—	—
龙江集团	—	—	—	—	—	—	—
伊春集团	—	—	—	—	—	—	—
上　海	—	—	—	—	—	—	—
江　苏	—	—	—	—	—	—	—
浙　江	—	—	—	—	—	—	—
安　徽	1	—	—	—	—	—	—
福　建	4	1	—	—	1	—	1
江　西	12	12	—	10	2	—	—
山　东	2	1	1	—	—	—	—
河　南	—	—	—	—	—	—	—
湖　北	1	—	—	—	—	—	—
湖　南	24	21	10	4	7	—	—
广　东	1	1	—	1	—	—	—
广　西	5	4	1	3	—	—	—
海　南	—	—	—	—	—	—	—
重　庆	1	1	—	—	1	—	—
四　川	—	—	—	—	—	—	—
贵　州	—	—	—	—	—	—	—
云　南	1	1	—	1	—	—	—
西　藏	—	—	—	—	—	—	—
陕　西	—	—	—	—	—	—	—
甘　肃	1	1	1	—	—	—	—
青　海	1	—	—	—	—	—	—
宁　夏	1	1	1	—	—	—	—
新　疆	—	—	—	—	—	—	—
新疆兵团	—	—	—	—	—	—	—
大兴安岭	—	—	—	—	—	—	—

利用外资项目个数

单位:个

木竹材加工			林纸一体化	林产化工	非木质林产品加工	花卉、种苗	林草科学研究	其他
其中								
木家具制造	人造板制造	木制品制造						
1	**—**	**—**	**—**	**1**	**1**	**1**	**2**	**10**
—	—	—	—	—	—	—	—	—
—	—	—	—	—	—	—	—	—
—	—	—	—	—	—	—	—	—
—	—	—	—	—	—	—	—	—
—	—	—	—	—	—	—	—	—
—	—	—	—	—	—	—	—	—
1	—	—	—	—	—	—	—	5
—	—	—	—	—	—	—	—	—
—	—	—	—	—	—	—	—	—
—	—	—	—	—	—	—	—	—
—	—	—	—	—	—	—	—	—
—	—	—	—	—	—	—	—	—
—	—	—	—	—	—	—	—	—
—	—	—	—	—	—	—	—	—
—	—	—	—	—	—	—	—	—
—	—	—	—	—	—	—	—	—
—	—	—	—	—	—	—	1	—
—	—	—	—	1	1	—	—	—
—	—	—	—	—	—	—	—	—
—	—	—	—	—	—	—	1	—
—	—	—	—	—	—	—	—	—
—	—	—	—	—	—	—	—	1
—	—	—	—	—	—	—	—	3
—	—	—	—	—	—	—	—	—
—	—	—	—	—	—	1	—	—
—	—	—	—	—	—	—	—	—
—	—	—	—	—	—	—	—	—
—	—	—	—	—	—	—	—	—
—	—	—	—	—	—	—	—	—
—	—	—	—	—	—	—	—	—
—	—	—	—	—	—	—	—	—
—	—	—	—	—	—	—	—	—
—	—	—	—	—	—	—	—	—
—	—	—	—	—	—	—	—	1
—	—	—	—	—	—	—	—	—
—	—	—	—	—	—	—	—	—
—	—	—	—	—	—	—	—	—
—	—	—	—	—	—	—	—	—

各地区林草

地　区	总计	营造林				草原保护修复	
		合计	公益林	工业原料林	特色经济林		合计
全国合计	**16494**	**7218**	**1364**	**4120**	**1734**	**—**	**52**
北　京	—	—	—	—	—	—	—
天　津	—	—	—	—	—	—	—
河　北	—	—	—	—	—	—	—
山　西	115	115	115	—	—	—	—
内蒙古	—	—	—	—	—	—	—
内蒙古集团	—	—	—	—	—	—	—
辽　宁	298	7	7	—	—	—	2
吉　林	—	—	—	—	—	—	—
吉林集团	—	—	—	—	—	—	—
长白山集团	—	—	—	—	—	—	—
黑龙江	—	—	—	—	—	—	—
龙江集团	—	—	—	—	—	—	—
伊春集团	—	—	—	—	—	—	—
上　海	—	—	—	—	—	—	—
江　苏	—	—	—	—	—	—	—
浙　江	—	—	—	—	—	—	—
安　徽	200	—	—	—	—	—	—
福　建	8595	45	—	—	45	—	50
江　西	2462	2462	—	1581	881	—	—
山　东	284	255	255	—	—	—	—
河　南	—	—	—	—	—	—	—
湖　北	56	—	—	—	—	—	—
湖　南	2025	1941	529	812	600	—	—
广　东	519	519	—	519	—	—	—
广　西	527	527	110	417	—	—	—
海　南	—	—	—	—	—	—	—
重　庆	33	33	—	—	33	—	—
四　川	—	—	—	—	—	—	—
贵　州	524	524	—	349	175	—	—
云　南	442	442	—	442	—	—	—
西　藏	—	—	—	—	—	—	—
陕　西	—	—	—	—	—	—	—
甘　肃	2	2	2	—	—	—	—
青　海	66	—	—	—	—	—	—
宁　夏	346	346	346	—	—	—	—
新　疆	—	—	—	—	—	—	—
新疆兵团	—	—	—	—	—	—	—
大兴安岭	—	—	—	—	—	—	—

实际利用外资情况

单位:万美元

木竹材加工			林纸一体化	林产化工	非木质林产品加工	花卉、种苗	林草科学研究	其他
其中								
木家具制造	人造板制造	木制品制造						
2	**—**	**—**	**—**	**7500**	**1000**	**—**	**229**	**495**
—	—	—	—	—	—	—	—	—
—	—	—	—	—	—	—	—	—
—	—	—	—	—	—	—	—	—
—	—	—	—	—	—	—	—	—
—	—	—	—	—	—	—	—	—
—	—	—	—	—	—	—	—	—
2	—	—	—	—	—	—	—	289
—	—	—	—	—	—	—	—	—
—	—	—	—	—	—	—	—	—
—	—	—	—	—	—	—	—	—
—	—	—	—	—	—	—	—	—
—	—	—	—	—	—	—	—	—
—	—	—	—	—	—	—	—	—
—	—	—	—	—	—	—	—	—
—	—	—	—	—	—	—	—	—
—	—	—	—	—	—	—	—	—
—	—	—	—	—	—	—	200	—
—	—	—	—	7500	1000	—	—	—
—	—	—	—	—	—	—	—	—
—	—	—	—	—	—	—	29	—
—	—	—	—	—	—	—	—	—
—	—	—	—	—	—	—	—	56
—	—	—	—	—	—	—	—	84
—	—	—	—	—	—	—	—	—
—	—	—	—	—	—	—	—	—
—	—	—	—	—	—	—	—	—
—	—	—	—	—	—	—	—	—
—	—	—	—	—	—	—	—	—
—	—	—	—	—	—	—	—	—
—	—	—	—	—	—	—	—	—
—	—	—	—	—	—	—	—	—
—	—	—	—	—	—	—	—	—
—	—	—	—	—	—	—	—	—
—	—	—	—	—	—	—	—	66
—	—	—	—	—	—	—	—	—
—	—	—	—	—	—	—	—	—
—	—	—	—	—	—	—	—	—
—	—	—	—	—	—	—	—	—

各地区林草

地区	总计	营造林				草原保护修复	
		合计	公益林	工业原料林	特色经济林		合计
全国合计	**9938**	**8915**	**37**	**2194**	**6684**	—	—
北京	—	—	—	—	—	—	—
天津	—	—	—	—	—	—	—
河北	—	—	—	—	—	—	—
山西	30	30	30	—	—	—	—
内蒙古	—	—	—	—	—	—	—
内蒙古集团	—	—	—	—	—	—	—
辽宁	1025	7	7	—	—	—	—
吉林	—	—	—	—	—	—	—
吉林集团	—	—	—	—	—	—	—
长白山集团	—	—	—	—	—	—	—
黑龙江	—	—	—	—	—	—	—
龙江集团	—	—	—	—	—	—	—
伊春集团	—	—	—	—	—	—	—
上海	—	—	—	—	—	—	—
江苏	—	—	—	—	—	—	—
浙江	—	—	—	—	—	—	—
安徽	—	—	—	—	—	—	—
福建	—	—	—	—	—	—	—
江西	6446	6446	—	435	6011	—	—
山东	—	—	—	—	—	—	—
河南	—	—	—	—	—	—	—
湖北	—	—	—	—	—	—	—
湖南	419	419	—	78	341	—	—
广东	—	—	—	—	—	—	—
广西	705	700	—	700	—	—	—
海南	—	—	—	—	—	—	—
重庆	50	50	—	—	50	—	—
四川	—	—	—	—	—	—	—
贵州	821	821	—	539	282	—	—
云南	442	442	—	442	—	—	—
西藏	—	—	—	—	—	—	—
陕西	—	—	—	—	—	—	—
甘肃	—	—	—	—	—	—	—
青海	—	—	—	—	—	—	—
宁夏	—	—	—	—	—	—	—
新疆	—	—	—	—	—	—	—
新疆兵团	—	—	—	—	—	—	—
大兴安岭	—	—	—	—	—	—	—

协议利用外资情况

单位:万美元

木竹材加工			林纸一体化	林产化工	非木质林产品加工	花卉、种苗	林草科学研究	其他
其中								
木家具制造	人造板制造	木制品制造						
—	**—**	**—**	**—**	**—**	**—**	**5**	**—**	**1018**
—	—	—	—	—	—	—	—	—
—	—	—	—	—	—	—	—	—
—	—	—	—	—	—	—	—	—
—	—	—	—	—	—	—	—	—
—	—	—	—	—	—	—	—	—
—	—	—	—	—	—	—	—	—
—	—	—	—	—	—	—	—	1018
—	—	—	—	—	—	—	—	—
—	—	—	—	—	—	—	—	—
—	—	—	—	—	—	—	—	—
—	—	—	—	—	—	—	—	—
—	—	—	—	—	—	—	—	—
—	—	—	—	—	—	—	—	—
—	—	—	—	—	—	—	—	—
—	—	—	—	—	—	—	—	—
—	—	—	—	—	—	—	—	—
—	—	—	—	—	—	—	—	—
—	—	—	—	—	—	—	—	—
—	—	—	—	—	—	—	—	—
—	—	—	—	—	—	—	—	—
—	—	—	—	—	—	—	—	—
—	—	—	—	—	—	—	—	—
—	—	—	—	—	—	—	—	—
—	—	—	—	—	—	—	—	—
—	—	—	—	—	—	5	—	—
—	—	—	—	—			—	—
—	—	—	—	—	—	—	—	—
—	—	—	—	—	—	—	—	—
—	—	—	—	—	—	—	—	—
—	—	—	—	—	—	—	—	—
—	—	—	—	—	—	—	—	—
—	—	—	—	—	—	—	—	—
—	—	—	—	—	—	—	—	—
—	—	—	—	—	—	—	—	—
—	—	—	—	—	—	—	—	—
—	—	—	—	—	—	—	—	—
—	—	—	—	—	—	—	—	—
—	—	—	—	—	—	—	—	—

国家林业和草原局机关及

地　区	总计	自年初累计			
		生态修复治理			
		合计	其中		
			造林与森林抚育	草原保护修复	湿地保护与恢复
总计	**921262**	**397958**	**74571**	**265**	**1015**
国家林业和草原局机关	53362	3285	1547	—	518
国家林业和草原局信息中心	9028	—	—	—	—
国家林业和草原局林业工作站管理总站	2055	—	—	—	—
国家林业和草原局林业和草原基金管理总站	1195	—	—	—	—
国家林业和草原局宣传中心	3464	—	—	—	—
国家林业和草原局天然林保护工程管理中心	1446	—	—	—	—
国家林业和草原局西北华北东北防护林建设局	2884	—	—	—	—
国家林业和草原局退耕还林(草)工程管理中心	2022	—	—	—	—
国家林业和草原局世界银行贷款项目管理中心	1526	—	—	—	—
国家林业和草原局科技发展中心	3617	—	—	—	—
国家林业和草原局亚太森林网络管理中心	3381	2817	—	—	—
国家林业和草原局经济发展研究中心	1959	—	—	—	—
国家林业和草原局人才开发交流中心	1933	72	52	—	20
国家林业和草原局对外合作项目中心	1340	—	—	—	—
中国林业科学研究院	172402	2523	2130	153	48
国家林业和草原局调查规划设计院	42328	—	—	—	—
国家林业和草原局林产工业规划设计院	14823	81	61	—	20
国家林业和草原局管理干部学院	13054	—	—	—	—
中国绿色时报社	5500	—	—	—	—
中国林业出版社	2022	—	—	—	—
国际竹藤中心	13907	—	—	—	—
中国林学会	1376	—	—	—	—
中国野生动物保护协会	1700	—	—	—	—
中国绿化基金会	19104	18516	18516	—	—
国家林业和草原局机关服务中心	7955	—	—	—	—
国家林业和草原局离退休干部局	3820	—	—	—	—
国家林业和草原局幼儿园	1621	—	—	—	—
驻内蒙古自治区森林资源监督专员办事处	1020	—	—	—	—
驻长春森林资源监督专员办事处	1476	—	—	—	—
驻黑龙江省森林资源监督专员办事处	863	—	—	—	—
驻大兴安岭森林资源监督专员办事处	384	—	—	—	—
驻福州森林资源监督专员办事处	461	—	—	—	—
驻云南省森林资源监督专员办事处	304	—	—	—	—
驻成都森林资源监督专员办事处	405	—	—	—	—
驻西安森林资源监督专员办事处	231	—	—	—	—
驻武汉森林资源监督专员办事处	467	15	—	—	15
驻贵阳森林资源监督专员办事处	262	—	—	—	—
驻广州森林资源监督专员办事处	994	—	—	—	—
驻合肥森林资源监督专员办事处	161	—	—	—	—
驻乌鲁木齐森林资源监督专员办事处	392	15	—	—	15
驻上海森林资源监督专员办事处	1026	15	—	—	15
驻北京森林资源监督专员办事处	849	15	—	—	15
国家林业和草原局森林和草原病虫害防治总站	8915	—	—	—	—
国家林业和草原局华东调查规划设计院	9132	—	—	—	—
国家林业和草原局中南调查规划设计院	17530	212	20	—	92
国家林业和草原局西北调查规划设计院	22638	2020	—	52	170
国家林业和草原局昆明勘察设计院	11423	1077	437	60	86
陕西佛坪国家级自然保护区管理局	1182	—	—	—	—
甘肃白水江国家级自然保护区管理局	1751	—	—	—	—
四川卧龙国家级自然保护区管理局	5050	—	—	—	—
中国大熊猫保护研究中心	8347	—	—	—	—
大兴安岭林业集团公司	437176	367295	51808	—	—

直属单位林草投资完成情况

单位:万元

完成投资						
		林业草原服务、保障和公共管理				
防沙治沙	林(草)产品加工制造	合计	林业草原有害生物防治	林业草原防火	自然保护地监测管理	野生动植物保护
1482	**3090**	**520215**	**9034**	**9866**	**3004**	**14736**
1220	—	50077	287	2559	2099	2837
—	—	9028	—	—	—	—
—	—	2055	—	—	—	—
—	—	1195	—	—	—	—
—	—	3464	—	—	—	—
—	—	1446	—	—	—	—
—	—	2884	—	—	—	—
—	—	2022	—	—	—	—
—	—	1526	—	—	—	—
—	—	3617	—	—	—	—
—	—	564	—	—	—	—
—	—	1959	—	—	—	—
—	—	1861	19	—	60	10
—	—	1340	—	—	—	—
53	3090	166789	3212	433	269	1215
—	—	42328	—	—	—	—
—	—	14742	—	17	25	161
—	—	13054	—	—	—	—
—	—	5500	—	—	—	—
—	—	2022	—	—	—	—
—	—	13907	—	—	—	—
—	—	1376	—	10	—	—
—	—	1700	—	—	—	1085
—	—	588	—	—	—	—
—	—	7955	—	—	—	—
—	—	3820	—	—	—	—
—	—	1621	—	—	—	—
—	—	1020	—	—	—	—
—	—	1476	—	—	—	—
—	—	863	—	—	—	15
—	—	384	—	—	—	—
—	—	461	—	—	—	—
—	—	304	—	—	—	—
—	—	405	—	—	—	—
—	—	231	—	—	—	—
—	—	452	—	—	—	25
—	—	262	—	—	—	—
—	—	994	—	—	—	70
—	—	161	—	—	—	—
—	—	377	—	—	—	22
—	—	1011	—	—	—	64
—	—	834	—	—	—	27
—	—	8915	5389	—	—	241
—	—	9132	15	—	—	—
100	—	17318	10	—	—	—
109	—	20619	—	—	—	—
—	—	10346	—	—	—	148
—	—	1182	40	—	70	60
—	—	1751	—	1345	406	—
—	—	5050	—	—	75	409
—	—	8347	—	—	—	8347
—	—	69881	62	5502	—	—

自然保护区行政单位财务状况

指标名称	计量单位	本年实际
存货	万元	10
固定资产原价	万元	2024260
资产总计	万元	3798444
负债合计	万元	12442
本年收入合计	万元	1901099
本年支出合计	万元	1036124
1. 工资福利支出	万元	505847
2. 商品和服务支出	万元	457528
①取暖费	万元	35186
②差旅费	万元	3073
③因公出国(境)费用	万元	157
④劳务费	万元	287441
⑤工会经费	万元	153
⑥福利费	万元	43
3. 对个人和家庭的补助	万元	3136
①抚恤金	万元	86
②生活补助	万元	882
③救济费	万元	382
④助学金	万元	—
⑤奖励金	万元	30
⑥生产补贴	万元	256

自然保护区事业单位财务状况

指标名称	计量单位	本年实际
存货	万元	826101
固定资产原价	万元	16536529
资产总计	万元	164425512
负债合计	万元	20833935
本年收入合计	万元	144402036
其中:事业收入	万元	16688812
经营收入	万元	40101
本年支出合计	万元	144119914
1. 工资福利支出	万元	28205133
2. 商品和服务支出	万元	22272864
①取暖费	万元	40634
②差旅费	万元	279382
③因公出国(境)费用	万元	150
④劳务费	万元	487961
⑤工会经费	万元	55808
⑥福利费	万元	3107
3. 对个人和家庭的补助	万元	14930531
①抚恤金	万元	2026
②生活补助	万元	11513508
③救济费	万元	121
④助学金	万元	27
⑤奖励金	万元	4953
⑥生产补贴	万元	15650
4. 经营支出	万元	230037
销售税金	万元	393

说明:1. 本表指标一律取整数。
　　2. 本表由具体有法人资格的自然保护区中执行事业单位会计制度的单位填报。

自然保护区企业财务状况

指标名称	计量单位	本年实际
存货	万元	6830
固定资产原价	万元	2174620
累计折旧	万元	529633
其中:本年折旧	万元	465303
资产总计	万元	860328
负债合计	万元	239450
营业收入	万元	104539
营业成本	万元	25850
税金及附加	万元	495
销售费用	万元	9253
管理费用	万元	12541
其中:差旅费	万元	143
财务费用	万元	530
其中:利息净支出	万元	503
资产减值损失	万元	214
公允价值变动收益	万元	—
投资收益	万元	818
营业利润	万元	59459
营业外收入	万元	1695405
其中:政府补助	万元	1693549
应付职工薪酬	万元	531071
本年应交增值税	万元	3308

6

林草教育

EDUCATION ON FORESTRY AND GRASSLAND

2019~2020学年初林草学科专业及高、中等林业院校其他学科专业基本情况

名　　称	学科专业数（个）	毕业生数（人）	招生数（人）	在校学生数（人）	毕业班学生数（人）
总　计	—	**163837**	**205098**	**626408**	**154021**
一、博士研究生	**73**	**1278**	**1902**	**8645**	**4502**
1. 林草学科专业	14	597	905	4193	2213
2. 普通高等林业院校其他学科专业	59	681	997	4452	2289
二、硕士研究生	**207**	**9646**	**13379**	**35699**	**11582**
1. 林草学科专业	21	5349	7787	20422	6679
2. 普通高等林业院校其他学科专业	186	4297	5592	15277	4903
三、本科生	**205**	**71943**	**77096**	**298296**	**78820**
1. 林草学科专业	11	39561	38439	152229	42413
2. 普通高等林业院校其他学科专业	194	32382	38657	146067	36407
四、高职(专科)生	**207**	**49778**	**78409**	**184796**	**54961**
1. 林草学科专业	15	19290	28495	68044	20997
2. 高等林业职业院校其他学科专业	192	30488	49914	116752	33964
五、中职生	**78**	**31192**	**34312**	**98972**	**4156**
1. 林草学科专业	6	26536	28159	79888	3029
2. 中等林业职业院校其他学科专业	72	4656	6153	19084	1127

2019~2020学年初普通高等林业院校和其他高等院校、科研院所林草学科研究生分学科情况(一)

单位:人

学科名称	毕业生数	招生数	在校学生数	毕业班学生数
总　计	**10924**	**15281**	**44344**	**16084**
一、博士生	**1278**	**1902**	**8645**	**4502**
1. 林业学科小计	506	772	3636	1926
森林工程	47	13	162	126
木材科学与技术	26	62	268	125
林产化学加工工程	28	68	266	118
林业工程	77	108	470	288
林木遗传育种	39	65	321	156
森林培育	54	56	337	197
森林保护学	25	45	227	121
森林经理学	24	38	186	98
野生动植物保护与利用	49	25	156	83
园林植物与观赏园艺	24	14	143	78
水土保持与荒漠化防治	53	91	352	144
林学	22	178	514	218
林业经济管理	38	9	234	174
2. 草业学科小计	91	133	557	287
3. 林业院校和科研单位其他学科	681	997	4452	2289
二、硕士	**9646**	**13379**	**35699**	**11582**
1. 林业学科小计	5137	7460	19535	6400
森林工程	42	27	133	56
木材科学与技术	141	131	468	171
林产化学加工工程	84	81	275	91
林业工程	129	311	617	131
林木遗传育种	121	163	535	181
森林培育	229	190	660	236
森林保护学	168	169	548	190
森林经理学	133	124	422	146
野生动植物保护与利用	94	107	389	156
园林植物与观赏园艺	259	94	532	275
水土保持与荒漠化防治	380	371	1164	404
林学	971	2133	4401	1252
林业经济管理	83	147	347	81
土壤学(森林土壤学)	51	47	143	47
植物学(森林植物学)	109	82	285	107
生态学(森林生态学)	229	291	847	276
风景园林	1593	2756	7258	2445
农业推广(林业)	226	28	110	82
林业工程	95	208	401	73

2019~2020学年初普通高等林业院校和其他高等院校、科研院所林草学科研究生分学科情况(二)

单位:人

学科名称	毕业生数	招生数	在校学生数	毕业班学生数
2. 草业学科小计	212	327	887	279
草学	212	327	887	279
3. 林业院校和科研单位其他学科	4297	5592	15277	4903
材料加工工程	5	5	14	5
材料科学与工程	1	29	32	2
材料物理与化学	3	7	13	3
材料学	10	9	28	11
测试计量技术及仪器	—	—	1	1
茶学	17	24	72	23
产业经济学	1	—	—	—
车辆工程	12	5	24	10
成人教育学	4	—	—	—
城乡规划学	51	37	132	56
畜牧学	6	30	51	10
道路与铁道工程	23	7	50	22
地理学	10	5	26	10
地图学与地理信息系统	46	35	99	39
电磁场与微波技术	3	2	7	3
电路与系统	4	5	13	4
动力工程及工程热物理	—	6	6	—
动物学	31	23	81	31
动物遗传育种与繁殖	33	72	209	72
动物营养与饲料科学	23	27	83	27
俄语语言文学	3	—	6	3
发酵工程	4	3	18	10
发育生物学	18	4	59	29
法律	12	132	283	67
法学理论	9	10	24	7
法学	30	58	116	32
翻译	87	141	287	95
防灾减灾工程及防护工程	—	1	6	—
分析化学	—	—	6	—
概率论与数理统计	7	—	11	5
高分子化学与物理	10	—	16	9
工程管理	33	41	106	33
工商管理	306	371	957	317
公共管理	270	368	1045	279
管理科学与工程	33	29	117	47
光学	—	17	17	—

2019~2020学年初普通高等林业院校和其他高等院校、科研院所林草学科研究生分学科情况(三)

单位:人

学科名称	毕业生数	招生数	在校学生数	毕业班学生数
光学工程	—	6	7	—
国际贸易学	17	2	31	14
国际商务	19	27	52	25
果树学	68	90	259	80
汉语言文字学	—	—	—	—
行政管理	19	11	63	31
化学工程	6	7	19	6
化学工程与技术	8	27	100	31
化学工艺	8	8	27	9
化学	—	49	49	—
环境工程	25	25	80	25
环境科学	35	37	132	54
环境科学与工程	47	97	235	65
环境与资源保护法学	29	11	63	31
会计	163	338	931	342
机械电子工程	23	12	59	25
机械工程	21	53	106	26
机械设计及理论	20	14	46	17
机械制造及其自动化	18	24	74	17
基础兽医学	17	14	46	14
计算机科学与技术	32	52	109	24
计算机软件与理论	4	—	9	5
计算机系统结构	4	—	8	4
计算机应用技术	20	19	61	26
技术经济及管理	7	2	10	4
检测技术与自动化装置	6	—	12	6
建筑学	21	16	48	18
交通信息工程及控制	4	—	9	5
交通运输工程	6	42	55	6
交通运输规划与管理	15	8	37	15
结构工程	28	14	65	28
金融	96	142	222	27
金融学(含:保险学)	28	20	48	19
精密仪器及机械	—	—	—	—
科学技术史	6	8	13	3
科学技术哲学	4	4	13	5
控制科学与工程	—	30	30	—
控制理论与控制工程	39	—	39	22
粮食、油脂及植物蛋白工程	19	1	5	3

2019～2020学年初普通高等林业院校和其他高等院校、科研院所林草学科研究生分学科情况(四)

单位:人

学科名称	毕业生数	招生数	在校学生数	毕业班学生数
临床兽医学	34	31	108	39
伦理学	7	5	19	8
旅游管理	15	16	49	21
马克思主义发展史	2	—	2	2
马克思主义基本原理	14	18	63	25
马克思主义理论	3	64	90	—
马克思主义哲学	4	4	12	4
马克思主义中国化研究	26	8	61	33
美学	4	—	9	5
民商法学(含:劳动法学、社会保障法学)	6	—	22	13
模式识别与智能系统	5	—	9	4
农产品加工及贮藏工程	44	43	115	36
农药学	27	6	32	21
农业电气化与自动化	17	25	71	22
农业机械化工程	22	18	63	23
农业经济管理	36	3	57	44
农业昆虫与害虫防治	57	28	126	64
农业生物环境与能源工程	3	5	11	4
农业水土工程	32	66	169	41
农业资源与环境	60	84	212	61
企业管理(含:财务管理、市场营销、人力资源管理)	38	37	107	39
桥梁与隧道工程	9	2	25	13
轻工技术与工程	3	3	9	3
区域经济学	13	2	15	10
人口、资源与环境经济学	11	—	6	6
人文地理学	3	10	30	8
软件工程	20	26	60	21
设计学	116	113	363	142
设计艺术学	—	—	1	1
社会工作	36	49	87	2
社会学	16	30	60	17
神经生物学	2	—	—	—
生理学	11	5	32	15
生物化工	8	15	31	5
生物化学与分子生物学	92	64	229	104
生物物理学	30	10	64	30
生物学	98	275	580	104
生药学	20	—	40	23

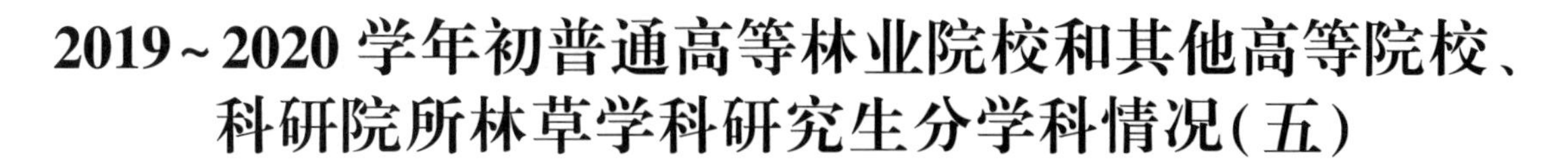

2019～2020学年初普通高等林业院校和其他高等院校、科研院所林草学科研究生分学科情况(五)

单位:人

学科名称	毕业生数	招生数	在校学生数	毕业班学生数
食品科学	49	24	77	27
食品科学与工程	31	129	351	91
市政工程	3	2	7	4
兽医学	109	165	351	53
蔬菜学	36	58	165	53
数学	5	29	41	6
水产品加工及贮藏工程	6	1	11	2
水产	—	15	34	7
水产养殖	3	—	3	3
水利工程	47	41	135	46
水利水电工程	1	—	—	—
水生生物学	10	11	44	16
思想政治教育	34	20	83	44
特种经济动物饲养(含:蚕、蜂等)	19	21	77	27
统计学	24	20	86	35
土地资源管理	12	5	24	12
土木工程	33	54	116	36
外国语言文学	—	20	20	—
外国语言学及应用语言学	26	12	49	20
微生物学	81	54	190	74
无机化学	—	—	7	—
物理电子学	—	1	2	—
系统科学	—	20	23	—
细胞生物学	44	24	103	46
宪法学与行政法学	4	—	16	9
心理学	14	13	38	12
新闻传播学	4	37	41	4
信息与通信工程	—	13	41	13
刑法学	7	—	15	8
岩土工程	14	5	30	13
药物化学	6	—	12	6
药学	—	32	32	—
仪器科学与技术	—	—	—	—
遗传学	44	39	118	40
艺术	159	204	657	210
艺术设计	14	41	71	15
艺术学理论	5	4	12	5

2019~2020学年初普通高等林业院校和其他高等院校、科研院所林草学科研究生分学科情况(六)

单位:人

学科名称	毕业生数	招生数	在校学生数	毕业班学生数
英语笔译	17	—	23	23
英语口译	8	—	8	8
英语语言文学	16	—	33	18
应用化学	19	3	31	25
应用经济学	3	43	75	14
应用数学	15	—	30	17
应用统计	23	27	50	23
应用心理	4	55	55	—
有机化学	3	—	10	5
渔业资源	1	—	—	—
预防兽医学	41	33	94	29
园艺学	20	36	93	28
载运工具运用工程	26	8	57	30
哲学	7	8	25	9
职业技术教育学	6	—	2	2
植物保护	2	109	232	—
植物病理学	74	50	222	120
植物营养学	32	40	118	37
制浆造纸工程	16	14	48	16
中国近现代史基本问题研究	—	1	5	2
中药学	8	30	69	20
专门史	5	—	7	6
资产评估	15	19	43	24
自然地理学	34	34	127	49
作物学	85	8	223	104
作物遗传育种	27	127	204	36
作物栽培学与耕作学	15	55	85	14

2019~2020学年初普通高等林业院校和其他高等院校林草学科本科学生分专业情况(一)

单位:人

专业名称	毕业生数	招生数	在校学生数	毕业班学生数
总　计	**71943**	**77096**	**298296**	**78820**
一、林草专业	**39561**	**38439**	**152229**	**42413**
1. 林业工程类	2308	1811	8820	2435
森林工程	298	308	1083	293
木材科学与工程	1571	1254	6083	1681
林产化工	439	249	1654	461
2. 森林资源类	7049	7515	25877	7761
林学	6039	6521	21518	6670
森林保护	689	599	2953	730
野生动物与自然保护区管理	321	395	1406	361
3. 环境生态类	24615	23780	95501	26443
园林	15607	12834	51055	15771
水土保持与荒漠化防治	1171	1004	3975	1010
风景园林	7837	9942	40471	9662
4. 农林经济管理类	4437	3799	16165	4358
农林经济管理	4437	3799	16165	4358
5. 草原类	1152	1534	5866	1416
草学等	1152	1534	5866	1416
二、林业院校非林草专业	**32382**	**38657**	**146067**	**36407**
包装工程	151	84	373	130
保险学	115	60	406	120
材料成型及控制工程	49	67	246	57
材料化学	148	60	498	167
材料科学与工程	150	188	829	211
材料类专业	—	315	426	—
财务管理	77	261	667	299
测绘工程	130	309	926	264
测控技术与仪器	25	60	194	29
茶学	231	200	947	252
产品设计	351	405	1545	344
朝鲜语	35	29	124	42
车辆工程	428	375	1638	442
城市地下空间工程	47	67	250	53
城市管理	67	70	241	66
城乡规划	305	449	1635	226
地理科学	37	118	251	40
地理信息科学	302	361	1394	300
电气工程及其自动化	443	326	1689	510
电气类专业	—	159	369	—

2019~2020学年初普通高等林业院校和其他高等院校林草学科本科学生分专业情况(二)

单位:人

专业名称	毕业生数	招生数	在校学生数	毕业班学生数
电子科学与技术	154	109	569	148
电子商务	164	218	848	168
电子信息类专业	565	768	2737	634
动画	104	28	378	115
动物科学	281	391	1335	311
动物医学	410	411	1928	437
俄语	85	76	294	85
法学	639	706	2961	794
法语	88	80	311	89
翻译	—	34	172	57
蜂学	89	88	321	97
服装与服饰设计	39	65	176	36
高分子材料与工程	258	171	884	273
给排水科学与工程	77	135	499	119
工程管理	302	365	1362	296
工程力学	33	32	120	27
工商管理类专业	636	1525	4113	839
工业工程类专业	122	88	550	82
工业设计	360	317	1684	454
公安管理学	154	179	652	153
公安情报学	74	121	344	69
公共管理类专业	—	256	258	—
公共事业管理	161	86	692	227
公共艺术	41	50	188	49
管理科学	—	130	285	—
光电信息科学与工程	—	58	58	—
广播电视学	32	29	232	31
广告学	199	191	1122	236
轨道交通信号与控制	—	31	105	—
国际经济与贸易	533	291	1812	540
国际商务	76	63	267	74
过程装备与控制工程	43	—	51	20
汉语国际教育	66	132	301	60
汉语言文学	178	271	1148	328
行政管理	148	58	417	133
化工与制药类专业	—	119	119	—
化学	44	292	513	56
化学工程与工艺	259	350	1365	287
化学生物学	31	—	184	39
环境工程	405	341	1958	559

2019～2020学年初普通高等林业院校和其他高等院校林草学科本科学生分专业情况(三)

单位：人

专业名称	毕业生数	招生数	在校学生数	毕业班学生数
环境科学	306	162	960	293
环境科学与工程	73	436	437	—
环境设计	973	817	4068	1053
环境生态工程	—	40	180	—
会计学	1755	1008	5699	2167
会展经济与管理	35	—	149	37
绘画	—	39	76	—
机器人工程	—	59	59	—
机械电子工程	292	102	1038	314
机械类专业	—	1235	1808	—
机械设计制造及其自动化	904	590	3377	1015
计算机科学与技术	780	588	3313	1003
计算机类专业	—	1128	1749	—
家具设计与工程	—	91	90	—
建筑环境与能源应用工程	55	59	224	53
建筑类专业	—	207	207	—
建筑学	105	180	696	138
交通工程	175	156	691	172
交通运输类专业	363	363	1178	407
金融工程	142	122	729	163
金融学类专业	544	703	2373	579
经济统计学	75	—	166	82
经济学类专业	148	414	1015	209
经济与金融	—	—	43	—
警务指挥与战术	154	83	454	137
酒店管理	77	—	212	82
空间信息与数字技术	43	49	200	44
劳动与社会保障	20	—	92	25
粮食工程	30	—	83	15
旅游管理类专业	574	641	2007	606
木材科学与工程	899	885	3903	972
能源动力类专业	—	88	88	—
能源与动力工程	234	188	876	242
农村区域发展	53	47	308	84
农学	338	228	1005	330
农业工程类专业	—	45	45	—
农业机械化及其自动化	98	—	327	109
农业水利工程	55	—	174	62
农业资源与环境	157	149	627	144
葡萄与葡萄酒工程	119	163	656	131

2019~2020学年初普通高等林业院校和其他高等院校林草学科本科学生分专业情况(四)

单位:人

专业名称	毕业生数	招生数	在校学生数	毕业班学生数
汽车服务工程	159	194	647	193
轻化工程	189	235	802	186
人力资源管理	168	157	682	185
人文地理与城乡规划	167	63	413	137
日语	187	164	711	153
软件工程	416	293	1780	500
商务经济学	—	151	331	—
商务英语	90	112	444	84
设计学类专业	—	494	498	—
设施农业科学与工程	97	107	408	97
社会工作	128	97	480	118
社会体育指导与管理	27	—	31	31
社会学类专业	59	117	295	59
摄影	—	—	54	18
生态学	191	391	1139	172
生物工程	244	184	897	244
生物技术	635	344	1933	598
生物科学类专业	294	884	2450	402
生物信息学	26	30	118	29
生物制药	27	59	246	29
食品科学与工程类专业	730	919	3204	766
食品卫生与营养学	31	54	144	31
食品质量与安全	311	305	1452	369
市场营销	266	105	871	280
视觉传达设计	303	359	1378	405
数据科学与大数据技术	—	72	143	—
数学与应用数学	184	173	694	184
数字媒体技术	50	—	124	59
数字媒体艺术	146	167	637	142
水产养殖学	79	113	394	95
水利类专业	—	206	207	—
水利水电工程	159	—	399	150
水文与水资源工程	42	—	177	56
泰语	41	100	266	98
体育教育	70	116	329	155
通信工程	240	185	764	232
统计学	114	110	456	107
土地资源管理(注:可授管理学或工学学士学位)	180	167	723	176
土木工程	936	1261	4778	1157
土木类专业	—	177	176	—
网络安全与执法	109	168	538	110

2019~2020学年初普通高等林业院校和其他高等院校林草学科本科学生分专业情况(五)

单位:人

专业名称	毕业生数	招生数	在校学生数	毕业班学生数
网络工程	83	—	253	93
文化产业管理	106	104	400	108
舞蹈学	—	30	125	45
物理学	53	56	197	46
物联网工程	61	95	498	121
物流工程	257	249	1011	280
物流管理	150	97	487	173
物业管理	47	—	51	22
消防工程	142	51	399	158
新能源科学与工程	111	132	558	123
新闻传播学类专业	—	239	240	—
信息工程	43	30	225	103
信息管理与信息系统	430	170	1435	445
信息与计算科学	286	349	1486	403
刑事科学技术	243	281	962	223
野生动物与自然保护区管理	136	197	646	155
音乐表演	62	50	220	59
音乐学	—	38	98	—
印刷工程	23	—	59	20
英语	689	828	2992	791
应用化学	294	243	1105	415
应用生物科学(注:可授农学或理学学士学位)	37	47	160	37
应用统计学	53	100	294	60
应用物理学	26	32	145	42
应用心理学	65	74	308	76
园艺	608	644	2524	683
越南语	—	41	127	28
侦查学	308	348	1257	311
政治学与行政学	54	60	232	59
植物保护	311	318	1247	302
植物科学与技术	85	49	237	66
植物生产类专业	—	196	422	—
制药工程	109	118	449	104
治安学	324	381	1384	304
中药学	60	59	252	64
中药资源与开发	—	30	92	—
种子科学与工程	60	56	250	73
资源环境科学(注:可授工学或理学学士学位)	54	44	207	54
自动化	276	187	1010	290
自然地理与资源环境	124	118	467	122

2019~2020学年高等林业(生态)职业技术学院和其他高等职业学院林草专业情况(一)

单位:人

专业名称	毕业生数	招生数	在校学生数	毕业班学生数
总　计	**49778**	**78409**	**184796**	**54961**
一、林草专业	**19290**	**28495**	**68044**	**20997**
林业技术	3911	6898	14440	4217
园林技术	13705	18311	46875	15260
林业调查与信息处理	53	163	260	22
林业信息技术与管理	150	587	952	119
木材加工技术	170	101	300	126
木工设备应用技术	—	96	116	—
森林防火指挥与通讯	13	739	778	22
森林生态旅游	512	550	1703	422
森林资源保护	270	471	1239	440
野生动物资源保护与利用	33	113	246	39
野生植物资源保护与利用	79	100	264	86
自然保护区建设与管理	121	140	348	121
经济林培育与利用	116	116	276	83
其他林业类专业	122	—	—	—
草业技术	35	110	247	40
二、非林草专业	**30488**	**49914**	**116752**	**33964**
作物生产技术	138	51	231	72
种子生产与经营	33	25	96	37
设施农业与装备	66	68	185	60
现代农业技术	105	308	948	292
休闲农业	113	227	518	158
生态农业技术	—	10	10	—
园艺技术	937	1531	3880	1215
茶树栽培与茶叶加工	—	15	39	—
中草药栽培技术	39	108	266	74
农产品加工与质量检测	97	111	295	130
绿色食品生产与检验	53	19	62	35
农产品流通与管理	—	21	20	—
农业装备应用技术	84	52	131	65
农业经济管理	77	183	400	103
食用菌生产与加工	—	3	3	—
畜牧兽医	330	588	1508	468
动物医学	237	325	861	292
动物药学	—	23	23	—
动物防疫与检疫	33	—	33	33
宠物养护与驯导	236	283	853	297
饲料与动物营养	—	29	95	44
宠物临床诊疗技术	—	73	125	—
畜牧业类专业	—	71	166	—
水产养殖技术	67	48	160	65

2019～2020学年高等林业(生态)职业技术学院和其他高等职业学院林草专业情况(二)

单位:人

专业名称	毕业生数	招生数	在校学生数	毕业班学生数
国土资源调查与管理	15	—	—	—
水文与工程地质	30	—	—	—
工程测量技术	433	882	1817	463
摄影测量与遥感技术	69	66	269	101
测绘工程技术	—	66	85	—
测绘地理信息技术	—	126	314	70
地图制图与数字传播技术	94	—	58	58
环境监测与控制技术	282	601	1394	355
室内环境检测与控制技术	6	—	1	—
环境工程技术	331	1295	2105	402
环境信息技术	—	176	176	—
环境规划与管理	—	132	161	—
环境评价与咨询服务	54	95	211	70
污染修复与生态工程技术	14	146	306	53
水净化与安全技术	—	9	9	—
供用电技术	26	80	216	76
建筑装饰工程技术	105	240	533	115
古建筑工程技术	—	19	19	—
建筑室内设计	1433	1627	4610	1515
建筑动画与模型制作	—	16	16	—
城乡规划	200	116	316	107
建筑工程技术	829	1476	3089	862
建筑设备工程技术	20	17	43	10
建筑智能化工程技术	25	45	83	17
建设工程管理	91	112	297	105
工程造价	1064	1566	3770	1034
建设项目信息化管理	—	26	26	—
建设工程监理	102	149	425	190
市政工程技术	141	446	732	161
给排水工程技术	32	—	24	24
物业管理	—	188	289	56
水利工程	82	150	528	156
水利水电工程技术	—	98	161	33
水利水电建筑工程	—	148	480	163
水电站动力设备	—	6	48	24
水土保持技术	111	28	147	64
机械设计与制造	63	59	141	28
机械制造与自动化	70	208	374	81
数控技术	204	93	283	140
模具设计与制造	33	—	71	53
工业设计	2	58	94	24
机电设备维修与管理	13	117	176	31

2019~2020学年高等林业(生态)职业技术学院和其他高等职业学院林草专业情况(三)

单位:人

专业名称	毕业生数	招生数	在校学生数	毕业班学生数
数控设备应用与维护	24	—	—	—
机电一体化技术	638	1055	2370	693
电气自动化技术	156	211	383	117
工业机器人技术	16	320	779	106
无人机应用技术	—	436	748	106
汽车制造与装配技术	51	82	184	55
汽车检测与维修技术	629	519	1705	784
汽车电子技术	138	165	327	32
新能源汽车技术	—	428	813	88
食品生物技术	84	59	189	77
药品生物技术	147	154	399	137
农业生物技术	170	75	232	89
生物技术类专业	4	—	—	—
应用化工技术	40	—	40	40
家具设计与制造	692	931	2721	838
包装策划与设计	27	86	121	13
食品加工技术	46	128	325	107
酿酒技术	176	95	331	138
食品质量与安全	6	96	217	68
食品检测技术	—	60	131	—
食品营养与检测	270	350	926	286
中药生产与加工	—	56	115	27
药品生产技术	302	75	340	125
药品质量与安全	63	23	86	32
生物制药技术	—	37	37	—
中药制药技术	—	23	24	—
药品制造类专业	—	24	57	—
药品经营与管理	38	14	49	20
高速铁道工程技术	—	60	60	—
高速铁路客运乘务	96	236	794	249
道路桥梁工程技术	267	461	1014	337
汽车运用与维修技术	264	331	736	319
国际邮轮乘务管理	167	35	446	238
空中乘务	220	82	354	169
民航安全技术管理	33	17	51	26
城市轨道交通车辆技术	—	1	25	24
城市轨道交通供配电技术	9	—	17	15
城市轨道交通工程技术	16	271	612	146
城市轨道交通运营管理	385	465	1198	340
电子信息工程技术	136	93	239	105
应用电子技术	158	200	466	135
智能产品开发	10	—	8	8

2019~2020学年高等林业(生态)职业技术学院和其他高等职业学院林草专业情况(四)

单位:人

专业名称	毕业生数	招生数	在校学生数	毕业班学生数
智能终端技术与应用	—	34	79	—
汽车智能技术	—	10	10	—
移动互联应用技术	58	124	321	79
物联网应用技术	118	470	1174	286
计算机应用技术	1026	2050	4975	1374
计算机网络技术	915	1821	4539	1333
计算机信息管理	92	132	314	64
软件技术	381	965	2067	445
动漫制作技术	215	276	629	197
嵌入式技术与应用	15	—	9	9
数字媒体应用技术	150	370	773	181
信息安全与管理	57	167	329	70
云计算技术与应用	—	51	145	34
电子商务技术	127	244	860	312
大数据技术与应用	—	658	754	—
虚拟现实应用技术	—	15	15	—
通信技术	279	326	840	283
临床医学	—	149	191	—
护理	2174	2876	6637	2399
助产	194	357	721	215
药学	270	517	1012	308
中药学	126	259	503	129
医学检验技术	192	316	737	208
医学美容技术	—	131	131	—
口腔医学技术	60	159	243	32
康复治疗技术	78	274	479	46
预防医学	—	37	37	—
中医养生保健	—	10	21	—
资产评估与管理	110	93	216	74
金融管理	129	81	199	72
证券与期货	47	—	16	11
保险	—	10	10	—
投资与理财	37	25	43	—
互联网金融	—	52	52	—
财务管理	408	568	1621	601
会计	2260	2975	7245	2273
审计	114	138	320	83
会计信息管理	57	108	243	54
国际经济与贸易	105	97	280	88
经济信息管理	18	81	256	70
工商企业管理	34	654	900	124
商务管理	78	—	42	20

2019~2020学年高等林业(生态)职业技术学院和其他高等职业学院林草专业情况(五)

单位:人

专业名称	毕业生数	招生数	在校学生数	毕业班学生数
连锁经营管理	51	13	33	9
市场营销	816	849	2309	745
汽车营销与服务	291	129	440	196
茶艺与茶叶营销	47	125	337	127
电子商务	1274	1533	3747	1168
物流管理	582	606	1687	565
旅游管理	367	868	1839	484
导游	41	10	33	2
景区开发与管理	37	—	2	—
酒店管理	523	619	1696	572
休闲服务与管理	41	103	193	38
烹调工艺与营养	103	244	543	171
西餐工艺	66	170	364	67
会展策划与管理	106	80	214	57
艺术设计	32	112	153	8
视觉传播设计与制作	61	72	158	17
广告设计与制作	275	708	1575	430
数字媒体艺术设计	79	395	781	198
产品艺术设计	—	—	12	12
家具艺术设计	32	40	98	31
服装与服饰设计	57	130	375	139
室内艺术设计	32	385	629	10
展示艺术设计	18	—	15	14
环境艺术设计	598	574	1640	499
动漫设计	—	—	1	1
音乐表演	12	—	13	13
新闻采编与制作	—	75	137	18
影视动画	22	40	94	28
传播与策划	—	—	1	1
学前教育	264	945	1127	97
商务英语	124	224	478	175
旅游英语	20	—	27	27
商务日语	68	—	37	37
文秘	170	251	657	181
社会体育	—	43	43	—
休闲体育	—	—	13	—
高尔夫球运动与管理	78	22	116	62
青少年工作与管理	16	—	16	16
社区管理与服务	33	80	148	28
家政服务与管理	49	20	82	32
婚庆服务与管理	82	50	142	45
幼儿发展与健康管理	—	111	285	—

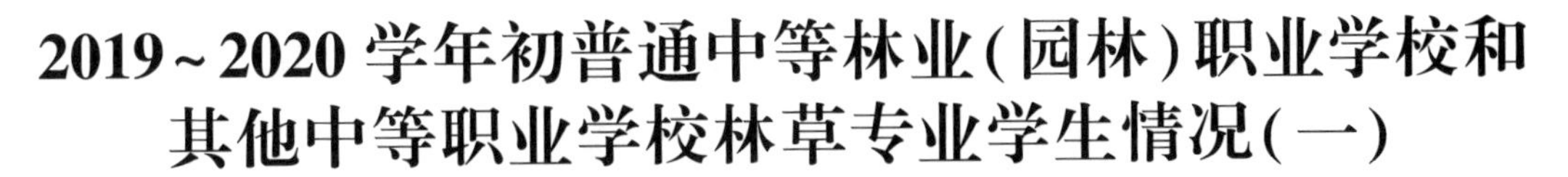

2019～2020学年初普通中等林业(园林)职业学校和其他中等职业学校林草专业学生情况(一)

单位:人

专业名称	毕业生数	招生数	在校学生数	毕业班学生数
总　计	**31192**	**34312**	**98972**	**4156**
一、林草专业	**26536**	**28159**	**79888**	**3029**
木材加工	2079	1231	5070	—
森林资源保护与管理	413	141	836	—
生态环境保护	167	1158	1447	13
现代林业技术	2985	2620	8580	308
园林技术	16609	18960	52654	2503
园林绿化	4283	4049	11301	205
二、非林草专业	**4656**	**6153**	**19084**	**1127**
财经商贸类专业	27	—	—	—
城市轨道交通运营管理	63	75	506	—
宠物养护与经营	13	17	41	—
畜牧兽医	84	132	379	—
导游服务	1	—	—	—
道路与桥梁工程施工	13	8	33	7
电气运行与控制	28	2	13	9
电子技术应用	3	1	2	—
电子商务	634	981	2433	43
服装设计与工艺	14	—	—	—
高星级饭店运营与管理	—	—	17	—
给排水工程施工与运行	41	46	88	—
工程测量	77	211	497	38
工程机械运用与维修	—	—	25	—
工程造价	110	302	601	65
工艺美术	2	27	29	—
古建筑修缮与仿建	5	8	24	—
果蔬花卉生产技术	83	148	386	—
航空服务	—	2	2	—
护理	37	98	1233	52
会计	46	73	428	8
会计电算化	263	266	868	157
机电技术应用	57	82	156	1
计算机动漫与游戏制作	44	29	67	3
计算机平面设计	407	527	1573	39
计算机网络技术	363	143	875	80
计算机应用	240	799	1775	49
计算机与数码产品维修	21	—	8	—
加工制造类专业	5	—	—	—
家具设计与制作	42	24	68	15
建筑工程施工	118	443	1173	141
建筑装饰	87	12	112	9
景区服务与管理	14	7	18	5

2019~2020学年初普通中等林业(园林)职业学校和其他中等职业学校林草专业学生情况(二)

单位:人

专业名称	毕业生数	招生数	在校学生数	毕业班学生数
客户信息服务	79	140	315	—
老年人服务与管理	—	1	1	—
楼宇智能化设备安装与运行	—	25	71	—
旅游服务类专业	7	—	—	—
旅游服务与管理	292	122	686	38
美发与形象设计	—	27	58	—
美术绘画	—	1	1	—
美术设计与制作	67	—	26	—
模具制造技术	2	12	19	—
农产品保鲜与加工	—	15	15	—
农村经济综合管理	48	9	35	—
农业机械使用与维护	36	31	108	—
汽车美容与装潢	48	43	179	—
汽车运用与维修	542	434	1933	149
汽车整车与配件营销	1	—	—	—
汽车制造与检修	53	—	23	23
商品经营	3	—	—	—
社区公共事务管理	—	50	89	—
生物技术制药	—	—	1	—
市场营销	23	—	67	17
市政工程施工	122	163	401	92
数控技术应用	82	173	384	—
水利水电工程施工	50	—	175	—
土木水利类专业	27	—	—	—
文化艺术类专业	32	—	—	—
文秘	—	50	92	—
物流服务与管理	5	5	36	3
物业管理	—	—	39	—
现代农艺技术	7	—	20	—
学前教育	143	57	213	44
音乐	—	2	2	—
影像与影视技术	—	3	3	—
运动训练	—	13	13	—
植物保护	—	39	77	—
制药技术	—	3	3	—
中餐烹饪与营养膳食	—	84	84	—
中草药种植	—	14	44	—
助产	—	77	232	—
其他专业	45	97	209	40

附录一

东北、内蒙古重点国有林区87个森工企业主要统计指标

ANNEX Ⅰ

东北、内蒙古重点国有林区森工企业造林和森林抚育情况

单位:公顷

指标名称	本年实际
一、造林面积	**157981**
其中：中央投资完成面积	157273
1. 人工造林面积	10992
2. 飞播造林面积	—
3. 当年新封山(沙)育林面积	2379
①无林地和疏林地新封山育林面积	2379
②有林地和灌木林地新封山育林面积	—
③新造幼林地封山育林面积	—
4. 退化林修复面积	134066
5. 人工更新面积	10544
二、森林抚育面积	**1291732**
其中：中央投资完成面积	1276832

说明：东北、内蒙古重点国有林区 87 个森工企业包括：内蒙森工集团：阿尔山、绰尔、绰源、乌尔旗汉、库都尔、图里河、伊图里河、克一河、甘河、吉文、阿里河、根河、金河、阿龙山、满归、得耳布尔、莫尔道嘎、大杨树、毕拉河。吉林森工集团：临江、三岔子、湾沟、松江河、泉阳、露水河、白石山、红石。长白山森工集团：黄泥河、敦化、大石头、八家子、和龙、汪清、大兴沟、天桥岭、白河、珲春。龙江森工集团：大海林、柴河、东京城、穆棱、绥阳、海林、林口、八面通、桦南、双鸭山、鹤立、鹤北、东方红、迎春、清河、山河屯、苇河、亚布力、方正、兴隆、绥棱、通北、沾河。大兴安岭林业集团：松岭、新林、塔河、呼中、阿木尔、图强、西林吉、十八站、韩家园、加格达奇。伊春森工集团：双丰、铁力、桃山、朗乡、南岔、金山屯、美溪、乌马河、翠峦、友好、上甘岭、五营、红星、新青、汤旺河、乌伊岭、带岭。

东北、内蒙古重点国有林区森工企业产值情况(一)

(按现行价格计算)　　单位:万元

指标名称	企业合计
林业产业总产值	**6025070**
一、第一产业	**2422875**
(一)涉林产业合计	1625463
1. 林木育种和育苗	19485
(1)林木育种	1367
(2)林木育苗	18118
2. 营造林	754693
3. 木材和竹材采运	20374
(1)木材采运	20374
(2)竹材采运	—
4. 经济林产品的种植与采集	749706
(1)水果、坚果、含油果和香料作物种植	23803
(2)茶及其他饮料作物的种植	—
(3)森林药材、食品种植	571191
(4)林产品采集	154712
5. 花卉及其他观赏植物种植	828
6. 陆生野生动物繁育与利用	80377
(二)林业系统非林产业	797412
二、第二产业	**875390**
(一)涉林产业合计	250078
1. 木材加工和木、竹、藤、棕、苇制品制造	134426
(1)木材加工	18736
(2)人造板制造	6293
(3)木制品制造	81335
(4)竹、藤、棕、苇制品制造	28062

东北、内蒙古重点国有林区森工企业产值情况(二)

(按现行价格计算)

单位:万元

指标名称	企业合计
2. 木、竹、藤家具制造	3741
3. 木、竹、苇浆造纸和纸制品	2000
(1)木、竹、苇浆制造	—
(2)造纸	—
(3)纸制品制造	2000
4. 林产化学产品制造	5704
5. 木质工艺品和木质文教体育用品制造	2600
6. 非木质林产品加工制造业	56340
(1)木本油料、果蔬、茶饮料等加工制造	31303
(2)森林药材加工制造	25037
(3)其他	—
7. 其他	45267
(二)林业系统非林产业	625312
三、第三产业	**2726805**
(一)涉林产业合计	1124707
1. 林业生产服务	71379
2. 林业旅游与休闲服务	610996
3. 林业生态服务	44717
4. 林业专业技术服务	9662
5. 林业公共管理及其他组织服务	387953
(二)林业系统非林产业	1602098
补充资料:竹产业产值	37957
林下经济产值	1860773

东北、内蒙古重点国有林区森工企业
主要木材产量

指标名称	计量单位	企业合计
木材	立方米	236246
其中：针叶木材	立方米	62823
1. 原木	立方米	231542
2. 薪材	立方米	4704

东北、内蒙古重点国有林区森工企业主要木竹加工产品产量

指标名称	计量单位	企业合计
一、锯材	**立方米**	**38807**
1. 普通锯材	立方米	38807
2. 特种锯材	立方米	—
二、人造板	**立方米**	**38354**
1. 胶合板	立方米	2716
其中：竹胶合板	立方米	—
2. 纤维板	立方米	—
(1)木质纤维板	立方米	—
其中：中密度纤维板	立方米	—
(2)非木质纤维板	立方米	—
3. 刨花板	立方米	5600
4. 其他人造板	立方米	30038
其中：细木工板	立方米	22765
三、木竹地板	**平方米**	**382544**
1. 实木地板	平方米	372494
2. 实木复合木地板	平方米	—
3. 浸渍纸层压木质地板(强化木地板)	平方米	—
4. 竹地板(含竹木复合地板)	平方米	—
5. 其他木地板(含软木地板、集成材地板等)	平方米	10050

东北、内蒙古重点国有林区森工企业经济林产品生产情况

指标名称	计量单位	企业合计
各类经济林总计	**吨**	**127614**
一、水果	**吨**	**2767**
二、干果	**吨**	**13807**
其中：板栗	吨	—
枣(干重)	吨	—
榛子	吨	2696
松子	吨	10389
三、林产饮料产品(干重)	**吨**	**600**
四、林产调料产品(干重)	**吨**	**—**
五、森林食品	**吨**	**81174**
其中：竹笋干	吨	—
六、森林药材	**吨**	**26483**
其中：杜仲	吨	—
七、木本油料	**吨**	**2783**
1. 油茶籽	吨	—
2. 核桃(干重)	吨	2783
3. 油橄榄	吨	—
4. 油用牡丹籽	吨	—
5. 其他木本油料	吨	—
八、林产工业原料	**吨**	**—**
其中：紫胶(原胶)	吨	—

东北、内蒙古重点国有林区森工企业林草投资完成情况

指标名称	计量单位	企业合计
自年初累计完成投资	**万元**	**1943741**
一、生态修复治理	**万元**	**1114577**
其中：造林与森林抚育	万元	603404
草原保护修复	万元	771
湿地保护与恢复	万元	2347
防沙治沙	万元	—
二、林(草)产品加工制造	**万元**	**889**
三、林业草原服务、保障和公共管理	**万元**	**828275**
其中：林业草原有害生物防治	万元	1085
林业草原防火	万元	34894
自然保护地监测管理	万元	700
野生动植物保护	万元	3621

东北、内蒙古重点国有林区森工企业林草固定资产投资完成情况(一)

指标名称	计量单位	企业合计
一、本年计划投资	**万元**	**725884**
二、自年初累计完成投资	**万元**	**577896**
其中：国家投资	万元	528584
按构成分	万元	
1. 建筑工程	万元	184394
2. 安装工程	万元	7981
3. 设备工器具购置	万元	17832
4. 其他	万元	367589
按性质分	万元	
1. 新建	万元	188633
2. 扩建	万元	289734
3. 改建和技术改造	万元	66503
4. 单纯建造生活设施	万元	1107
5. 迁建	万元	—
6. 恢复	万元	19468

东北、内蒙古重点国有林区森工企业林草固定资产投资完成情况(二)

指标名称	计量单位	企业合计
7. 单纯购置	万元	12451
三、本年新增固定资产	**万元**	**192985**
四、本年实际到位资金总计	**万元**	**746107**
1. 上年末结转和结余资金	万元	48143
2. 本年实际到位资金合计	万元	697964
(1)国家预算资金	万元	654185
①中央资金	万元	642671
②地方资金	万元	11514
(2)国内贷款	万元	—
(3)债券	万元	—
(4)利用外资	万元	4000
(5)自筹资金	万元	39779
(6)其他资金	万元	—
五、本年各项应付款合计	**万元**	**22179**
其中：工程款	万元	21746

东北、内蒙古重点国有林区 87 个

单位名称	造林				
	总计	其中:中央投资完成面积	人工造林面积	飞播造林面积	
					合计
全国合计	**157981**	**157273**	**10992**	**—**	**2379**
内蒙古森工集团	**32125**	**32125**	**1914**	**—**	**—**
阿尔山	2158	2158	203	—	—
绰尔	1541	1541	267	—	—
绰源	1161	1161	67	—	—
乌尔旗汉	1918	1918	200	—	—
库都尔	2324	2324	167	—	—
图里河	1732	1732	107	—	—
伊图里河	1728	1728	134	—	—
克一河	1701	1701	167	—	—
甘河	1511	1511	—	—	—
吉文	2402	2402	200	—	—
阿里河	1978	1978	67	—	—
根河	2119	2119	—	—	—
金河	1860	1860	—	—	—
阿龙山	2365	2365	—	—	—
满归	1093	1093	—	—	—
得耳布尔	1360	1360	—	—	—
莫尔道嘎	1420	1420	34	—	—
大杨树	903	903	234	—	—
毕拉河	851	851	67	—	—
吉林森工集团	**29707**	**29389**	**—**	**—**	**—**
临江	1334	1333	—	—	—
三岔子	6035	6016	—	—	—
湾沟	2500	2500	—	—	—
松江河	2289	2003	—	—	—
泉阳	4503	4503	—	—	—
露水河	6135	6135	—	—	—
白石山	3884	3872	—	—	—
红石	3027	3027	—	—	—
长白山森工集团	**31331**	**30656**	**—**	**—**	**—**
黄泥河	2540	2540	—	—	—
敦化	3010	3010	—	—	—
大石头	3645	3400	—	—	—
八家子	2817	2817	—	—	—
和龙	3877	3860	—	—	—
汪清	3333	3333	—	—	—
大兴沟	1500	1463	—	—	—
天桥岭	2507	2507	—	—	—
白河	5527	5151	—	—	—
珲春	2575	2575	—	—	—
龙江森工集团	**21893**	**20132**	**4028**	**—**	**—**
大海林	2266	2266	—	—	—
柴河	867	867	333	—	—
东京城	1817	800	1017	—	—
穆棱	666	666	—	—	—
绥阳	533	533	133	—	—

森工企业造林和森林抚育情况(一)

单位：公顷

面　积					森林抚育面积	
封山育林面积			退化林修复面积	人工更新面积	合　计	其中：中央投资完成面积
其中						
无林地和疏林地封山育林面积	有林地和灌木林地封山育林面积	新造幼林地封山育林面积				
2379	**—**	**—**	**134066**	**10544**	**1291732**	**1276832**
—	**—**	**—**	**24708**	**5503**	**367444**	**367444**
—	—	—	1001	954	9351	9351
—	—	—	1001	273	22000	22000
—	—	—	1001	93	15334	15334
—	—	—	1333	385	23334	23334
—	—	—	1680	477	22672	22672
—	—	—	1333	292	22670	22670
—	—	—	1335	259	18000	18000
—	—	—	1335	199	22001	22001
—	—	—	1334	177	23370	23370
—	—	—	1339	863	22010	22010
	—	—	1668	243	23343	23343
—	—	—	2001	118	26669	26669
—	—	—	1673	187	20005	20005
—	—	—	2335	30	23334	23334
—	—	—	1002	91	18667	18667
—	—	—	1333	27	14004	14004
—	—	—	1334	52	23334	23334
—	—	—	334	335	11335	11335
—	—	—	336	448	6011	6011
—	**—**	**—**	**29659**	**48**	**74007**	**74007**
—	—	—	1333	1	11333	11333
—	—	—	6016	19	11333	11333
—	—	—	2500	—	10000	10000
—	—	—	2273	16	10001	10001
—	—	—	4503	—	8001	8001
—	—	—	6135	—	11334	11334
—	—	—	3872	12	9333	9333
—	—	—	3027	—	2672	2672
—	**—**	**—**	**30738**	**593**	**112214**	**112214**
—	—	—	2540	—	11334	11334
—	—	—	3010	—	12001	12001
—	—	—	3479	166	11001	11001
—	—	—	2817	—	11338	11338
—	—	—	3860	17	10667	10667
—	—	—	3333	—	13000	13000
—	—	—	1467	33	9533	9533
—	—	—	2507	—	12000	12000
—	—	—	5151	376	10006	10006
—	—	—	2574	1	11334	11334
—	**—**	**—**	**13465**	**4400**	**314569**	**299669**
—	—	—	1133	1133	15687	15687
—	—	—	—	534	16400	16400
—	—	—	133	667	19333	19333
—	—	—	533	133	12840	12840
—	—	—	—	400	21667	21667

东北、内蒙古重点国有林区87个

单位名称	造林				
	总计	其中:中央投资完成面积	人工造林面积	飞播造林面积	合计
海林	533	533	—	—	—
林口	734	—	267	—	—
八面通	1000	1000	—	—	—
桦南	1067	1067	267	—	—
双鸭山	667	667	—	—	—
鹤立	1067	1067	400	—	—
鹤北	943	933	277	—	—
东方红	933	933	266	—	—
迎春	1067	1067	267	—	—
清河	133	133	—	—	—
山河屯	1000	1000	67	—	—
苇河	1067	1067	67	—	—
亚布力	800	800	67	—	—
方正	400	400	—	—	—
兴隆	800	800	—	—	—
绥棱	1267	1267	67	—	—
通北	1266	1266	533	—	—
沾河	1000	1000	—	—	—
大兴安岭林业集团	**24400**	**24400**	**2400**	**—**	**—**
松岭	1867	1867	67	—	—
新林	2134	2134	134	—	—
塔河	1401	1401	67	—	—
呼中	4267	4267	667	—	—
阿木尔	2799	2799	266	—	—
图强	2799	2799	266	—	—
西林吉	3066	3066	333	—	—
十八站	2300	2300	167	—	—
韩家园	2200	2200	200	—	—
加格达奇	1567	1567	233	—	—
伊春森工集团	**18525**	**20571**	**2650**	**—**	**2379**
双丰	667	1134	—	—	467
铁力	334	334	334	—	—
桃山	200	200	133	—	—
朗乡	534	534	334	—	—
南岔	1500	1633	100	—	133
金山屯	833	966	100	—	133
美溪	1586	1586	53	—	—
乌马河	1500	1567	433	—	67
翠峦	2899	2966	433	—	400
友好	1533	1533	—	—	—
上甘岭	400	400	—	—	—
五营	966	966	—	—	—
红星	1370	1636	507	—	266
新青	542	808	10	—	266
汤旺河	1394	1708	13	—	314
乌伊岭	1800	2133	200	—	333
带岭	467	467	—	—	—

森工企业造林和森林抚育情况(二)

单位：公顷

面　积					森林抚育面积	
封山育林面积			退化林修复面积	人工更新面积	合　计	其中：中央投资完成面积
其中						
无林地和疏林地封山育林面积	有林地和灌木林地封山育林面积	新造幼林地封山育林面积				
—	—	—	533	—	10933	10933
—	—	—	467	—	14900	—
—	—	—	—	1000	8807	8807
—	—	—	800	—	14900	14900
—	—	—	667	—	10507	10507
—	—	—	667	—	5400	5400
—	—	—	666	—	19020	19020
—	—	—	667	—	17828	17828
—	—	—	800	—	8227	8227
—	—	—	133	—	6667	6667
—	—	—	933	—	12660	12660
—	—	—	1000	—	13340	13340
—	—	—	733	—	11660	11660
—	—	—	—	400	11913	11913
—	—	—	667	133	17773	17773
—	—	—	1200	—	12153	12153
—	—	—	733	—	12607	12607
—	—	—	1000	—	19347	19347
—	**—**	**—**	**22000**	**—**	**230600**	**230600**
—	—	—	1800	—	20734	20734
—	—	—	2000	—	29073	29073
—	—	—	1334	—	29207	29207
—	—	—	3600	—	26087	26087
—	—	—	2533	—	18493	18493
—	—	—	2533	—	17660	17660
—	—	—	2733	—	18280	18280
—	—	—	2133	—	20533	20533
—	—	—	2000	—	24800	24800
—	—	—	1334	—	25733	25733
2379	**—**	**—**	**13496**	**—**	**192898**	**192898**
467	—	—	200	—	6560	6560
—	—	—	—	—	16534	16534
—	—	—	67	—	9113	9113
—	—	—	200	—	16080	16080
133	—	—	1267	—	16613	16613
133	—	—	600	—	8236	8236
—	—	—	1533	—	14333	14333
67	—	—	1000	—	8500	8500
400	—	—	2066	—	2000	2000
—	—	—	1533	—	14067	14067
—	—	—	400	—	8867	8867
—	—	—	966	—	7067	7067
266	—	—	597	—	15747	15747
266	—	—	266	—	17467	17467
314	—	—	1067	—	11267	11267
333	—	—	1267	—	13380	13380
—	—	—	467	—	7067	7067

东北、内蒙古重点国有林区

(按现行价

单位名称	总计	林业产业				
		合计				
			小计	林木育种和育苗		
				计	林木育种	林木育苗
全国合计	**6025070**	**2422875**	**1625463**	**19485**	**1367**	**18118**
内蒙古森工集团	**508801**	**247181**	**239914**	**5382**	**634**	**4748**
阿尔山	26451	12430	11970	310	—	310
绰尔	33524	17594	17594	312	—	312
绰源	15660	8071	8071	50	50	—
乌尔旗汉	29483	15458	15002	893	—	893
库都尔	29790	15795	15795	232	—	232
图里河	24431	11756	11756	150	—	150
伊图里河	13482	6080	5022	—	—	—
克一河	27259	11245	11245	420	—	420
甘河	29093	12478	12404	150	—	150
吉文	22731	9199	9139	50	—	50
阿里河	28992	16756	16147	624	584	40
根河	47813	24813	24813	718	—	718
金河	26321	13825	13817	71	—	71
阿龙山	26438	14712	14703	399	—	399
满归	27727	11822	11822	50	—	50
得耳布尔	28767	10990	10989	254	—	254
莫尔道嘎	34594	17055	16975	300	—	300
大杨树	20746	10483	6684	349	—	349
毕拉河	15499	6619	5966	50	—	50
吉林森工集团	**421403**	**217051**	**207781**	**2540**	**596**	**1944**
临江	66002	28583	26583	60	—	60
三岔子	50280	36335	36185	566	2	564
湾沟	65785	10085	10085	230	40	190
松江河	46292	25806	25686	13	8	5
泉阳	30629	16929	16929	350	165	185
露水河	40728	24149	24149	519	311	208
白石山	65700	42550	42550	250	70	180
红石	55987	32614	25614	552	—	552
长白山森工集团	**629849**	**204889**	**190911**	**3300**	**56**	**3244**
黄泥河	81027	21065	18746	758	—	758
敦化	78760	21759	17583	613	8	605
大石头	77640	35489	33858	479	—	479
八家子	67742	17529	15706	100	—	100
和龙	58001	14731	14731	—	—	—
汪清	47865	15381	15381	131	—	131
大兴沟	36263	21134	21134	—	—	—
天桥岭	58809	24418	20644	—	—	—
白河	84032	20366	20366	499	48	451
珲春	39710	13017	12762	720	—	720
龙江森工集团	**3078911**	**1155861**	**542082**	**2097**	**67**	**2030**
大海林	227400	41659	24116	240	—	240
柴河	174146	19001	12545	100	—	100
东京城	259765	89341	57761	—	—	—
穆棱	77973	50936	28346	85	—	85
绥阳	208520	126234	106629	—	—	—

87 个森工企业产值情况(一)

格计算)　　　　单位：万元

总产值

第一产业

涉林产业

营造林	木材和竹材采运			经济林产品的种植与采集		
	计	木材采运	竹材采运	计	水果、坚果、含油果和香料作物种植	茶及其他饮料作物的种植
754693	**20374**	**20374**	**—**	**749706**	**23803**	**—**
208769	**973**	**973**	**—**	**4869**	**134**	**—**
10674	—	—	—	70	—	—
10491	33	33	—	64	—	—
7045	8	8	—	222	—	—
12263	—	—	—	—	—	—
14121	112	112	—	69	—	—
10378	94	94	—	405	—	—
4395	—	—	—	151	—	—
9946	170	170	—	195	—	—
11450	—	—	—	42	—	—
8810	—	—	—	59	34	—
14630	28	28	—	117	22	—
23075	—	—	—	347	—	—
12556	—	—	—	360	—	—
12212	148	148	—	594	—	—
9592	69	69	—	957	—	—
10062	87	87	—	13	—	—
15545	60	60	—	870	—	—
6152	80	80	—	78	78	—
5372	84	84	—	256	—	—
131109	**13444**	**13444**	**—**	**55888**	**4412**	**—**
18983	3320	3320	—	4220	900	—
26844	4490	4490	—	3385	485	—
7814	288	288	—	1753	1000	—
15137	3321	3321	—	5578	247	—
8729	540	540	—	6100	—	—
16351	620	620	—	6234	—	—
20345	217	217	—	21738	—	—
16906	648	648	—	6880	1780	—
78187	**5762**	**5762**	**—**	**79650**	**12176**	**—**
6905	1261	1261	—	8373	902	—
9494	38	38	—	6329	4477	—
7700	1898	1898	—	16107	5288	—
6676	698	698	—	5587	—	—
7107	—	—	—	6106	—	—
11050	—	—	—	3250	—	—
7430	1072	1072	—	10212	622	—
3872	27	27	—	14808	—	—
9199	768	768	—	7744	—	—
8754	—	—	—	1134	887	—
123342	**195**	**195**	**—**	**410258**	**3493**	**—**
6942	154	154	—	16780	—	—
9072	—	—	—	3373	—	—
6825	41	41	—	50895	728	—
2680	—	—	—	25581	—	—
10266	—	—	—	96363	—	—

东北、内蒙古重点国有林区

(按现行价

单位名称	总计	林业产业				
		合计	小计	林木育种和育苗		
				计	林木育种	林木育苗
海林	146062	49095	37989	180	—	180
林口	88470	54496	23270	—	—	—
八面通	82553	55104	13903	—	—	—
桦南	79631	30401	7828	78	—	78
双鸭山	123389	30393	6133	380	—	380
鹤立	65047	37755	8374	35	—	35
鹤北	157117	34512	15284	55	—	55
东方红	117364	43097	23492	420	—	420
迎春	74555	21607	6358	—	—	—
清河	179130	81635	52698	52	—	52
山河屯	104333	37450	10764	20	—	20
苇河	113099	44069	22876	67	67	—
亚布力	110900	58725	24120	—	—	—
方正	129959	35569	16903	38	—	38
兴隆	157688	72383	22257	—	—	—
绥棱	105000	37571	6225	80	—	80
通北	148506	87666	8629	—	—	—
沾河	148304	17162	5582	267	—	267
大兴安岭林业集团	**765726**	**376329**	**305715**	**4978**	**—**	**4978**
松岭	66809	27507	22779	392	—	392
新林	113642	70303	53919	200	—	200
塔河	98268	46801	36082	438	—	438
呼中	91487	40949	34701	1124	—	1124
阿木尔	45382	28602	25466	569	—	569
图强	45415	27215	23886	203	—	203
西林吉	202044	58817	41222	275	—	275
十八站	34594	20026	17377	279	—	279
韩家园	37350	29243	25871	588	—	588
加格达奇	30735	26866	24412	910	—	910
伊春森工集团	**620380**	**221564**	**139060**	**1188**	**14**	**1174**
双丰	50839	28579	14759	76	14	62
铁力	95123	37310	22487	214	—	214
桃山	61017	39865	9033	16	—	16
朗乡	51302	17719	10950	281	—	281
南岔	76821	3280	3280	20	—	20
金山屯	16959	2351	2351	71	—	71
美溪	44699	4506	4506	90	—	90
乌马河	19236	4646	1965	40	—	40
翠峦	15740	3527	1887	—	—	—
友好	23253	10275	5167	20	—	20
上甘岭	16813	7707	7707	—	—	—
五营	17394	4254	1674	55	—	55
红星	20844	6194	6194	—	—	—
新青	23337	11201	7428	260	—	260
汤旺河	40281	20193	20193	20	—	20
乌伊岭	34248	17972	17972	—	—	—
带岭	12474	1985	1507	25	—	25

87 个森工企业产值情况(二)

格计算)　　　　单位:万元

总产值						
第一产业						
涉林产业						
营造林	木材和竹材采运			经济林产品的种植与采集		
	计	木材采运	竹材采运	计	水果、坚果、含油果和香料作物种植	茶及其他饮料作物的种植
5430	—	—	—	32379	—	—
6848	—	—	—	16422	—	—
4942	—	—	—	8961	—	—
5336	—	—	—	2414	—	—
2764	—	—	—	2989	—	—
2586	—	—	—	5753	—	—
8957	—	—	—	6272	—	—
7629	—	—	—	9253	—	—
3960	—	—	—	2398	—	—
2726	—	—	—	49920	—	—
2749	—	—	—	7995	—	—
6000	—	—	—	16809	35	—
5245	—	—	—	18875	—	—
2412	—	—	—	14453	2730	—
3599	—	—	—	18658	—	—
5774	—	—	—	371	—	—
6686	—	—	—	1943	—	—
3914	—	—	—	1401	—	—
163592	**—**	**—**	**—**	**113435**	**2849**	**—**
14583	—	—	—	6708	929	—
19051	—	—	—	27951	35	—
19871	—	—	—	13773	—	—
19800	—	—	—	13720	—	—
12364	—	—	—	11753	—	—
11839	—	—	—	4648	45	—
15912	—	—	—	20995	—	—
13519	—	—	—	3084	—	—
20070	—	—	—	4907	1040	—
16583	—	—	—	5896	800	—
49694	**—**	**—**	**—**	**85606**	**739**	**—**
3503	—	—	—	11180	—	—
5865	—	—	—	14503	—	—
4032	—	—	—	4985	339	—
3134	—	—	—	7535	—	—
3260	—	—	—	—	—	—
2280	—	—	—	—	—	—
2826	—	—	—	1430	—	—
1925	—	—	—	—	—	—
1887	—	—	—	—	—	—
3148	—	—	—	1999	—	—
1776	—	—	—	5681	400	—
1619	—	—	—	—	—	—
4155	—	—	—	1882	—	—
3432	—	—	—	3636	—	—
2646	—	—	—	17527	—	—
2724	—	—	—	15248	—	—
1482	—	—	—	—	—	—

东北、内蒙古重点国有林区

(按现行价

单位名称	林业产业				
	第一产业				
	涉林产业				林业系统非林产业
	经济林产品的种植与采集		花卉及其他观赏植物种植	陆生野生动物繁育与利用	
	森林药材、食品种植	林产品采集			
全国合计	**571191**	**154712**	**828**	**80377**	**797412**
内蒙古森工集团	**862**	**3873**	**118**	**19803**	**7267**
阿尔山	—	70	—	916	460
绰尔	13	51	—	6694	—
绰源	121	101	—	746	—
乌尔旗汉	—	—	—	1846	456
库都尔	30	39	—	1261	—
图里河	—	405	—	729	—
伊图里河	51	100	—	476	1058
克一河	177	18	—	514	—
甘河	—	42	—	762	74
吉文	5	20	—	220	60
阿里河	95	—	—	748	609
根河	—	347	110	563	—
金河	—	360	—	830	8
阿龙山	70	524	—	1350	9
满归	300	657	4	1150	—
得耳布尔	—	13	—	573	1
莫尔道嘎	—	870	—	200	80
大杨树	—	—	—	25	3799
毕拉河	—	256	4	200	653
吉林森工集团	**37092**	**14384**	**357**	**4443**	**9270**
临江	2720	600	—	—	2000
三岔子	1210	1690	—	900	150
湾沟	500	253	—	—	—
松江河	1738	3593	357	1280	120
泉阳	3600	2500	—	1210	—
露水河	4154	2080	—	425	—
白石山	20250	1488	—	—	—
红石	2920	2180	—	628	7000
长白山森工集团	**52910**	**14564**	**—**	**24012**	**13978**
黄泥河	6345	1126	—	1449	2319
敦化	1136	716	—	1109	4176
大石头	10406	413	—	7674	1631
八家子	1753	3834	—	2645	1823
和龙	5181	925	—	1518	—
汪清	2618	632	—	950	—
大兴沟	9374	216	—	2420	—
天桥岭	13960	848	—	1937	3774
白河	2000	5744	—	2156	—
珲春	137	110	—	2154	255
龙江森工集团	**349135**	**57630**	**5**	**6185**	**613779**
大海林	16780	—	—	—	17543
柴河	3285	88	—	—	6456
东京城	49869	298	—	—	31580
穆棱	25581	—	—	—	22590
绥阳	81903	14460	—	—	19605

87 个森工企业产值情况（三）

格计算）　　　　　　　　　　　　　　　　　　　　　　　　　　单位：万元

总产值						
第二产业						
合计	涉林产业合计					
	小计	木材加工和木、竹、藤、棕、苇制品制造				
		计	木材加工	人造板制造	木质制品制造	竹、藤、棕、苇制品制造
875390	**250078**	**134426**	**18736**	**6293**	**81335**	**28062**
59509	**1418**	**—**	**—**	**—**	**—**	**—**
2845	—	—	—	—	—	—
4945	—	—	—	—	—	—
980	—	—	—	—	—	—
870	—	—	—	—	—	—
2537	—	—	—	—	—	—
1885	1105	—	—	—	—	—
1142	—	—	—	—	—	—
7787	300	—	—	—	—	—
1158	—	—	—	—	—	—
3190	—	—	—	—	—	—
1763	—	—	—	—	—	—
5301	—	—	—	—	—	—
1543	—	—	—	—	—	—
2332	—	—	—	—	—	—
5344	—	—	—	—	—	—
8422	—	—	—	—	—	—
3600	13	—	—	—	—	—
2549	—	—	—	—	—	—
1316	—	—	—	—	—	—
75601	**19001**	**9566**	**1159**	**300**	**8107**	**—**
9548	9548	1672	639	300	733	—
799	799	—	—	—	—	—
46200	300	300	300	—	—	—
7374	7374	7374	—	—	7374	—
2200	—	—	—	—	—	—
980	980	220	220	—	—	—
1500	—	—	—	—	—	—
7000	—	—	—	—	—	—
61575	**4666**	**3465**	**—**	**—**	**3465**	**—**
13329	—	—	—	—	—	—
8950	—	—	—	—	—	—
13910	3465	3465	—	—	3465	—
5536	—	—	—	—	—	—
870	120	—	—	—	—	—
5584	—	—	—	—	—	—
3752	752	—	—	—	—	—
2132	—	—	—	—	—	—
5704	329	—	—	—	—	—
1808	—	—	—	—	—	—
607374	**180903**	**117644**	**17322**	**5795**	**66465**	**28062**
37582	11382	11382	496	455	10431	—
80177	13629	12031	96	635	11300	—
23565	2100	2100	—	—	2100	—
10034	6050	6050	185	672	5193	—
60055	20104	20104	3355	—	—	16749

东北、内蒙古重点国有林区

(按现行价

单位名称	林业产业				
	第一产业				
	涉林产业				林业系统非林产业
	经济林产品的种植与采集		花卉及其他观赏植物种植	陆生野生动物繁育与利用	
	森林药材、食品种植	林产品采集			
海林	28190	4189	—	—	11106
林口	16422	—	—	—	31226
八面通	5098	3863	—	—	41201
桦南	2414	—	—	—	22573
双鸭山	828	2161	—	—	24260
鹤立	5753	—	—	—	29381
鹤北	1963	4309	—	—	19228
东方红	5803	3450	5	6185	19605
迎春	673	1725	—	—	15249
清河	39680	10240	—	—	28937
山河屯	7995	—	—	—	26686
苇河	16169	605	—	—	21193
亚布力	12645	6230	—	—	34605
方正	9433	2290	—	—	18666
兴隆	16852	1806	—	—	50126
绥棱	132	239	—	—	31346
通北	1597	346	—	—	79037
沾河	70	1331	—	—	11580
大兴安岭林业集团	**62625**	**47961**	**148**	**23562**	**70614**
松岭	4270	1509	—	1096	4728
新林	17558	10358	—	6717	16384
塔河	7790	5983	—	2000	10719
呼中	10639	3081	50	7	6248
阿木尔	2298	9455	—	780	3136
图强	1244	3359	—	7196	3329
西林吉	10717	10278	30	4010	17595
十八站	2636	448	45	450	2649
韩家园	2194	1673	23	283	3372
加格达奇	3279	1817	—	1023	2454
伊春森工集团	**68567**	**16300**	**200**	**2372**	**82504**
双丰	9550	1630	—	—	13820
铁力	14503	—	—	1905	14823
桃山	732	3914	—	—	30832
朗乡	6078	1457	—	—	6769
南岔	—	—	—	—	—
金山屯	—	—	—	—	—
美溪	680	750	—	160	—
乌马河	—	—	—	—	2681
翠峦	—	—	—	—	1640
友好	1935	64	—	—	5108
上甘岭	5281	—	200	50	—
五营	—	—	—	—	2580
红星	1363	519	—	157	—
新青	2536	1100	—	100	3773
汤旺河	12907	4620	—	—	—
乌伊岭	13002	2246	—	—	—
带岭	—	—	—	—	478

87 个森工企业产值情况(四)

格计算)　　　　　　　　　　　　　　　　　　　　单位:万元

总产值						
第二产业						
合计	涉林产业合计					
	小计	木材加工和木、竹、藤、棕、苇制品制造				
		计	木材加工	人造板制造	木质制品制造	竹、藤、棕、苇制品制造
46028	15639	15639	—	—	15639	—
5266	952	952	952	—	—	—
10235	2099	2099	2099	—	—	—
5669	321	321	243	—	78	—
3573	450	450	450	—	—	—
14312	5104	600	110	87	403	—
30815	5528	1400	531	—	869	—
24221	3314	2659	330	—	2329	—
7878	490	490	—	—	490	—
77063	43031	1978	1978	—	—	—
12272	12272	2425	2425	—	—	—
18300	3150	3150	3045	105	—	—
688	688	650	294	—	356	—
45646	6979	6979	340	—	—	6639
28095	5727	4674	—	—	—	4674
21277	3367	3356	—	3356	—	—
27297	14775	14775	—	—	14775	—
17326	3752	3380	393	485	2502	—
51211	**38207**	**156**	**25**	**—**	**131**	**—**
7284	6682	—	—	—	—	—
4619	4475	—	—	—	—	—
15517	15013	—	—	—	—	—
3101	2860	55	—	—	55	—
1782	1782	76	—	—	76	—
1650	1000	—	—	—	—	—
5121	5071	25	25	—	—	—
11183	370	—	—	—	—	—
900	900	—	—	—	—	—
54	54	—	—	—	—	—
20120	**5883**	**3595**	**230**	**198**	**3167**	**—**
4000	—	—	—	—	—	—
2457	2457	1423	—	198	1225	—
3541	—	—	—	—	—	—
6270	—	—	—	—	—	—
2346	2346	1942	—	—	1942	—
—	—	—	—	—	—	—
850	850	—	—	—	—	—
25	—	—	—	—	—	—
—	—	—	—	—	—	—
—	—	—	—	—	—	—
481	230	230	230	—	—	—
—	—	—	—	—	—	—
—	—	—	—	—	—	—
150	—	—	—	—	—	—
—	—	—	—	—	—	—
—	—	—	—	—	—	—
—	—	—	—	—	—	—

东北、内蒙古重点国有林区

(按现行价

单位名称	林业产业				
	第二				
	涉林产				
	木、竹、藤家具制造	木、竹、苇浆造纸和纸制品			
		计	木、竹、苇浆制造	造纸	纸制品制造
全国合计	**3741**	**2000**	**—**	**—**	**2000**
内蒙古森工集团	**—**	**—**	**—**	**—**	**—**
阿尔山	—	—	—	—	—
绰尔	—	—	—	—	—
绰源	—	—	—	—	—
乌尔旗汉	—	—	—	—	—
库都尔	—	—	—	—	—
图里河	—	—	—	—	—
伊图里河	—	—	—	—	—
克一河	—	—	—	—	—
甘河	—	—	—	—	—
吉文	—	—	—	—	—
阿里河	—	—	—	—	—
根河	—	—	—	—	—
金河	—	—	—	—	—
阿龙山	—	—	—	—	—
满归	—	—	—	—	—
得耳布尔	—	—	—	—	—
莫尔道嘎	—	—	—	—	—
大杨树	—	—	—	—	—
毕拉河	—	—	—	—	—
吉林森工集团	**839**	**2000**	**—**	**—**	**2000**
临江	300	2000	—	—	2000
三岔子	539	—	—	—	—
湾沟	—	—	—	—	—
松江河	—	—	—	—	—
泉阳	—	—	—	—	—
露水河	—	—	—	—	—
白石山	—	—	—	—	—
红石	—	—	—	—	—
长白山森工集团	**—**	**—**	**—**	**—**	**—**
黄泥河	—	—	—	—	—
敦化	—	—	—	—	—
大石头	—	—	—	—	—
八家子	—	—	—	—	—
和龙	—	—	—	—	—
汪清	—	—	—	—	—
大兴沟	—	—	—	—	—
天桥岭	—	—	—	—	—
白河	—	—	—	—	—
珲春	—	—	—	—	—
龙江森工集团	**1868**	**—**	**—**	**—**	**—**
大海林	—	—	—	—	—
柴河	—	—	—	—	—
东京城	—	—	—	—	—
穆棱	—	—	—	—	—
绥阳	—	—	—	—	—

87 个森工企业产值情况（五）

格计算）

单位：万元

总产值							
产业							
业合计							林业系统非林产业
林产化学产品制造	木质工艺品和木质文教体育用品制造	非木质林产品加工制造业				其他	
		计	木本油料、果蔬、茶饮料等加工制造	森林药材加工制造	其他		
5704	**2600**	**56340**	**31303**	**25037**	**—**	**45267**	**625312**
—	**—**	**1418**	**1418**	**—**	**—**	**—**	**58091**
—	—	—	—	—	—	—	2845
—	—	—	—	—	—	—	4945
—	—	—	—	—	—	—	980
—	—	—	—	—	—	—	870
—	—	—	—	—	—	—	2537
—	—	1105	1105	—	—	—	780
—	—	—	—	—	—	—	1142
—	—	300	300	—	—	—	7487
—	—	—	—	—	—	—	1158
—	—	—	—	—	—	—	3190
—	—	—	—	—	—	—	1763
—	—	—	—	—	—	—	5301
—	—	—	—	—	—	—	1543
—	—	—	—	—	—	—	2332
—	—	—	—	—	—	—	5344
—	—	—	—	—	—	—	8422
—	—	13	13	—	—	—	3587
—	—	—	—	—	—	—	2549
—	—	—	—	—	—	—	1316
—	**300**	**1776**	**300**	**1476**	**—**	**4520**	**56600**
—	300	1516	300	1216	—	3760	—
—	—	—	—	—	—	260	—
—	—	—	—	—	—	—	45900
—	—	—	—	—	—	—	—
—	—	—	—	—	—	—	2200
—	—	260	—	260	—	500	—
—	—	—	—	—	—	—	1500
—	—	—	—	—	—	—	7000
—	—	120	120	—	—	1081	56909
—		—	—	—	—	—	13329
—	—	—	—	—	—	—	8950
—	—	—	—	—	—	—	10445
—	—	—	—	—	—	—	5536
—	—	120	120	—	—	—	750
—	—	—	—	—	—	—	5584
—	—	—	—	—	—	752	3000
—	—	—	—	—	—	—	2132
—	—	—	—	—	—	329	5375
—	—	—	—	—	—	—	1808
—	**2300**	**20275**	**2180**	**18095**	**—**	**38816**	**426471**
—	—	—	—	—	—	—	26200
—	8	1590	1590	—	—	—	66548
—	—	—	—	—	—	—	21465
—	—	—	—	—	—	—	3984
—	—	—	—	—	—	—	39951

东北、内蒙古重点国有林区

(按现行价

单位名称	林业产业 第二 涉林产 木、竹、藤家具制造	木、竹、苇浆造纸和纸制品 计	木、竹、苇浆制造	造纸	纸制品制造
海林	—	—	—	—	—
林口	—	—	—	—	—
八面通	—	—	—	—	—
桦南	—	—	—	—	—
双鸭山	—	—	—	—	—
鹤立	—	—	—	—	—
鹤北	1223	—	—	—	—
东方红	203	—	—	—	—
迎春	—	—	—	—	—
清河	260	—	—	—	—
山河屯	—	—	—	—	—
苇河	—	—	—	—	—
亚布力	—	—	—	—	—
方正	—	—	—	—	—
兴隆	—	—	—	—	—
绥棱	—	—	—	—	—
通北	—	—	—	—	—
沾河	182	—	—	—	—
大兴安岭林业集团	**—**	**—**	**—**	**—**	**—**
松岭	—	—	—	—	—
新林	—	—	—	—	—
塔河	—	—	—	—	—
呼中	—	—	—	—	—
阿木尔	—	—	—	—	—
图强	—	—	—	—	—
西林吉	—	—	—	—	—
十八站	—	—	—	—	—
韩家园	—	—	—	—	—
加格达奇	—	—	—	—	—
伊春森工集团	**1034**	**—**	**—**	**—**	**—**
双丰	—	—	—	—	—
铁力	1034	—	—	—	—
桃山	—	—	—	—	—
朗乡	—	—	—	—	—
南岔	—	—	—	—	—
金山屯	—	—	—	—	—
美溪	—	—	—	—	—
乌马河	—	—	—	—	—
翠峦	—	—	—	—	—
友好	—	—	—	—	—
上甘岭	—	—	—	—	—
五营	—	—	—	—	—
红星	—	—	—	—	—
新青	—	—	—	—	—
汤旺河	—	—	—	—	—
乌伊岭	—	—	—	—	—
带岭	—	—	—	—	—

87 个森工企业产值情况(六)

格计算)　　　　　　　　　　　　　　　　　　　　　　　　　单位:万元

总产值							
产业							
业合计							林业系统非林产业
林产化学产品制造	木质工艺品和木质文教体育用品制造	非木质林产品加工制造业				其他	
		计	木本油料、果蔬、茶饮料等加工制造	森林药材加工制造	其他		
—	—	—	—	—	—	—	30389
—	—	—	—	—	—	—	4314
—	—	—	—	—	—	—	8136
—	—	—	—	—	—	—	5348
—	—	—	—	—	—	—	3123
—	—	387	387	—	—	4117	9208
—	2022	203	203	—	—	680	25287
—	232	220	—	220	—	—	20907
—	—	—	—	—	—	—	7388
—	—	16300	—	16300	—	24493	34032
—	—	1575	—	1575	—	8272	—
—	—	—	—	—	—	—	15150
—	38	—	—	—	—	—	—
—	—	—	—	—	—	—	38667
—	—	—	—	—	—	1053	22368
—	—	—	—	—	—	11	17910
—	—	—	—	—	—	—	12522
—	—	—	—	—	—	190	13574
5704	**—**	**32347**	**27285**	**5062**	**—**	**—**	**13004**
—	—	6682	1620	5062	—	—	602
—	—	4475	4475	—	—	—	144
4628	—	10385	10385	—	—	—	504
—	—	2805	2805	—	—	—	241
—	—	1706	1706	—	—	—	—
—	—	1000	1000	—	—	—	650
1076	—	3970	3970	—	—	—	50
—	—	370	370	—	—	—	10813
—	—	900	900	—	—	—	—
—	—	54	54	—	—	—	—
—	**—**	**404**	**—**	**404**	**—**	**850**	**14237**
—	—	—		—	—	—	4000
—	—	—	—	—	—	—	—
—	—	—	—	—	—	—	3541
—	—	—	—	—	—	—	6270
—	—	404	—	404	—	—	—
—	—	—	—	—	—	—	—
—	—	—	—	—	—	850	—
—	—	—	—	—	—	—	25
—	—	—	—	—	—	—	—
—	—	—	—	—	—	—	—
—	—	—	—	—	—	—	251
—	—	—	—	—	—	—	—
—	—	—	—	—	—	—	—
—	—	—	—	—	—	—	150
—	—	—	—	—	—	—	—
—	—	—	—	—	—	—	—
—	—	—	—	—	—	—	—

东北、内蒙古重点国有林区

(按现行价

单位名称	林业产业			
	第三			
	合计	涉林产		
		小计	林业生产服务	林业旅游与休闲服务
全国合计	**2726805**	**1124707**	**71379**	**610996**
内蒙古森工集团	**202111**	**49312**	**17339**	**6970**
阿尔山	11176	3178	784	1660
绰尔	10985	2621	1191	20
绰源	6609	1298	449	20
乌尔旗汉	13155	4009	2320	60
库都尔	11458	1547	355	—
图里河	10790	3521	1295	128
伊图里河	6260	867	90	188
克一河	8227	2038	1217	142
甘河	15457	1511	249	—
吉文	10342	2380	1500	150
阿里河	10473	2152	996	263
根河	17699	4456	1807	1350
金河	10953	2689	883	225
阿龙山	9394	2480	1018	83
满归	10561	3460	1240	840
得耳布尔	9355	2545	498	92
莫尔道嘎	13939	2578	460	834
大杨树	7714	2716	162	33
毕拉河	7564	3266	825	882
吉林森工集团	**128751**	**46589**	**10641**	**18795**
临江	27871	17210	981	11211
三岔子	13146	1879	609	—
湾沟	9500	8650	2700	800
松江河	13112	610	—	610
泉阳	11500	5500	—	4000
露水河	15599	7221	4431	1248
白石山	21650	1700	1100	600
红石	16373	3819	820	326
长白山森工集团	**363385**	**104896**	**17199**	**24845**
黄泥河	46633	10736	715	2000
敦化	48051	3224	523	—
大石头	28241	3590	—	510
八家子	44677	3109	636	1140
和龙	42400	1958	635	—
汪清	26900	26900	—	12
大兴沟	11377	6000	268	—
天桥岭	32259	3082	272	—
白河	57962	30385	4238	21083
珲春	24885	15912	9912	100
龙江森工集团	**1315676**	**287548**	**3094**	**235388**
大海林	148159	73616	—	73616
柴河	74968	27000	—	27000
东京城	146859	12900	—	12900
穆棱	17003	3426	—	—
绥阳	22231	4476	16	4460

87 个森工企业产值情况(七)

格计算)　　　　　　　　　　　　　　　　　　　　　　　　　　　　　　单位：万元

总产值				补充资料	
产业					
业合计					
林业生态服务	林业专业技术服务	林业公共管理及其他组织服务	林业系统非林产业	竹产业产值	林下经济产值
44717	**9662**	**387953**	**1602098**	**37957**	**1860773**
17004	**3610**	**4389**	**152799**	**—**	**31939**
316	182	236	7998	—	1446
972	183	255	8364	—	6758
553	114	162	5311	—	968
1155	226	248	9146	—	2302
671	261	260	9911	—	1330
1719	165	214	7269	—	1134
306	137	146	5393	—	1685
356	165	158	6189	—	709
528	286	448	13946	—	878
311	168	251	7962	—	339
456	204	233	8321	—	1474
603	339	357	13243	—	910
1147	220	214	8264	—	1198
1026	173	180	6914	—	1953
1006	178	196	7101	—	2107
1598	175	182	6810	—	587
686	261	337	11361	—	1150
2259	119	143	4998	—	3902
1336	54	169	4298	—	1109
6613	**650**	**9890**	**82162**	**—**	**55625**
4913	—	105	10661	—	4220
—	—	1270	11267	—	3385
200	350	4600	850	—	1753
—	—	—	12502	—	7215
1500	—	—	6000	—	4200
—	—	1542	8378	—	6234
—	—	—	19950	—	21738
—	300	2373	12554	—	6880
12131	**5147**	**45574**	**258489**	**—**	**113075**
8021	—	—	35897	—	11669
—	—	2701	44827	—	11605
—	—	3080	24651	—	25412
817	516	—	41568	—	10055
305	291	727	40442	—	7624
—	—	26888	—	—	2862
31	—	5701	5377	—	12631
—	—	2810	29177	—	17774
561	836	3667	27577	—	9900
2396	3504	—	8973	—	3543
6606	**—**	**42460**	**1028128**	**37957**	**1435552**
—	—	—	74543	—	97732
—	—	—	47968	—	129931
—	—	—	133959	—	244108
3426	—	—	13577	—	51747
—	—	—	17755	—	—

东北、内蒙古重点国有林区

(按现行价

单位名称	林业产业			
	第三			
	合计	涉林产		
		小计	林业生产服务	林业旅游与休闲服务
海林	50939	8900	—	8900
林口	28708	10303	—	5900
八面通	17214	—	—	—
桦南	43561	210	—	210
双鸭山	89423	6650	—	6650
鹤立	12980	1898	98	1800
鹤北	91790	7272	1492	5780
东方红	50046	10141	51	970
迎春	45070	2200	—	2200
清河	20432	3212	538	1082
山河屯	54611	28000	—	28000
苇河	50730	4347	—	484
亚布力	51487	35184	899	28830
方正	48744	6014	—	6014
兴隆	57210	7700	—	7700
绥棱	46152	23707	—	2500
通北	33543	2150	—	2150
沾河	113816	8242	—	8242
大兴安岭林业集团	**338186**	**270783**	**19158**	**219474**
松岭	32018	27361	2379	23000
新林	38720	26084	3887	15684
塔河	35950	13979	2998	7000
呼中	47437	38291	1227	30764
阿木尔	14998	11183	1328	7494
图强	16550	11350	1500	4800
西林吉	138106	129822	—	128133
十八站	3385	3154	473	1200
韩家园	7207	5744	3172	1020
加格达奇	3815	3815	2194	379
伊春森工集团	**378696**	**365579**	**3948**	**105524**
双丰	18260	16860	8	—
铁力	55356	45151	8	31607
桃山	17611	17113	8	819
朗乡	27313	26642	8	9721
南岔	71195	71195	8	44419
金山屯	14608	14608	8	—
美溪	39343	39343	8	17374
乌马河	14565	14413	7	591
翠峦	12213	12213	8	—
友好	12978	12978	8	—
上甘岭	8625	8625	8	317
五营	13140	13140	58	612
红星	14650	14650	8	—
新青	11986	11869	8	—
汤旺河	20088	20088	8	—
乌伊岭	16276	16276	3779	52
带岭	10489	10415	—	12

87 个森工企业产值情况（八）

格计算） **单位：万元**

总产值				补充资料	
产业					
业合计					
林业生态服务	林业专业技术服务	林业公共管理及其他组织服务	林业系统非林产业	竹产业产值	林下经济产值
—	—	—	42039	—	—
—	—	4403	18405	—	—
—	—	—	17214	—	—
—	—	—	43351	—	73164
—	—	—	82773	—	114881
—	—	—	11082	—	53918
—	—	—	84518	—	121475
3180	—	5940	39905	—	71330
—	—	—	42870	—	67905
—	—	1592	17220	—	163256
—	—	—	26611	—	—
—	—	3863	46383	37957	—
—	—	5455	16303	—	68275
—	—	—	42730	—	—
—	—	—	49510	—	140662
—	—	21207	22445	—	37168
—	—	—	31393	—	—
—	—	—	105574	—	—
74	**—**	**32077**	**67403**	**—**	**215299**
—	—	1982	4657	—	18850
—	—	6513	12636	—	49667
—	—	3981	21971	—	32658
—	—	6300	9146	—	19739
74	—	2287	3815	—	17029
—	—	5050	5200	—	15681
—	—	1689	8284	—	37360
—	—	1481	231	—	6162
—	—	1552	1463	—	8734
—	—	1242	—	—	9419
2289	**255**	**253563**	**13117**	**—**	**9283**
40	—	16812	1400	—	—
40	—	13496	10205	—	—
40	—	16246	498	—	6185
—	—	16913	671	—	—
120	—	26648	—	—	—
—	—	14600	—	—	—
147	—	21814	—	—	—
120	—	13695	152	—	—
40	—	12165	—	—	—
240	—	12730	—	—	3098
283	—	8017	—	—	—
—	—	12470	—	—	—
55	—	14587	—	—	—
350	—	11511	117	—	—
80	—	20000	—	—	—
507	255	11683	—	—	—
227	—	10176	74	—	—

东北、内蒙古重点国有林区87个森工企业主要木材产量(一)

单位:立方米

单位名称	木材			
	合计	其中:针叶木材	原木	薪材
全国合计	**236246**	**62823**	**231542**	**4704**
内蒙古森工集团	**30197**	**5848**	**28821**	**1376**
阿尔山	—	—	—	—
绰尔	2026	—	660	1366
绰源	152	80	152	—
乌尔旗汉	—	—	—	—
库都尔	1143	—	1133	10
图里河	1031	626	1031	—
伊图里河	346	—	346	—
克一河	1174	—	1174	—
甘河	—	—	—	—
吉文	—	—	—	—
阿里河	894	—	894	—
根河	—	—	—	—
金河	5953	—	5953	—
阿龙山	2554	—	2554	—
满归	3578	—	3578	—
得耳布尔	1661	—	1661	—
莫尔道嘎	1263	—	1263	—
大杨树	1233	—	1233	—
毕拉河	7189	5142	7189	—
吉林森工集团	**131067**	**31872**	**127897**	**3170**
临江	33319	6598	30149	3170
三岔子	36215	4893	36215	—
湾沟	3041	3041	3041	—
松江河	34895	10862	34895	—
泉阳	7737	—	7737	—
露水河	9323	4090	9323	—
白石山	2388	2388	2388	—
红石	4149	—	4149	—
长白山森工集团	**70882**	**24341**	**70828**	**54**
黄泥河	15559	7082	15559	—
敦化	475	127	475	—
大石头	23415	7524	23361	54
八家子	9228	5322	9228	—
和龙	11	5	11	—
汪清	—	—	—	—
大兴沟	13862	—	13862	—
天桥岭	460	—	460	—
白河	7872	4281	7872	—
珲春	—	—	—	—
龙江森工集团	**4100**	**762**	**3996**	**104**
大海林	3029	—	3029	—
柴河	—	—	—	—
东京城	1071	762	967	104
穆棱	—	—	—	—
绥阳	—	—	—	—

东北、内蒙古重点国有林区 87 个森工企业主要木材产量(二)

单位：立方米

单位名称	木材			
	合计	其中：针叶木材	原木	薪材
海林	—	—	—	—
林口	—	—	—	—
八面通	—	—	—	—
桦南	—	—	—	—
双鸭山	—	—	—	—
鹤立	—	—	—	—
鹤北	—	—	—	—
东方红	—	—	—	—
迎春	—	—	—	—
清河	—	—	—	—
山河屯	—	—	—	—
苇河	—	—	—	—
亚布力	—	—	—	—
方正	—	—	—	—
兴隆	—	—	—	—
绥棱	—	—	—	—
通北	—	—	—	—
沾河	—	—	—	—
大兴安岭林业集团	**—**	**—**	**—**	**—**
松岭	—	—	—	—
新林	—	—	—	—
塔河	—	—	—	—
呼中	—	—	—	—
阿木尔	—	—	—	—
图强	—	—	—	—
西林吉	—	—	—	—
十八站	—	—	—	—
韩家园	—	—	—	—
加格达奇	—	—	—	—
伊春森工集团	**—**	**—**	**—**	**—**
双丰	—	—	—	—
铁力	—	—	—	—
桃山	—	—	—	—
朗乡	—	—	—	—
南岔	—	—	—	—
金山屯	—	—	—	—
美溪	—	—	—	—
乌马河	—	—	—	—
翠峦	—	—	—	—
友好	—	—	—	—
上甘岭	—	—	—	—
五营	—	—	—	—
红星	—	—	—	—
新青	—	—	—	—
汤旺河	—	—	—	—
乌伊岭	—	—	—	—
带岭	—	—	—	—

东北、内蒙古重点国有林区87个森工

单位名称	锯材			
	总计	普通锯材	特种锯材	总计
全国合计	**38807**	**38807**	**—**	**38354**
内蒙古森工集团	**—**	**—**	**—**	**—**
阿尔山	—	—	—	—
绰尔	—	—	—	—
绰源	—	—	—	—
乌尔旗汉	—	—	—	—
库都尔	—	—	—	—
图里河	—	—	—	—
伊图里河	—	—	—	—
克一河	—	—	—	—
甘河	—	—	—	—
吉文	—	—	—	—
阿里河	—	—	—	—
根河	—	—	—	—
金河	—	—	—	—
阿龙山	—	—	—	—
满归	—	—	—	—
得耳布尔	—	—	—	—
莫尔道嘎	—	—	—	—
大杨树	—	—	—	—
毕拉河	—	—	—	—
吉林森工集团	**1200**	**1200**	**—**	**—**
临江	—	—	—	—
三岔子	—	—	—	—
湾沟	1200	1200	—	—
松江河	—	—	—	—
泉阳	—	—	—	—
露水河	—	—	—	—
白石山	—	—	—	—
红石	—	—	—	—
长白山森工集团	**—**	**—**	**—**	**—**
黄泥河	—	—	—	—
敦化	—	—	—	—
大石头	—	—	—	—
八家子	—	—	—	—
和龙	—	—	—	—
汪清	—	—	—	—
大兴沟	—	—	—	—
天桥岭	—	—	—	—
白河	—	—	—	—
珲春	—	—	—	—
龙江森工集团	**37607**	**37607**	**—**	**37120**
大海林	560	560	—	780
柴河	800	800	—	3896
东京城	—	—	—	—
穆棱	1120	1120	—	5600
绥阳	11182	11182	—	—

企业主要木竹加工产品产量(一)

单位:立方米

人造板					
胶合板		纤维板			
合计	其中:竹胶合板	合计	木质纤维板		非木质纤维板
			小计	其中:中密度纤维板	
2716	**—**	**—**	**—**	**—**	**—**
—	**—**	**—**	**—**	**—**	**—**
—	—	—	—	—	—
—	—	—	—	—	—
—	—	—	—	—	—
—	—	—	—	—	—
—	—	—	—	—	—
—	—	—	—	—	—
—	—	—	—	—	—
—	—	—	—	—	—
—	—	—	—	—	—
—	—	—	—	—	—
—	—	—	—	—	—
—	—	—	—	—	—
—	—	—	—	—	—
—	—	—	—	—	—
—	—	—	—	—	—
—	—	—	—	—	—
—	—	—	—	—	—
—	—	—	—	—	—
—	—	—	—	—	—
—	**—**	**—**	**—**	**—**	**—**
—	—	—	—	—	—
—	—	—	—	—	—
—	—	—	—	—	—
—	—	—	—	—	—
—	—	—	—	—	—
—	—	—	—	—	—
—	—	—	—	—	—
—	—	—	—	—	—
—	**—**	**—**	**—**	**—**	**—**
—		—	—	—	—
—	—	—	—	—	—
—	—	—	—	—	—
—	—	—	—	—	—
—	—	—	—	—	—
—	—	—	—	—	—
—	—	—	—	—	—
—	—	—	—	—	—
—	—	—	—	—	—
—	—	—	—	—	—
1616	**—**	**—**	**—**	**—**	**—**
780	—	—	—	—	—
351	—	—	—	—	—
—	—	—	—	—	—
—	—	—	—	—	—
—	—	—	—	—	—

东北、内蒙古重点国有林区87个森工

单位名称	锯材			
	总计	普通锯材	特种锯材	总计
海林	—	—	—	—
林口	1167	1167	—	4062
八面通	—	—	—	1999
桦南	—	—	—	—
双鸭山	2260	2260	—	—
鹤立	314	314	—	396
鹤北	1738	1738	—	—
东方红	1030	1030	—	—
迎春	—	—	—	—
清河	400	400	—	—
山河屯	3500	3500	—	—
苇河	8700	8700	—	89
亚布力	1136	1136	—	—
方正	1700	1700	—	—
兴隆	—	—	—	—
绥棱	—	—	—	19086
通北	—	—	—	—
沾河	2000	2000	—	1212
大兴安岭林业集团	**—**	**—**	**—**	**—**
松岭	—	—	—	—
新林	—	—	—	—
塔河	—	—	—	—
呼中	—	—	—	—
阿木尔	—	—	—	—
图强	—	—	—	—
西林吉	—	—	—	—
十八站	—	—	—	—
韩家园	—	—	—	—
加格达奇	—	—	—	—
伊春森工集团	**—**	**—**	**—**	**1234**
双丰	—	—	—	—
铁力	—	—	—	1100
桃山	—	—	—	—
朗乡	—	—	—	—
南岔	—	—	—	—
金山屯	—	—	—	—
美溪	—	—	—	—
乌马河	—	—	—	—
翠峦	—	—	—	—
友好	—	—	—	—
上甘岭	—	—	—	134
五营	—	—	—	—
红星	—	—	—	—
新青	—	—	—	—
汤旺河	—	—	—	—
乌伊岭	—	—	—	—
带岭	—	—	—	—

企业主要木竹加工产品产量(二)

单位：立方米

人造板					
胶合板		纤维板			
			木质纤维板		
合计	其中：竹胶合板	合计	小计	其中：中密度纤维板	非木质纤维板
—	—	—	—	—	—
—	—	—	—	—	—
—	—	—	—	—	—
—	—	—	—	—	—
—	—	—	—	—	—
396	—	—	—	—	—
—	—	—	—	—	—
—	—	—	—	—	—
—	—	—	—	—	—
—	—	—	—	—	—
—	—	—	—	—	—
89	—	—	—	—	—
—	—	—	—	—	—
—	—	—	—	—	—
—	—	—	—	—	—
—	—	—	—	—	—
—	—	—	—	—	—
—	—	—	—	—	—
—	**—**	**—**	**—**	**—**	**—**
—	—	—	—	—	—
—	—	—	—	—	—
—	—	—	—	—	—
—	—	—	—	—	—
—	—	—	—	—	—
—	—	—	—	—	—
—	—	—	—	—	—
—	—	—	—	—	—
—	—	—	—	—	—
—	—	—	—	—	—
1100	**—**	**—**	**—**	**—**	**—**
—	—	—	—	—	—
1100	—	—	—	—	—
—	—	—	—	—	—
—	—	—	—	—	—
—	—	—	—	—	—
—	—	—	—	—	—
—	—	—	—	—	—
—	—	—	—	—	—
—	—	—	—	—	—
—	—	—	—	—	—
—	—	—	—	—	—
—	—	—	—	—	—
—	—	—	—	—	—
—	—	—	—	—	—
—	—	—	—	—	—
—	—	—	—	—	—
—	—	—	—	—	—

东北、内蒙古重点国有林区87个森工

单位名称	人造板			
	刨花板	其他人造板		总计
		合计	其中:细木工板	
全国合计	**5600**	**30038**	**22765**	**382544**
内蒙古森工集团	**—**	**—**	**—**	**—**
阿尔山	—	—	—	—
绰尔	—	—	—	—
绰源	—	—	—	—
乌尔旗汉	—	—	—	—
库都尔	—	—	—	—
图里河	—	—	—	—
伊图里河	—	—	—	—
克一河	—	—	—	—
甘河	—	—	—	—
吉文	—	—	—	—
阿里河	—	—	—	—
根河	—	—	—	—
金河	—	—	—	—
阿龙山	—	—	—	—
满归	—	—	—	—
得耳布尔	—	—	—	—
莫尔道嘎	—	—	—	—
大杨树	—	—	—	—
毕拉河	—	—	—	—
吉林森工集团	**—**	**—**	**—**	**—**
临江	—	—	—	—
三岔子	—	—	—	—
湾沟	—	—	—	—
松江河	—	—	—	—
泉阳	—	—	—	—
露水河	—	—	—	—
白石山	—	—	—	—
红石	—	—	—	—
长白山森工集团	**—**	**—**	**—**	**—**
黄泥河	—	—	—	—
敦化	—	—	—	—
大石头	—	—	—	—
八家子	—	—	—	—
和龙	—	—	—	—
汪清	—	—	—	—
大兴沟	—	—	—	—
天桥岭	—	—	—	—
白河	—	—	—	—
珲春	—	—	—	—
龙江森工集团	**5600**	**29904**	**22631**	**382544**
大海林	—	—	—	—
柴河	—	3545	3545	—
东京城	—	—	—	—
穆棱	5600	—	—	61400
绥阳	—	—	—	311094

企业主要木竹加工产品产量(三)

单位:立方米

木竹地板(平方米)				
实木地板	实木复合木地板	浸渍纸层压木质地板(强化木地板)	竹地板(含竹木复合地板)	其他木地板(含软木地板、集成材地板等)
372494	—	—	—	**10050**
—	—	—	—	—
—	—	—	—	—
—	—	—	—	—
—	—	—	—	—
—	—	—	—	—
—	—	—	—	—
—	—	—	—	—
—	—	—	—	—
—	—	—	—	—
—	—	—	—	—
—	—	—	—	—
—	—	—	—	—
—	—	—	—	—
—	—	—	—	—
—	—	—	—	—
—	—	—	—	—
—	—	—	—	—
—	—	—	—	—
—	—	—	—	—
—	—	—	—	—
—	—	—	—	—
—	—	—	—	—
—	—	—	—	—
—	—	—	—	—
—	—	—	—	—
—	—	—	—	—
—	—	—	—	—
—	—	—	—	—
—	—	—	—	—
—	—	—	—	—
—	—	—	—	—
—	—	—	—	—
—	—	—	—	—
—	—	—	—	—
—	—	—	—	—
—	—	—	—	—
—	—	—	—	—
—	—	—	—	—
—	—	—	—	—
—	—	—	—	—
372494	—	—	—	**10050**
—	—	—	—	—
—	—	—	—	—
—	—	—	—	—
61400	—	—	—	—
311094	—	—	—	—

东北、内蒙古重点国有林区87个森工

单位名称	人造板			
	刨花板	其他人造板		总计
		合计	其中:细木工板	
海林	—	—	—	—
林口	—	4062	—	10050
八面通	—	1999	—	—
桦南	—	—	—	—
双鸭山	—	—	—	—
鹤立	—	—	—	—
鹤北	—	—	—	—
东方红	—	—	—	—
迎春	—	—	—	—
清河	—	—	—	—
山河屯	—	—	—	—
苇河	—	—	—	—
亚布力	—	—	—	—
方正	—	—	—	—
兴隆	—	—	—	—
绥棱	—	19086	19086	—
通北	—	—	—	—
沾河	—	1212	—	—
大兴安岭林业集团	**—**	**—**	**—**	**—**
松岭	—	—	—	—
新林	—	—	—	—
塔河	—	—	—	—
呼中	—	—	—	—
阿木尔	—	—	—	—
图强	—	—	—	—
西林吉	—	—	—	—
十八站	—	—	—	—
韩家园	—	—	—	—
加格达奇	—	—	—	—
伊春森工集团	**—**	**134**	**134**	**—**
双丰	—	—	—	—
铁力	—	—	—	—
桃山	—	—	—	—
朗乡	—	—	—	—
南岔	—	—	—	—
金山屯	—	—	—	—
美溪	—	—	—	—
乌马河	—	—	—	—
翠峦	—	—	—	—
友好	—	—	—	—
上甘岭	—	134	134	—
五营	—	—	—	—
红星	—	—	—	—
新青	—	—	—	—
汤旺河	—	—	—	—
乌伊岭	—	—	—	—
带岭	—	—	—	—

企业主要木竹加工产品产量（四）

单位：立方米

木竹地板（平方米）				
实木地板	实木复合木地板	浸渍纸层压木质地板（强化木地板）	竹地板（含竹木复合地板）	其他木地板（含软木地板、集成材地板等）
—	—	—	—	—
—	—	—	—	10050
—	—	—	—	—
—	—	—	—	—
—	—	—	—	—
—	—	—	—	—
—	—	—	—	—
—	—	—	—	—
—	—	—	—	—
—	—	—	—	—
—	—	—	—	—
—	—	—	—	—
—	—	—	—	—
—	—	—	—	—
—	—	—	—	—
—	—	—	—	—
—	—	—	—	—
—	—	—	—	—
—	—	—	—	—
—	—	—	—	—
—	—	—	—	—
—	—	—	—	—
—	—	—	—	—
—	—	—	—	—
—	—	—	—	—
—	—	—	—	—
—	—	—	—	—
—	—	—	—	—
—	—	—	—	—
—	—	—	—	—
—	—	—	—	—
—	—	—	—	—
—	—	—	—	—
—	—	—	—	—
—	—	—	—	—
—	—	—	—	—
—	—	—	—	—
—	—	—	—	—
—	—	—	—	—
—	—	—	—	—
—	—	—	—	—
—	—	—	—	—
—	—	—	—	—
—	—	—	—	—
—	—	—	—	—
—	—	—	—	—
—	—	—	—	—

东北、内蒙古重点国有林区87个森工

单位名称			干果		
	合计	水果	小计	板栗	枣（干重）
全国合计	**127614**	**2767**	**13807**	**—**	**—**
内蒙古森工集团	**352**	**80**	**6**	**—**	**—**
阿尔山	8	—	—	—	—
绰尔	1	—	—	—	—
绰源	27	—	—	—	—
乌尔旗汉	—	—	—	—	—
库都尔	5	—	—	—	—
图里河	—	—	—	—	—
伊图里河	18	—	—	—	—
克一河	26	—	—	—	—
甘河	—	—	—	—	—
吉文	66	31	—	—	—
阿里河	16	10	—	—	—
根河	60	—	—	—	—
金河	—	—	—	—	—
阿龙山	5	—	—	—	—
满归	30	—	—	—	—
得耳布尔	—	—	—	—	—
莫尔道嘎	20	—	—	—	—
大杨树	39	39	—	—	—
毕拉河	31	—	6	—	—
吉林森工集团	**9698**	**140**	**2773**	**—**	**—**
临江	376	—	111	—	—
三岔子	200	45	45	—	—
湾沟	231	—	140	—	—
松江河	415	95	—	—	—
泉阳	—	—	—	—	—
露水河	653	—	—	—	—
白石山	3256	—	346	—	—
红石	4567	—	2131	—	—
长白山森工集团	**13784**	**248**	**4552**	**—**	**—**
黄泥河	1545	—	297	—	—
敦化	1425	7	1106	—	—
大石头	3980	—	1763	—	—
八家子	1073	—	885	—	—
和龙	686	—	136	—	—
汪清	531	—	50	—	—
大兴沟	225	8	95	—	—
天桥岭	2075	—	62	—	—
白河	1790	—	—	—	—
珲春	454	233	158	—	—
龙江森工集团	**58658**	**2149**	**4750**	**—**	**—**
大海林	—	—	—	—	—
柴河	963	8	8	—	—
东京城	7885	1396	430	—	—
穆棱	2073	—	50	—	—
绥阳	10127	—	—	—	—

企业经济林产品生产情况(一)

单位:吨

各类经济林产品总量					
		林产饮料产品（干重）	林产调料产品（干重）	森林食品	
榛子	松子			小计	其中：竹笋干
2696	**10389**	**600**	**—**	**81174**	**—**
6	**—**	**—**	**—**	**240**	**—**
—	—	—	—	8	—
—	—	—	—	1	—
—	—	—	—	17	—
—	—	—	—	—	—
—	—	—	—	5	—
—	—	—	—	—	—
—	—	—	—	18	—
—	—	—	—	26	—
—	—	—	—	—	—
—	—	—	—	20	—
—	—	—	—	5	—
—	—	—	—	60	—
—	—	—	—	—	—
—	—	—	—	5	—
—	—	—	—	30	—
—	—	—	—	—	—
—	—	—	—	20	—
—	—	—	—	—	—
6	—	—	—	25	—
—	**2577**	**—**	**—**	**3588**	**—**
—	111	—	—	68	—
—	45	—	—	55	—
—	140	—	—	36	—
—	—	—	—	—	—
—	—	—	—	—	—
—	—	—	—	323	—
—	150	—	—	2880	—
—	2131	—	—	226	—
—	**4552**	**—**	**—**	**8254**	**—**
—	297	—	—	1204	—
—	1106	—	—	283	—
—	1763	—	—	2022	—
—	885	—	—	—	—
—	136	—	—	550	—
—	50	—	—	441	—
—	95	—	—	—	—
—	62	—	—	1961	—
—	—	—	—	1730	—
—	158	—	—	63	—
1504	**2720**	**600**	**—**	**34326**	**—**
—	—	—	—	—	—
2	—	—	—	911	—
430	—	—	—	6023	—
9	41	—	—	1750	—
—	—	—	—	9837	—

东北、内蒙古重点国有林区 87 个森工

单位名称	合计	水果	干果		
			小计	板栗	枣(干重)
海林	834	110	25	—	—
林口	2058	635	—	—	—
八面通	1072	—	460	—	—
桦南	2000	—	100	—	—
双鸭山	313	—	310	—	—
鹤立	—	—	—	—	—
鹤北	1401	—	600	—	—
东方红	2295	—	150	—	—
迎春	319	—	7	—	—
清河	10532	—	2500	—	—
山河屯	2	—	—	—	—
苇河	9200	—	3	—	—
亚布力	3186	—	—	—	—
方正	514	—	—	—	—
兴隆	2080	—	—	—	—
绥棱	264	—	18	—	—
通北	—	—	—	—	—
沾河	1540	—	89	—	—
大兴安岭林业集团	**12954**	**—**	**714**	**—**	**—**
松岭	811	—	226	—	—
新林	1649	—	8	—	—
塔河	1572	—	—	—	—
呼中	2070	—	—	—	—
阿木尔	1688	—	—	—	—
图强	792	—	20	—	—
西林吉	2758	—	—	—	—
十八站	406	—	—	—	—
韩家园	651	—	260	—	—
加格达奇	557	—	200	—	—
伊春森工集团	**32168**	**150**	**1012**	**—**	**—**
双丰	3410	—	250	—	—
铁力	5480	—	529	—	—
桃山	717	—	42	—	—
朗乡	—	—	—	—	—
南岔	—	—	—	—	—
金山屯	1900	—	—	—	—
美溪	—	—	—	—	—
乌马河	—	—	—	—	—
翠峦	—	—	—	—	—
友好	297	—	133	—	—
上甘岭	8514	150	—	—	—
五营	—	—	—	—	—
红星	—	—	—	—	—
新青	680	—	30	—	—
汤旺河	—	—	—	—	—
乌伊岭	11170	—	28	—	—
带岭	—	—	—	—	—

企业经济林产品生产情况(二)

单位：吨

各类经济林产品总量					
		林产饮料产品（干重）	林产调料产品（干重）	森林食品	
榛子	松子			小计	其中：竹笋干
25	—	—	—	140	—
—	—	—	—	1354	—
—	460	—	—	552	—
—	100	—	—	38	—
—	310	—	—	—	—
—	—	—	—	—	—
—	600	—	—	240	—
30	100	—	—	810	—
5	2	—	—	222	—
1000	1000	—	—	4824	—
—	—	—	—	—	—
3	—	—	—	2015	—
—	—	—	—	3100	—
—	—	—	—	—	—
—	—	—	—	1910	—
—	18	—	—	139	—
—	—	—	—	—	—
—	89	600	—	461	—
686	**28**	**—**	**—**	**11393**	**—**
226	—	—	—	415	—
—	8	—	—	1631	—
—	—	—	—	1537	—
—	—	—	—	1998	—
—	—	—	—	1501	—
—	20	—	—	765	—
—	—	—	—	2733	—
—	—	—	—	231	—
260	—	—	—	290	—
200	—	—	—	292	—
500	**512**	**—**	**—**	**23373**	**—**
150	100	—	—	800	—
330	199	—		2078	—
5	37	—	—	419	—
—	—	—	—	—	—
—	—	—	—	—	—
—	—	—	—	—	—
—	—	—	—	—	—
—	—	—	—	—	—
—	—	—	—	—	—
2	131	—	—	96	—
—	—	—	—	8333	—
—	—	—	—	—	—
—	—	—	—	—	—
—	30	—	—	543	—
—	—	—	—	—	—
13	15	—	—	11104	—
—	—	—	—	—	—

东北、内蒙古重点国有林区 87 个森工

单位名称	森林药材			
	小计	其中：杜仲	小计	油茶籽
全国合计	**26483**	**—**	**2783**	**—**
内蒙古森工集团	**26**	**—**	**—**	**—**
阿尔山	—	—	—	—
绰尔	—	—	—	—
绰源	10	—	—	—
乌尔旗汉	—	—	—	—
库都尔	—	—	—	—
图里河	—	—	—	—
伊图里河	—	—	—	—
克一河	—	—	—	—
甘河	—	—	—	—
吉文	15	—	—	—
阿里河	1	—	—	—
根河	—	—	—	—
金河	—	—	—	—
阿龙山	—	—	—	—
满归	—	—	—	—
得耳布尔	—	—	—	—
莫尔道嘎	—	—	—	—
大杨树	—	—	—	—
毕拉河	—	—	—	—
吉林森工集团	**1157**	**—**	**2040**	**—**
临江	197	—	—	—
三岔子	55	—	—	—
湾沟	55	—	—	—
松江河	320	—	—	—
泉阳	—	—	—	—
露水河	330	—	—	—
白石山	30	—	—	—
红石	170	—	2040	—
长白山森工集团	**584**	**—**	**146**	**—**
黄泥河	44	—	—	—
敦化	29	—	—	—
大石头	195	—	—	—
八家子	42	—	146	—
和龙	—	—	—	—
汪清	40	—	—	—
大兴沟	122	—	—	—
天桥岭	52	—	—	—
白河	60	—	—	—
珲春	—	—	—	—
龙江森工集团	**16617**	**—**	**216**	**—**
大海林	—	—	—	—
柴河	28	—	8	—
东京城	36	—	—	—
穆棱	273	—	—	—
绥阳	290	—	—	—

企业经济林产品生产情况(三)

单位:吨

各类经济林产品总量					
木本油料				林产工业原料	
核桃	油橄榄	油用牡丹籽	其他木本油料	小计	其中:紫胶(原胶)
2783	—	—	—	—	—
—	—	—	—	—	—
—	—	—	—	—	—
—	—	—	—	—	—
—	—	—	—	—	—
—	—	—	—	—	—
—	—	—	—	—	—
—	—	—	—	—	—
—	—	—	—	—	—
—	—	—	—	—	—
—	—	—	—	—	—
—	—	—	—	—	—
—	—	—	—	—	—
—	—	—	—	—	—
—	—	—	—		—
—	—	—	—	—	—
—	—	—	—	—	—
—	—	—	—	—	—
—	—	—	—	—	—
—	—	—	—	—	—
—	—	—	—	—	—
2040	—	—	—	—	—
—	—	—	—	—	—
—	—	—	—	—	—
—	—	—	—	—	—
—	—	—	—	—	—
—	—	—	—	—	—
—	—	—	—	—	—
—	—	—	—	—	—
2040	—	—	—	—	—
146	—	—	—	—	—
—	—	—	—	—	—
—	—	—	—	—	—
—	—	—	—	—	—
146	—	—	—	—	—
—	—	—	—	—	—
—	—	—	—	—	—
—	—	—	—	—	—
—	—	—	—	—	—
—	—	—	—	—	—
—	—	—	—	—	—
216	—	—	—	—	—
—	—	—	—	—	—
8	—	—	—	—	—
—	—	—	—	—	—
—	—	—	—	—	—
—	—	—	—	—	—

东北、内蒙古重点国有林区 87 个森工

单位名称				
	森林药材			
	小计	其中：杜仲	小计	油茶籽
海林	559	—	—	—
林口	69	—	—	—
八面通	60	—	—	—
桦南	1862	—	—	—
双鸭山	3	—	—	—
鹤立	—	—	—	—
鹤北	561	—	—	—
东方红	1335	—	—	—
迎春	90	—	—	—
清河	3208	—	—	—
山河屯	2	—	—	—
苇河	7182	—	—	—
亚布力	86	—	—	—
方正	306	—	208	—
兴隆	170	—	—	—
绥棱	107	—	—	—
通北	—	—	—	—
沾河	390	—	—	—
大兴安岭林业集团	**847**	**—**	**—**	**—**
松岭	170	—	—	—
新林	10	—	—	—
塔河	35	—	—	—
呼中	72	—	—	—
阿木尔	187	—	—	—
图强	7	—	—	—
西林吉	25	—	—	—
十八站	175	—	—	—
韩家园	101	—	—	—
加格达奇	65	—	—	—
伊春森工集团	**7252**	**—**	**381**	**—**
双丰	2210	—	150	—
铁力	2709	—	164	—
桃山	189	—	67	—
朗乡	—	—	—	—
南岔	—	—	—	—
金山屯	1900	—	—	—
美溪	—	—	—	—
乌马河	—	—	—	—
翠峦	—	—	—	—
友好	68	—	—	—
上甘岭	31	—	—	—
五营	—	—	—	—
红星	—	—	—	—
新青	107	—	—	—
汤旺河	—	—	—	—
乌伊岭	38	—	—	—
带岭	—	—	—	—

企业经济林产品生产情况(四)

单位：吨

各类经济林产品总量					
木本油料				林产工业原料	
核桃	油橄榄	油用牡丹籽	其他木本油料	小计	其中：紫胶（原胶）
—	—	—	—	—	—
—	—	—	—	—	—
—	—	—	—	—	—
—	—	—	—	—	—
—	—	—	—	—	—
—	—	—	—	—	—
—	—	—	—	—	—
—	—	—	—	—	—
—	—	—	—	—	—
—	—	—	—	—	—
—	—	—	—	—	—
—	—	—	—	—	—
—	—	—	—	—	—
208	—	—	—	—	—
—	—	—	—	—	—
—	—	—	—	—	—
—	—	—	—	—	—
—	—	—	—	—	—
—	**—**	**—**	**—**	**—**	**—**
—	—	—	—	—	—
—	—	—	—	—	—
—	—	—	—	—	—
—	—	—	—	—	—
—	—	—	—	—	—
—	—	—	—	—	—
—	—	—	—	—	—
—	—	—	—	—	—
—	—	—	—	—	—
—	—	—	—	—	—
381	**—**	**—**	**—**	**—**	**—**
150	—	—	—	—	—
164	—	—	—	—	—
67	—	—	—	—	—
—	—	—	—	—	—
—	—	—	—	—	—
—	—	—	—	—	—
—	—	—	—	—	—
—	—	—	—	—	—
—	—	—	—	—	—
—	—	—	—	—	—
—	—	—	—	—	—
—	—	—	—	—	—
—	—	—	—	—	—
—	—	—	—	—	—
—	—	—	—	—	—
—	—	—	—	—	—
—	—	—	—	—	—

东北、内蒙古重点国有林区87个

单位名称	单位数	总计	合计	小 计
全国合计	**92**	**355760**	**285306**	**281963**
内蒙古森工集团	**19**	**43895**	**43895**	**43895**
阿尔山	1	2537	2537	2537
绰尔	1	2827	2827	2827
绰源	1	1494	1494	1494
乌尔旗汉	1	2463	2463	2463
库都尔	1	3001	3001	3001
图里河	1	2126	2126	2126
伊图里河	1	1694	1694	1694
克一河	1	2348	2348	2348
甘河	1	3206	3206	3206
吉文	1	2293	2293	2293
阿里河	1	2515	2515	2515
根河	1	3937	3937	3937
金河	1	2440	2440	2440
阿龙山	1	2125	2125	2125
满归	1	1775	1775	1775
得耳布尔	1	2230	2230	2230
莫尔道嘎	1	3093	3093	3093
大杨树	1	920	920	920
毕拉河	1	871	871	871
吉林森工集团	**8**	**24686**	**15805**	**15805**
临江	1	2460	1547	1547
三岔子	1	4083	2138	2138
湾沟	1	1809	1166	1166
松江河	1	3471	2871	2871
泉阳	1	2412	1478	1478
露水河	1	4096	1812	1812
白石山	1	2678	1847	1847
红石	1	3677	2946	2946
长白山森工集团	**10**	**31388**	**20668**	**20668**
黄泥河	1	3334	1878	1878
敦化	1	6289	3234	3234
大石头	1	3040	2378	2378
八家子	1	2279	1681	1681
和龙	1	2480	2205	2205
汪清	1	3525	2193	2193
大兴沟	1	2282	1387	1387
天桥岭	1	3343	1935	1935
白河	1	2922	2163	2163
珲春	1	1894	1614	1614
龙江森工集团	**28**	**96414**	**83113**	**83113**
大海林	1	3792	3465	3465
柴河	2	4094	3969	3969
东京城	2	5381	5044	5044
穆棱	1	3935	2774	2774
绥阳	1	3912	3912	3912

森工企业从业人员和劳动报酬情况(一)

年末人数(人)					
单位从业人员					
在岗职工					
其中:女性	其中:专业技术人员				按学历结构分
	计	其中			高中及高中以下学历
		中级技术职称	副高级技术职称	正高级技术职称	
76322	**62128**	**27656**	**10811**	**1921**	**148698**
6394	**8131**	**6855**	**1232**	**44**	**27702**
350	451	407	42	2	1882
347	337	291	44	2	2145
187	289	223	61	5	967
431	550	434	114	2	1072
396	418	356	59	3	1995
198	325	276	46	3	1510
358	406	370	35	1	897
332	434	388	46	—	1368
397	547	485	58	4	2476
323	456	409	45	2	1625
354	326	228	93	5	1600
620	867	766	98	3	2361
313	374	300	72	2	1533
324	397	347	49	1	1350
267	334	275	55	4	1113
383	403	345	57	1	1379
466	724	536	186	2	1824
172	312	265	45	2	319
176	181	154	27	—	286
3502	**3713**	**1518**	**1349**	**341**	**8022**
302	488	116	159	7	945
312	271	77	54	4	1213
407	384	136	82	3	613
793	636	394	241	1	1038
178	325	325	—	—	1146
489	1030	143	565	322	502
306	167	97	69	1	1101
715	412	230	179	3	1464
5658	**3107**	**1638**	**922**	**253**	**10409**
562	521	257	89	5	383
1118	329	209	115	5	1954
487	456	226	108	1	728
446	155	100	54	1	898
639	191	84	106	1	1672
479	205	123	9	73	785
343	447	149	149	149	347
497	228	151	77	—	1431
480	305	154	134	14	1369
607	270	185	81	4	842
20692	**19423**	**7053**	**3611**	**919**	**41154**
657	821	285	82	1	1512
1043	1099	252	6	339	1727
1155	827	186	91	6	1948
644	735	279	543	2	1816
709	1867	707	116	226	2748

东北、内蒙古重点国有林区 87 个

单位名称	单位数	总计	合计	小 计
海林	1	2839	2839	2839
林口	1	4392	4036	4036
八面通	1	3831	3831	3831
桦南	2	6741	3283	3283
双鸭山	2	3090	2892	2892
鹤立	1	3258	3207	3207
鹤北	1	5256	4150	4150
东方红	2	4452	3169	3169
迎春	1	2401	2401	2401
清河	1	2088	1947	1947
山河屯	1	3521	2983	2983
苇河	1	5703	5306	5306
亚布力	1	4374	2519	2519
方正	1	4219	3014	3014
兴隆	1	4438	4240	4240
绥棱	1	4802	4733	4733
通北	1	4310	3814	3814
沾河	1	5585	5585	5585
大兴安岭林业集团	**10**	**45580**	**45289**	**45289**
松岭	1	4375	4375	4375
新林	1	5175	5175	5175
塔河	1	7993	7993	7993
呼中	1	5388	5388	5388
阿木尔	1	3351	3317	3317
图强	1	3899	3899	3899
西林吉	1	6709	6709	6709
十八站	1	2972	2972	2972
韩家园	1	2640	2383	2383
加格达奇	1	3078	3078	3078
伊春森工集团	**17**	**113797**	**76536**	**73193**
双丰	1	7211	5812	5812
铁力	1	9078	4856	4856
桃山	1	6956	4211	4211
朗乡	1	7032	5661	5661
南岔	1	6049	2760	2760
金山屯	1	6309	3359	2219
美溪	1	7986	4849	4849
乌马河	1	5290	3884	3884
翠峦	1	7834	4541	3247
友好	1	8428	5571	5571
上甘岭	1	5243	3827	3827
五营	1	6186	5671	5671
红星	1	6166	5291	4548
新青	1	8052	4038	3872
汤旺河	1	5814	4068	4068
乌伊岭	1	6051	4052	4052
带岭	1	4112	4085	4085

森工企业从业人员和劳动报酬情况(二)

年末人数(人)					
单位从业人员					
在岗职工					
其中:女性	其中:专业技术人员				按学历结构分
	计	其中			高中及高中以下学历
		中级技术职称	副高级技术职称	正高级技术职称	
598	376	207	140	29	1918
1318	122	70	39	13	1650
1188	310	178	132	—	3215
741	492	95	30	2	2083
738	747	179	112	56	1589
1205	1118	360	248	9	2046
972	920	306	163	17	2501
574	726	237	100	5	2101
484	548	128	66	4	1474
556	740	174	77	14	1026
822	326	194	125	7	1862
1532	771	290	151	17	3647
591	1123	622	237	19	1269
621	1682	739	594	13	122
956	1461	565	306	37	2774
1166	1217	314	85	9	485
777	755	222	3	83	1573
1645	640	464	165	11	68
14329	**12881**	**5145**	**2502**	**156**	**24030**
1205	583	415	136	32	2517
1782	2051	470	156	21	3389
2183	4056	1853	1597	6	3525
1901	1367	1162	173	32	2891
765	391	182	56	1	2268
1313	804	253	73	8	2504
2873	1949	334	176	44	2132
797	533	146	29	—	2089
694	860	216	93	12	1192
816	287	114	13	—	1523
25747	**14873**	**5447**	**1195**	**208**	**37381**
2408	669	253	80	2	2166
1196	1218	542	162	24	585
1916	907	734	165	8	2424
1370	5193	797	80	8	2661
891	13	8	4	1	2760
710	72	65	4	3	1356
1924	—	—	—	—	3944
1632	470	295	175	—	325
2222	427	415	4	8	1513
2901	1060	505	98	58	2861
1331	328	264	38	26	1333
1960	306	52	1	25	4973
1441	344	268	74	2	2038
1175	1400	526	56	25	1884
866	1230	477	168	—	2688
953	1111	135	73	17	1409
851	125	111	13	1	2461

东北、内蒙古重点国有林区 87 个

单位名称	年末人数(人)			
	单位从业人员			
	在岗职工			其他从业人员
	按学历结构分			
	中专及大专学历	大学本科学历	研究生学历	
全国合计	**99109**	**32535**	**1621**	**3343**
内蒙古森工集团	**12595**	**3520**	**78**	**—**
阿尔山	494	156	5	—
绰尔	550	129	3	—
绰源	358	166	3	—
乌尔旗汉	880	505	6	—
库都尔	804	194	8	—
图里河	441	169	6	—
伊图里河	657	139	1	—
克一河	778	198	4	—
甘河	603	124	3	—
吉文	528	137	3	—
阿里河	753	157	5	—
根河	1283	282	11	—
金河	771	131	5	—
阿龙山	564	210	1	—
满归	549	110	3	—
得耳布尔	691	160	—	—
莫尔道嘎	989	276	4	—
大杨树	444	152	5	—
毕拉河	458	125	2	—
吉林森工集团	**5480**	**2242**	**61**	**—**
临江	288	302	12	—
三岔子	641	275	9	—
湾沟	265	278	10	—
松江河	1450	380	3	—
泉阳	193	131	8	—
露水河	943	357	10	—
白石山	604	136	6	—
红石	1096	383	3	—
长白山森工集团	**5964**	**3805**	**490**	**—**
黄泥河	781	698	16	—
敦化	416	825	39	—
大石头	1120	523	7	—
八家子	590	180	13	—
和龙	328	187	18	—
汪清	1035	362	11	—
大兴沟	347	347	346	—
天桥岭	324	176	4	—
白河	494	279	21	—
珲春	529	228	15	—
龙江森工集团	**33811**	**7526**	**622**	**—**
大海林	1681	268	4	—
柴河	1997	244	1	—
东京城	2785	308	3	—
穆棱	755	202	1	—
绥阳	877	282	5	—

森工企业从业人员和劳动报酬情况(三)

离开本单位仍保留劳动关系人员	在岗职工年平均人数（人）	在岗职工年工资总额（元）	在岗职工年平均工资（元）	年末实有离退休人员（人）
70454	**247050**	**10546079667**	**42688**	**497462**
—	**37474**	**2215334000**	**59117**	**78656**
—	1994	116919000	58635	4326
—	2047	114370000	55872	3159
—	1127	70111000	62210	2282
—	2158	124890000	57873	5107
—	2488	145729000	58573	6202
—	1406	86903000	61809	4464
—	1618	96441000	59605	3502
—	1866	106209000	56918	3854
—	2749	155479000	56558	6090
—	1815	98880000	54479	3692
—	2366	133576000	56456	5861
—	3554	214740000	60422	7761
—	2287	136119000	59519	4951
—	1987	118419000	59597	3471
—	1702	101569000	59676	4519
—	1878	111688000	59472	2910
—	2646	163060000	61625	3743
—	911	63715000	69940	2120
—	875	56517000	64591	642
8881	**16104**	**703765407**	**43701**	**35614**
913	1654	76393298	46187	6969
1945	2287	99702074	43595	7396
643	1218	63002568	51726	1654
600	2871	116719107	40655	6274
934	1478	85808310	58057	3208
2284	1841	76715916	41671	3897
831	1872	78496547	41932	3053
731	2883	106927587	37089	3163
10720	**21737**	**1097425960**	**50487**	**37819**
1456	1941	97257046	50107	3900
3055	3774	171178938	45357	6880
662	2482	131402966	52942	5420
598	1717	102818608	59883	2190
275	2428	102772430	42328	3111
1332	2338	120640800	51600	4769
895	1413	75601876	53505	2051
1408	1898	84729429	44641	3279
759	2135	133396300	62481	4896
280	1611	77627567	48186	1323
13301	**68026**	**2608342488**	**38343**	**161093**
327	3091	131868728	42662	10447
125	2807	128603937	45815	14243
337	3284	149420907	45500	11653
1161	1929	83890124	43489	10505
—	3022	139453889	46146	10184

东北、内蒙古重点国有林区 87 个

单位名称	年末人数(人)			
	单位从业人员			
	在岗职工			其他从业人员
	按学历结构分			
	中专及大专学历	大学本科学历	研究生学历	
海林	735	186	—	—
林口	1811	567	8	—
八面通	417	194	5	—
桦南	970	226	4	—
双鸭山	1032	269	2	—
鹤立	958	203	—	—
鹤北	1227	400	22	—
东方红	878	187	3	—
迎春	734	193	—	—
清河	695	216	10	—
山河屯	923	192	6	—
苇河	1219	433	7	—
亚布力	589	659	2	—
方正	2377	507	8	—
兴隆	1126	324	16	—
绥棱	3997	233	18	—
通北	1046	698	497	—
沾河	4982	535	—	—
大兴安岭林业集团	**13089**	**8021**	**149**	**—**
松岭	964	880	14	—
新林	827	958	1	—
塔河	2205	2208	55	—
呼中	1332	1142	23	—
阿木尔	571	470	8	—
图强	1010	376	9	—
西林吉	3693	879	5	—
十八站	591	285	7	—
韩家园	722	450	19	—
加格达奇	1174	373	8	—
伊春森工集团	**28170**	**7421**	**221**	**3343**
双丰	2561	1067	18	—
铁力	3280	867	124	—
桃山	1540	243	4	—
朗乡	2431	561	8	—
南岔	—	—	—	—
金山屯	717	143	3	1140
美溪	810	95	—	—
乌马河	2935	620	4	—
翠峦	1140	586	8	1294
友好	1774	905	31	—
上甘岭	1815	667	12	—
五营	427	270	1	—
红星	2297	212	1	743
新青	1415	569	4	166
汤旺河	1060	318	2	—
乌伊岭	2400	242	1	—
带岭	1568	56	—	—

森工企业从业人员和劳动报酬情况(四)

离开本单位仍保留劳动关系人员	在岗职工年平均人数（人）	在岗职工年工资总额（元）	在岗职工年平均工资（元）	年末实有离退休人员（人）
—	1622	72563242	44737	6838
356	4036	120437601	29841	5814
—	2606	93929992	36044	3887
3458	3484	129159249	37072	5168
198	2596	96937389	37341	4641
51	3475	104157565	29973	3996
1106	4131	151473397	36667	4838
1283	2811	125414591	44616	8980
—	2315	95909064	41429	2547
141	1324	59540682	44970	4441
538	2313	116836528	50513	4848
397	4787	107862023	22532	16586
1855	2552	125574766	49206	5004
1205	2983	106943700	35851	4732
198	2392	110036309	46002	6223
69	3841	100173912	26080	6373
496	3086	101102084	32762	5339
—	3539	157052809	44378	3806
291	**43332**	**1937110000**	**44704**	**68843**
—	4503	202590000	44990	9403
—	5218	267460000	51257	17649
—	6466	262270000	40561	6872
—	4827	255640000	52960	7294
34	3353	157960000	47110	3466
—	3857	174840000	45331	6165
—	6709	243900000	36354	8220
—	2962	129640000	43768	4514
257	2421	112830000	46605	1494
—	3016	129980000	43097	3766
37261	**60377**	**1984101812**	**32862**	**115437**
1399	5629	108022893	19190	7867
4222	4068	134994903	33185	12730
2745	4211	133992901	31820	16616
1371	5661	169125495	29876	16380
3289	3012	102310836	33968	108
2950	2219	75230127	33903	212
3137	4849	168803388	34812	986
1406	3884	108505107	27936	9514
3293	3247	107408407	33079	151
2857	3278	127291296	38832	225
1416	2115	80173943	37907	9186
515	3178	94637563	29779	3978
875	—	114941684	—	9627
4014	4573	115118204	25173	8917
1746	3905	141552575	36249	6048
1999	2463	100235140	40696	8986
27	4085	101757350	24910	3906

东北、内蒙古重点国有林区87个森工

单位名称	自年初累计				
	总计	其中：国家投资	生态修复治理		
			合计	其	
				造林与森林抚育	草原保护修复
全国合计	**1943741**	**1887794**	**1114577**	**603404**	**771**
内蒙古森工集团	**462704**	**440062**	**83521**	**81323**	**771**
阿尔山	24181	22715	2945	2834	—
绰尔	26461	25590	4638	4634	—
绰源	14890	14094	3349	3226	100
乌尔旗汉	24310	23634	5162	5112	—
库都尔	28950	27066	5356	5156	150
图里河	20229	19467	4983	4833	—
伊图里河	17554	16197	4122	4122	—
克一河	25130	23895	4736	4644	—
甘河	28413	27328	4904	4787	110
吉文	21773	20430	5128	5078	—
阿里河	26545	24461	5112	5012	—
根河	43352	42202	6446	6231	—
金河	25102	24117	4626	4418	158
阿龙山	23003	21405	5458	5225	6
满归	25134	23519	3988	3934	—
得耳布尔	24068	22948	3211	3117	—
莫尔道嘎	33051	32092	4927	4877	—
大杨树	16219	15492	2777	2480	247
毕拉河	14339	13410	1653	1603	—
吉林森工集团	**192034**	**189989**	**175749**	**161824**	**—**
临江	20021	19961	19043	19043	—
三岔子	29701	29312	27714	27538	—
湾沟	15335	15005	13719	—	—
松江河	25928	25577	25771	25771	—
泉阳	16680	16649	15387	15387	—
露水河	26770	26659	23421	23421	—
白石山	24470	24005	20375	20345	—
红石	33129	32821	30319	30319	—
长白山森工集团	**242877**	**228845**	**211409**	**94439**	**—**
黄泥河	22117	20433	19629	—	—
敦化	32069	31134	28602	3252	—
大石头	25130	23841	24166	3726	—
八家子	19625	18463	17440	17440	—
和龙	21357	19825	16434	3771	—
汪清	29241	29206	26870	4456	—
大兴沟	17501	14925	14208	13232	—
天桥岭	22814	21636	19612	19512	—
白河	33678	30671	28127	25793	—
珲春	19345	18711	16321	3257	—
龙江森工集团	**437443**	**429110**	**321267**	**172837**	**—**
大海林	20284	20284	20214	3334	—
柴河	21437	21373	20135	20135	—
东京城	27831	27480	3840	3840	—
穆棱	17664	17664	17379	17379	—
绥阳	4132	4116	3996	3996	—

企业林草投资完成情况(一)

单位：万元

完成投资								
中		林(草)产品加工制造	林业草原服务、保障和公共管理					
湿地保护与恢复	防沙治沙		合计	林业草原有害生物防治	林业草原防火	自然保护地监测管理	野生动植物保护
2347	**—**	**889**	**828275**	**1085**	**34894**	**700**	**3621**
—	**—**	**—**	**379183**	**101**	**3750**	**—**	**—**
—	—	—	21236	—	64	—	—
—	—	—	21823	—	27	—	—
—	—	—	11541	—	—	—	—
—	—	—	19148	—	10	—	—
—	—	—	23594	—	121	—	—
—	—	—	15246	—	34	—	—
—	—	—	13432	—	149	—	—
—	—	—	20394	—	6	—	—
—	—	—	23509	—	190	—	—
—	—	—	16645	—	11	—	—
—	—	—	21433	—	393	—	—
—	—	—	36906	—	26	—	—
—	—	—	20476	50	47	—	—
—	—	—	17545	17	282	—	—
—	—	—	21146	—	36	—	—
—	—	—	20857	34	1088	—	—
—	—	—	28124	—	7	—	—
—	—	—	13442	—	993	—	—
—	—	—	12686	—	266	—	—
—	**—**	**45**	**16240**	**306**	**8023**	**—**	**—**
—	—	—	978	40	793	—	—
—	—	—	1987	34	717	—	—
—	—	—	1616	5	405	—	—
—	—	—	157	61	96	—	—
—	—	—	1293	40	730	—	—
—	—	—	3349	46	2129	—	—
—	—	—	4095	40	1572	—	—
—	—	45	2765	40	1581	—	—
405	**—**	**—**	**31468**	**296**	**8093**	**98**	**3527**
—	—	—	2488	—		—	168
—	—	—	3467	91	1087	—	—
—	—	—	964	—	—	—	—
—	—	—	2185	5	225	—	—
305	—	—	4923	60	2484	98	40
—	—	—	2371	25	—	—	706
—	—	—	3293	5	—	—	172
100	—	—	3202	15	122	—	990
—	—	—	5551	75	3490	—	—
—	—	—	3024	20	685	—	1451
1475	**—**	**844**	**115332**	**159**	**7598**	**80**	**50**
—	—	—	70	—	—	—	—
—	—	—	1302	—	—	—	—
—	—	—	23991	—	—	—	—
—	—	—	285	—	180	—	—
—	—	—	136	16	—	—	—

东北、内蒙古重点国有林区87个森工

单位名称	自年初累计				
	总计	其中：国家投资	生态修复治理		
			合计	其	
				造林与森林抚育	草原保护修复
海林	17134	16999	16290	16290	—
林口	3132	3132	3092	3092	—
八面通	20713	19395	2135	2135	—
桦南	22788	22586	20915	969	—
双鸭山	16130	16130	16130	16130	—
鹤立	13650	13618	13103	13103	—
鹤北	25411	25408	24708	3924	—
东方红	25282	25212	22801	2758	—
迎春	17185	16661	1281	1281	—
清河	23266	20268	12370	12370	—
山河屯	19482	19288	17955	17955	—
苇河	21630	21219	18813	2451	—
亚布力	21558	21341	2559	—	—
方正	19416	19401	19296	240	—
兴隆	24194	23009	20900	3599	—
绥棱	18277	18277	18277	2778	—
通北	6773	6773	730	730	—
沾河	30074	29476	24348	24348	—
大兴安岭林业集团	**346962**	**338888**	**279378**	**50443**	**—**
松岭	32005	31959	28153	4470	—
新林	34205	32613	30403	6061	—
塔河	50817	48362	36362	4850	—
呼中	50741	49983	34403	6673	—
阿木尔	21819	21784	20012	4384	—
图强	25109	24884	24119	4309	—
西林吉	48291	47970	33355	4662	—
十八站	27822	25550	20954	4231	—
韩家园	28250	28012	24739	5320	—
加格达奇	27903	27771	26878	5483	—
伊春森工集团	**261721**	**260900**	**43253**	**42538**	**—**
双丰	12323	12318	1481	1481	—
铁力	16656	16651	3108	3108	—
桃山	15177	15172	1730	1730	—
朗乡	20135	20125	3134	3134	—
南岔	13611	13596	3260	3260	—
金山屯	9851	9846	2280	2280	—
美溪	19794	19784	2826	2826	—
乌马河	17997	17992	1925	1925	—
翠峦	13093	13093	2104	1856	—
友好	16145	16135	3308	3148	—
上甘岭	9868	9868	1843	1776	—
五营	14329	14279	1759	1619	—
红星	18797	18787	4155	4155	—
新青	14988	14978	3388	3388	—
汤旺河	21939	21278	2646	2646	—
乌伊岭	15280	15270	2824	2724	—
带岭	11738	11728	1482	1482	—

企业林草投资完成情况(二)

单位：万元

完成投资							
中		林(草)产品加工制造	林业草原服务、保障和公共管理				
湿地保护与恢复	防沙治沙		合计	林业草原有害生物防治	林业草原防火	自然保护地监测管理	野生动植物保护
—	—	844	—	—	—	—	—
—	—	—	40	—	—	—	—
—	—	—	18578	80	957	—	—
—	—	—	1873	—	—	—	—
—	—	—	—	—	—	—	—
—	—	—	547	—	—	—	—
—	—	—	703	—	—	—	10
1475	—	—	2481	50	—	—	—
—	—	—	15904	5	677	—	10
—	—	—	10896	—	813	—	10
—	—	—	1527	—	1447	80	—
—	—	—	2817	—	810	—	10
—	—	—	18999	8	1016	—	10
—	—	—	120	—	—	—	—
—	—	—	3294	—	1234	—	—
—	—	—	—	—	—	—	—
—	—	—	6043	—	—	—	—
—	—	—	5726	—	464	—	—
—	**—**	**—**	**67584**	**62**	**5502**	**—**	**—**
—	—	—	3852	—	—	—	—
—	—	—	3802	—	1442	—	—
—	—	—	14455	—	536	—	—
—	—	—	16338	—	724	—	—
—	—	—	1807	—	—	—	—
—	—	—	990	—	—	—	—
—	—	—	14936	—	784	—	—
—	—	—	6868	—	685	—	—
—	—	—	3511	—	500	—	—
—	—	—	1025	62	831	—	—
467	**—**	**—**	**218468**	**161**	**1928**	**522**	**44**
—	—	—	10842	—	—	—	—
—	—	—	13548	8		—	—
—	—	—	13447	8	—	—	—
—	—	—	17001	8	—	—	—
—	—	—	10351	8	—	—	—
—	—	—	7571	8	—	—	—
—	—	—	16968	—	—	—	—
—	—	—	16072	7	—	80	—
—	—	—	10989	8	—	—	—
160	—	—	12837	8	5	15	—
67	—	—	8025	8	—	—	—
140	—	—	12570	58	50	—	—
—	—	—	14642	8	—	—	—
—	—	—	11600	8	—	—	—
—	—	—	19293	8	—	—	—
100	—	—	12456	8	1873	427	44
—	—	—	10256	—	—	—	—

东北、内蒙古重点国有林区 87 个森工

单位名称	本年计划投资			按构	
		总 计	其中：国家投资	建筑工程	安装工程
全国合计	**725884**	**577896**	**528584**	**184394**	**7981**
内蒙古森工集团	**224277**	**76098**	**76098**	**52372**	**144**
阿尔山	7837	4054	4054	2904	—
绰尔	11473	5732	5732	4798	—
绰源	5529	2464	2464	1607	20
乌尔旗汉	8958	1795	1795	796	—
库都尔	14557	4097	4097	2438	—
图里河	12333	1799	1799	817	—
伊图里河	8337	3340	3340	1948	—
克一河	10826	8439	8439	7329	124
甘河	7116	2075	2075	888	—
吉文	15018	4263	4263	2966	—
阿里河	10000	2965	2965	1252	—
根河	10891	6642	6642	4831	—
金河	11112	2598	2598	1293	—
阿龙山	8695	3982	3982	2001	—
满归	21991	5884	5884	5090	—
得耳布尔	15814	6061	6061	3948	—
莫尔道嘎	21743	4335	4335	3501	—
大杨树	16294	4339	4339	3566	—
毕拉河	5753	1234	1234	399	—
吉林森工集团	**1810**	**6487**	**2411**	**4661**	**529**
临江	793	1090	1090	561	529
三岔子	—	1297	—	—	—
湾沟	1017	1375	1321	1375	—
松江河	—	—	—	—	—
泉阳	—	—	—	—	—
露水河	—	—	—	—	—
白石山	—	—	—	—	—
红石	—	2725	—	2725	—
长白山森工集团	**14152**	**14152**	**12859**	**8583**	**2235**
黄泥河	1086	1086	1086	—	—
敦化	2249	2249	2249	2249	—
大石头	327	327	—	—	—
八家子	1207	1207	720	1207	—
和龙	615	615	615	615	—
汪清	1627	1627	1627	1627	—
大兴沟	1255	1255	1255	—	1255
天桥岭	2283	2283	1804	866	—
白河	2019	2019	2019	2019	—
珲春	1484	1484	1484	—	980
龙江森工集团	**420066**	**397363**	**372237**	**57175**	**—**
大海林	20284	20284	20284	—	—
柴河	21628	21437	21373	21437	—
东京城	27831	27831	27480	120	—
穆棱	18192	17664	—	285	—
绥阳	—	2828	2828	1807	—

企业林草固定资产投资完成情况(一)

单位：万元

自年初累计完成投资								
成分		按性质分						
设备工具器具购置	其他	新建	扩建	改建和技术改造	单纯建造生活设施	迁建	恢复	单纯购置
17832	**367589**	**188633**	**289734**	**66503**	**1107**	**—**	**19468**	**12451**
7296	**16286**	**32925**	**12382**	**23034**	**1107**	**—**	**—**	**6650**
86	1064	2753	—	1215	—	—	—	86
119	815	4798	—	819	—	—	—	115
333	504	270	500	1361	—	—	—	333
144	855	—	1795	—	—	—	—	—
502	1157	1614	—	874	1107	—	—	502
88	894	—	843	817	—	—	—	139
389	1003	1820	835	296	—	—	—	389
—	986	6708	—	1679	—	—	—	52
299	888	1473	—	235	—	—	—	367
252	1045	3286	625	100	—	—	—	252
386	1327	1284	—	956	—	—	—	725
1671	140	—	5838	—	—	—	—	804
548	757	821	—	1229	—	—	—	548
541	1440	124	1329	2094	—	—	—	435
217	577	4536	—	1131	—	—	—	217
1100	1013	508	617	3836	—	—	—	1100
143	691	762	—	3465	—	—	—	108
269	504	1205	—	2865	—	—	—	269
209	626	963	—	62	—	—	—	209
—	**1297**	**1904**	**—**	**3286**	**—**	**—**	**—**	**1297**
—	—	529	—	561	—	—	—	—
—	1297	—	—	—	—	—	—	1297
—	—	1375	—	—	—	—	—	—
—	—	—	—	—	—	—	—	—
—	—	—	—	—	—	—	—	—
—	—	—	—	—	—	—	—	—
—	—	—	—	—	—	—	—	—
—	—	—	—	2725	—	—	—	—
1127	**2207**	**10413**	**1711**	**1159**	**—**	**—**	**615**	**254**
—	1086	254	—	832	—	—	—	—
—	—	2249	—	—	—	—	—	—
—	327	—	—	327	—	—	—	—
—	—	1207	—	—	—	—	—	—
—	—	—	—	—	—	—	615	—
—	—	1627	—	—	—	—	—	—
—	—	1255	—	—	—	—	—	—
873	544	2283	—	—	—	—	—	—
—	—	558	1461	—	—	—	—	—
254	250	980	250	—	—	—	—	254
1591	**338597**	**84565**	**272402**	**20753**	**—**	**—**	**18813**	**830**
—	20284	—	20284	—	—	—	—	—
—	—	21437	—	—	—	—	—	—
—	27711	120	27711	—	—	—	—	—
—	17379	105	17559	—	—	—	—	—
751	270	2828	—	—	—	—	—	—

东北、内蒙古重点国有林区 87 个森工

单位名称	本年计划投资	总计	其中：国家投资	按构 建筑工程	安装工程
海林	17134	17134	16999	844	—
林口	—	—	—	—	—
八面通	20713	13896	12578	1159	—
桦南	24933	22788	22217	1873	—
双鸭山	16220	16130	16130	—	—
鹤立	14469	13650	13618	547	—
鹤北	28225	25411	25408	693	—
东方红	32989	25282	25212	2431	—
迎春	19747	16661	16661	3440	—
清河	23266	23266	20268	10886	—
山河屯	19482	19482	19288	—	—
苇河	21630	21630	21219	1997	—
亚布力	21558	21558	21341	1146	—
方正	19416	19416	19401	120	—
兴隆	2594	2594	2109	2594	—
绥棱	19055	18277	18277	—	—
通北	80	70	70	70	—
沾河	30620	30074	29476	5726	—
大兴安岭林业集团	**39814**	**67575**	**59501**	**49682**	**893**
松岭	871	3852	3806	3806	—
新林	2420	3802	2210	1820	—
塔河	10758	14455	12000	8582	643
呼中	5839	16338	15580	14564	—
阿木尔	1406	1807	1772	1497	—
图强	1105	990	765	765	—
西林吉	10214	14936	14615	12965	—
十八站	4190	6868	4596	1723	—
韩家园	1908	3511	3273	3146	250
加格达奇	1103	1016	884	814	—
伊春森工集团	**25765**	**16221**	**5478**	**11921**	**4180**
双丰	4000	4000	—	—	4000
铁力	—	—	—	—	—
桃山	11277	11277	5110	11277	—
朗乡	—	—	—	—	—
南岔	—	—	—	—	—
金山屯	—	—	—	—	—
美溪	1474	147	—	147	—
乌马河	—	—	—	—	—
翠峦	—	—	—	—	—
友好	2592	20	20	—	—
上甘岭	429	429	—	149	180
五营	—	—	—	—	—
红星	—	—	—	—	—
新青	—	—	—	—	—
汤旺河	5050	—	—	—	—
乌伊岭	—	—	—	—	—
带岭	—	348	348	348	—

企业林草固定资产投资完成情况(二)

单位：万元

自年初累计完成投资								
成分		按性质分						
设备工具器具购置	其他	新建	扩建	改建和技术改造	单纯建造生活设施	迁建	恢复	单纯购置
—	16290	844	16290	—	—	—	—	—
—	—	—	—	—	—	—	—	—
—	12737	13896	—	—	—	—	—	—
—	20915	1873	20915	—	—	—	—	—
—	16130	—	16130	—	—	—	—	—
—	13103	39	13611	—	—	—	—	—
10	24708	4627	20784	—	—	—	—	—
—	22851	2724	22558	—	—	—	—	—
—	13221	217	16444	—	—	—	—	—
10	12370	12370	10886	—	—	—	—	10
—	19482	—	—	19482	—	—	—	—
820	18813	726	—	1271	—	—	18813	820
—	20412	1616	19942	—	—	—	—	—
—	19296	120	19296	—	—	—	—	—
—	—	1445	1149	—	—	—	—	—
—	18277	18277	—	—	—	—	—	—
—	—	70	—	—	—	—	—	—
—	24348	1231	28843	—	—	—	—	—
7818	**9182**	**42854**	**2990**	**18271**	**—**	**—**	**40**	**3420**
46	—	3806	—	—	—	—	—	46
1070	912	582	2150	—	—	—	—	1070
2990	2240	4286	—	10169	—	—	—	—
1386	388	13614	—	2724	—	—	—	—
99	211	1361	—	446	—	—	—	—
225	—	—	—	765	—	—	—	225
1227	744	13609	—	—	—	—	40	1287
511	4634	2408	—	3949	—	—	—	511
115	—	2433	840	123	—	—	—	115
149	53	755	—	95	—	—	—	166
—	**20**	**15972**	**249**	**—**	**—**	**—**	**—**	**—**
—	—	4000	—	—	—	—	—	—
—	—	—	—	—	—	—	—	—
—	—	11277	—	—	—	—	—	—
—	—	—	—	—	—	—	—	—
—	—	—	—	—	—	—	—	—
—	—	—	—	—	—	—	—	—
—	—	147	—	—	—	—	—	—
—	—	—	—	—	—	—	—	—
—	—	—	—	—	—	—	—	—
—	20	20	—	—	—	—	—	—
—	—	180	249	—	—	—	—	—
—	—	—	—	—	—	—	—	—
—	—	—	—	—	—	—	—	—
—	—	—	—	—	—	—	—	—
—	—	—	—	—	—	—	—	—
—	—	—	—	—	—	—	—	—
—	—	348	—	—	—	—	—	—

东北、内蒙古重点国有林区87个森工

单位名称	本年新增固定资产	本年实际			
		总计	上年末结转和结余资金	本年实际	
				合计	国家
					小计
全国合计	**192985**	**746107**	**48143**	**697964**	**654185**
内蒙古森工集团	**64451**	**196042**	**2163**	**193879**	**180217**
阿尔山	4054	5915	—	5915	4841
绰尔	5732	10816	—	10816	9956
绰源	2464	5537	200	5337	4887
乌尔旗汉	1795	8794	—	8794	8305
库都尔	4097	13829	—	13829	13166
图里河	1799	11963	—	11963	11250
伊图里河	3340	7277	—	7277	6174
克一河	8439	10625	—	10625	9944
甘河	1716	6152	—	6152	5870
吉文	4263	14945	—	14945	13379
阿里河	2965	8577	—	8577	7303
根河	6642	9606	—	9606	8574
金河	2598	10749	—	10749	9938
阿龙山	3982	6443	—	6443	5830
满归	2954	15152	—	15152	14283
得耳布尔	1185	14605	—	14605	13903
莫尔道嘎	4335	11908	—	11908	11446
大杨树	1096	14884	—	14884	14866
毕拉河	995	8265	1963	6302	6302
吉林森工集团	**5343**	**7013**	**1228**	**5785**	**4434**
临江	1090	1616	823	793	793
三岔子	1297	1297	—	1297	—
湾沟	1375	1375	405	970	916
松江河	—	—	—	—	—
泉阳	—	—	—	—	—
露水河	—	—	—	—	—
白石山	—	—	—	—	—
红石	1581	2725	—	2725	2725
长白山森工集团	**7608**	**26920**	**10857**	**16063**	**14660**
黄泥河	254	2329	832	1497	1497
敦化	2249	4232	1749	2483	2373
大石头	327	327	—	327	—
八家子	1207	1207	—	1207	720
和龙	—	615	615	—	—
汪清	—	1627	—	1627	1627
大兴沟	—	2238	—	2238	2238
天桥岭	1308	8957	5076	3881	3402
白河	2019	3824	1805	2019	2019
珲春	244	1564	780	784	784
龙江森工集团	**81174**	**417276**	**—**	**417276**	**409538**
大海林	14032	20284	—	20284	20284
柴河	21437	21437	—	21437	21373
东京城	—	27831	—	27831	27480
穆棱	—	17664	—	17664	17664
绥阳	—	2828	—	2828	2828

企业林草固定资产投资完成情况(三)

单位：万元

到位资金							本年各项应付款	
到位资金							合计	其中：工程款
预算资金		国内贷款	债券	利用外资	自筹资金	其他资金来源		
中央资金	地方资金							
642671	**11514**	**—**	**—**	**4000**	**39779**	**—**	**22179**	**21746**
169840	**10377**	**—**	**—**	**—**	**13662**	**—**	**—**	**—**
4424	417	—	—	—	1074	—	—	—
8906	1050	—	—	—	860	—	—	—
4804	83	—	—	—	450	—	—	—
7028	1277	—	—	—	489	—	—	—
12704	462	—	—	—	663	—	—	—
10330	920	—	—	—	713	—	—	—
5920	254	—	—	—	1103	—	—	—
9390	554	—	—	—	681	—	—	—
5472	398	—	—	—	282	—	—	—
12460	919	—	—	—	1566	—	—	—
7303	—	—	—	—	1274	—	—	—
8574	—	—	—	—	1032	—	—	—
8734	1204	—	—	—	811	—	—	—
5093	737	—	—	—	613	—	—	—
13627	656	—	—	—	869	—	—	—
13198	705	—	—	—	702	—	—	—
10949	497	—	—	—	462	—	—	—
14684	182	—	—	—	18	—	—	—
6240	62	—	—	—	—	—	—	—
4434	**—**	**—**	**—**	**—**	**1351**	**—**	**—**	**—**
793	—	—	—	—	—	—	—	—
—	—	—	—	—	1297	—	—	—
916	—	—	—	—	54	—	—	—
—	—	—	—	—	—	—	—	—
—	—	—	—	—	—	—	—	—
—	—	—	—	—	—	—	—	—
—	—	—	—	—	—	—	—	—
2725	—	—	—	—	—	—	—	—
14580	**80**	**—**	**—**	**—**	**1403**	**—**	**313**	**309**
1497	—	—	—	—	—	—	—	—
2373	—	—	—	—	110	—	—	—
—	—	—	—	—	327	—	—	—
720	—	—	—	—	487	—	183	179
—	—	—	—	—	—	—	—	—
1627	—	—	—	—	—	—	—	—
2238	—	—	—	—	—	—	—	—
3322	80	—	—	—	479	—	—	—
2019	—	—	—	—	—	—	—	—
784	—	—	—	—	—	—	130	130
409428	**110**	**—**	**—**	**—**	**7738**	**—**	**21437**	**21437**
20284	—	—	—	—	—	—	—	—
21373	—	—	—	—	64	—	21437	21437
27480	—	—	—	—	351	—	—	—
17664	—	—	—	—	—	—	—	—
2828	—	—	—	—	—	—	—	—

东北、内蒙古重点国有林区87个森工

单位名称	本年新增固定资产	本年实际			
		总　计	上年末结转和结余资金	本年实际	
				合计	国家
					小计
海林	17134	17134	—	17134	16999
林口	—	—	—	—	—
八面通	—	20070	—	20070	18752
桦南	—	24933	—	24933	24731
双鸭山	—	16130	—	16130	16130
鹤立	546	14370	—	14370	14338
鹤北	—	27459	—	27459	27456
东方红	—	30567	—	30567	30401
迎春	—	19492	—	19492	18953
清河	—	23266	—	23266	20268
山河屯	—	19482	—	19482	19288
苇河	—	21630	—	21630	21219
亚布力	21558	21558	—	21558	21341
方正	5114	19416	—	19416	19401
兴隆	1273	2594	—	2594	2109
绥棱	—	18977	—	18977	18977
通北	80	80	—	80	70
沾河	—	30074	—	30074	29476
大兴安岭林业集团	**30389**	**73686**	**33895**	**39791**	**32204**
松岭	3852	3852	2981	871	825
新林	2532	3802	1442	2360	1060
塔河	3750	14455	3660	10795	8582
呼中	13614	18338	12499	5839	5297
阿木尔	1807	2767	1361	1406	1356
图强	990	1105	—	1105	765
西林吉	1287	16298	6084	10214	10010
十八站	511	7477	3287	4190	1863
韩家园	1880	3658	1750	1908	1555
加格达奇	166	1934	831	1103	891
伊春森工集团	**4020**	**25170**	**—**	**25170**	**13132**
双丰	4000	4000	—	4000	—
铁力	—	—	—	—	—
桃山	—	11277	—	11277	3757
朗乡	—	—	—	—	—
南岔	—	—	—	—	—
金山屯	—	—	—	—	—
美溪	—	1474	—	1474	1474
乌马河	—	—	—	—	—
翠峦	—	—	—	—	—
友好	20	2592	—	2592	2074
上甘岭	—	429	—	429	429
五营	—	—	—	—	—
红星	—	—	—	—	—
新青	—	—	—	—	—
汤旺河	—	5050	—	5050	5050
乌伊岭	—	—	—	—	—
带岭	—	348	—	348	348

企业林草固定资产投资完成情况(四)

单位：万元

到位资金							本年各项应付款	
到位资金							合计	其中：工程款
预算资金		国内贷款	债券	利用外资	自筹资金	其他资金来源		
中央资金	地方资金							
16999	—	—	—	—	135	—	—	—
—	—	—	—	—	—	—	—	—
18752	—	—	—	—	1318	—	—	—
24731	—	—	—	—	202	—	—	—
16130	—	—	—	—	—	—	—	—
14338	—	—	—	—	32	—	—	—
27456	—	—	—	—	3	—	—	—
30401	—	—	—	—	166	—	—	—
18843	110	—	—	—	539	—	—	—
20268	—	—	—	—	2998	—	—	—
19288	—	—	—	—	194	—	—	—
21219	—	—	—	—	411	—	—	—
21341	—	—	—	—	217	—	—	—
19401	—	—	—	—	15	—	—	—
2109	—	—	—	—	485	—	—	—
18977	—	—	—	—	—	—	—	—
70	—	—	—	—	10	—	—	—
29476	—	—	—	—	598	—	—	—
32204	**—**	**—**	**—**	**—**	**7587**	**—**	**—**	**—**
825	—	—	—	—	46	—	—	—
1060	—	—	—	—	1300	—	—	—
8582	—	—	—	—	2213	—	—	—
5297	—	—	—	—	542	—	—	—
1356	—	—	—	—	50	—	—	—
765	—	—	—	—	340	—	—	—
10010	—	—	—	—	204	—	—	—
1863	—	—	—	—	2327	—	—	—
1555	—	—	—	—	353	—	—	—
891	—	—	—	—	212	—	—	—
12185	**947**	**—**	**—**	**4000**	**8038**	**—**	**429**	**—**
—	—	—	—	4000	—	—	—	—
—	—	—	—	—	—	—	—	—
3757	—	—	—	—	7520	—	—	—
—	—	—	—	—	—	—	—	—
—	—	—	—	—	—	—	—	—
—	—	—	—	—	—	—	—	—
1219	255	—	—	—	—	—	—	—
—	—	—	—	—	—	—	—	—
—	—	—	—	—	—	—	—	—
2074	—	—	—	—	518	—	—	—
398	31	—	—	—	—	—	429	—
—	—	—	—	—	—	—	—	—
—	—	—	—	—	—	—	—	—
—	—	—	—	—	—	—	—	—
4389	661	—	—	—	—	—	—	—
—	—	—	—	—	—	—	—	—
348	—	—	—	—	—	—	—	—

附录二

林业工作站和乡村林场基本情况

ANNEX Ⅱ

各地区地、县级

地　区	地(市)								
	林业工作站总数	管理人员							
		文化程度				专业技术人员			
		合计	本科及以上	大专	中专及以下	合计	高级	中级	初级
全国总计	**247**	**2383**	**1682**	**521**	**180**	**1552**	**512**	**696**	**344**
北　京	—	—	—	—	—	—	—	—	—
天　津	—	—	—	—	—	—	—	—	—
河　北	10	96	73	11	12	74	38	27	9
山　西	11	94	73	15	6	68	19	34	15
内蒙古	13	180	105	57	18	108	39	47	22
辽　宁	14	59	51	4	4	33	11	19	3
吉　林	9	69	49	14	6	15	7	5	3
黑龙江	4	38	29	8	1	25	10	11	4
上　海	—	—	—	—	—	—	—	—	—
江　苏	12	152	134	14	4	112	53	33	26
浙　江	11	35	31	4	—	16	6	9	1
安　徽	10	58	43	15	—	40	17	16	7
福　建	8	34	31	3	—	25	9	12	4
江　西	11	60	37	19	4	31	7	18	6
山　东	9	91	77	11	3	72	29	39	4
河　南	18	282	197	63	22	218	72	106	40
湖　北	1	38	18	19	1	21	2	12	7
湖　南	9	30	26	4	—	16	6	7	3
广　东	20	68	56	11	1	20	3	14	3
广　西	13	74	58	12	4	32	2	17	13
海　南	—	—	—	—	—	—	—	—	—
重　庆	—	—	—	—	—	—	—	—	—
四　川	9	65	59	4	2	32	14	15	3
贵　州	1	36	28	8	—	23	6	16	1
云　南	—	48	42	6	—	7	3	4	—
西　藏	6	6	5	1	—	6	—	4	2
陕　西	12	364	194	115	55	248	71	106	71
甘　肃	12	140	83	49	8	98	28	50	20
青　海	8	66	53	9	4	54	20	21	13
宁　夏	5	73	60	6	7	60	26	12	22
新　疆	11	127	70	39	18	98	14	42	42
新疆兵团	—	—	—	—	—	—	—	—	—

林业工作站基本情况

单位：个、人

县(市、区)								
林业工作站总数	管理人员							
	文化程度				专业技术人员			
	合计	本科及以上	大专	中专及以下	合计	高级	中级	初级
2015	**22008**	**9694**	**8131**	**4183**	**14596**	**2857**	**6662**	**5077**
12	188	112	54	22	150	16	50	84
8	104	83	14	7	89	16	43	30
141	979	419	368	192	772	188	307	277
107	1146	400	474	272	714	69	341	304
99	1098	574	369	155	690	209	246	235
71	389	185	162	42	285	34	185	66
62	578	276	178	124	457	114	196	147
85	642	303	241	98	566	163	256	147
9	205	161	31	13	169	35	71	63
79	877	510	277	90	765	290	309	166
72	573	371	157	45	432	68	228	136
55	501	225	203	73	404	108	188	108
65	321	216	67	38	266	59	121	86
96	580	219	209	152	397	46	164	187
107	755	516	182	57	574	127	304	143
155	2041	627	801	613	1091	162	502	427
1	564	211	175	178	286	19	161	106
100	575	198	264	113	306	37	193	76
77	757	238	331	188	335	15	178	142
86	496	183	243	70	354	15	202	137
—	—	—	—	—	—	—	—	—
24	166	110	51	5	85	27	42	16
84	1051	377	439	235	667	132	271	264
45	725	354	298	73	499	54	257	188
—	384	264	112	8	197	79	82	36
28	28	9	19	—	28	—	20	8
101	2840	904	1219	717	1739	320	764	655
80	1340	686	398	256	801	150	380	271
36	326	165	106	55	241	40	115	86
21	430	273	133	24	351	143	126	82
96	1262	462	536	264	813	107	333	373
13	87	63	20	4	73	15	27	31

各地区乡镇林业工作站

至本年底

地区	乡镇总数	总站数				
		合计	其中:片站		其中:加挂林业站站牌	
			小计	管理乡镇数	农业综合服务中心加挂林业站站数	其他乡镇机构加挂林业站站数
全国总计	**32673**	**24980**	**1948**	**6078**	**6089**	**1284**
北京	162	163	1	5	50	—
天津	157	26	—	—	15	—
河北	1887	751	280	788	86	42
山西	1280	1130	42	89	589	41
内蒙古	781	714	26	66	58	7
辽宁	1053	1019	—	—	193	46
吉林	683	681	9	25	20	4
黑龙江	885	844	18	46	226	17
上海	106	105	—	—	47	20
江苏	699	337	8	19	124	3
浙江	1107	605	31	121	96	13
安徽	1179	785	131	414	52	104
福建	960	906	24	60	2	15
江西	1419	911	214	663	28	12
山东	1672	1259	—	—	159	38
河南	2028	1837	68	193	798	57
湖北	1107	858	98	299	33	88
湖南	1602	1419	99	297	233	86
广东	1175	1080	90	204	175	50
广西	1126	1094	15	50	13	56
海南	196	196	—	—	112	2
重庆	959	932	7	35	389	40
四川	3300	1557	523	1933	290	69
贵州	1351	1323	16	33	96	153
云南	1388	1385	—	—	552	227
西藏	657	406	10	85	353	—
陕西	1131	752	77	199	316	40
甘肃	1138	541	88	291	177	23
青海	325	258	—	—	155	14
宁夏	191	178	56	128	1	3
新疆	969	928	17	35	651	14
新疆兵团	148	148	—	—	148	—

基本情况(一)

单位:个、人

实有站数					本年新设站数	林业站加挂其他机构牌子数
其中:虽无机构编制文件但正常履职的“林业站”数	其中:其他涉“林”乡镇机构数	派出机构	双重领导	乡镇管理		已加挂野保站牌子站数
3452	**1409**	**6645**	**3986**	**14349**	**90**	**4566**
—	—	29	53	81	—	3
11	—	—	—	26	—	—
141	36	304	107	340	—	37
178	20	23	314	793	—	90
26	1	306	129	279	4	30
116	126	153	224	642	2	218
46	—	484	117	80	—	202
258	4	249	173	422	—	72
38	—	—	18	87	—	—
34	91	6	50	281	15	—
212	165	105	27	473	2	22
94	12	448	165	172	—	151
2	1	906	—	—	—	593
27	18	585	192	134	3	514
597	266	22	27	1210	—	15
588	106	99	169	1569	6	62
30	1	709	110	39	—	171
9	187	524	219	676	—	671
60	60	370	118	592	—	97
28	11	303	295	496	—	1
—	82	—	—	196	—	—
376	59	—	54	878	49	43
99	52	654	563	340	2	377
11	18	14	220	1089	5	416
47	49	1	30	1354	—	354
—	—	—	—	406	—	—
151	31	122	116	514	—	213
144	10	99	164	278	1	37
72	—	15	47	196	—	6
45	—	103	43	32	—	25
12	3	12	242	674	1	146
—	—	—	148	—	—	—

各地区乡镇林业工作站

地 区	林业站加挂其他机构牌子数					
	已加挂科技推广站牌子站数	已加挂公益林管护站牌子站数	已加挂森林防火指挥部(所)牌子站数	已加挂病虫害防治(林业有害生物防治)站牌子站数	已加挂天然林资源管护站牌子站数	已加挂生态监测站牌子站数
全国总计	**2797**	**4070**	**3405**	**2724**	**2354**	**526**
北 京	—	2	4	1	—	—
天 津	—	—	2	—	—	—
河 北	167	58	80	41	32	3
山 西	66	272	135	116	148	17
内蒙古	102	154	54	30	50	22
辽 宁	29	212	116	72	21	7
吉 林	164	90	79	125	12	3
黑龙江	67	2	18	47	2	—
上 海	—	—	—	—	—	—
江 苏	2	2	1	1	—	1
浙 江	12	87	22	15	4	4
安 徽	26	12	43	71	7	13
福 建	273	79	260	111	43	25
江 西	143	395	142	424	144	47
山 东	19	16	63	42	2	3
河 南	155	118	200	93	79	12
湖 北	63	100	149	54	125	14
湖 南	581	831	569	556	278	164
广 东	187	93	97	48	2	6
广 西	12	24	39	13	—	—
海 南	4	16	19	1	1	1
重 庆	35	46	34	49	47	10
四 川	124	194	237	175	279	42
贵 州	75	218	357	144	367	60
云 南	210	313	516	156	310	24
西 藏	—	208	—	—	—	—
陕 西	105	119	71	109	242	22
甘 肃	37	102	6	23	41	1
青 海	10	105	—	6	14	—
宁 夏	13	22	—	14	69	—
新 疆	116	180	92	187	35	25
新疆兵团	—	83	—	29	—	—

基本情况(二)

单位:个、人

至本年底核定编制数	年末在岗职工		经费渠道			
	合计	其中:长期职工	财政全额	财政差额	林业经费	自收自支
81581	**86788**	**83371**	**76507**	**3118**	**4088**	**3075**
857	996	895	666	129	42	159
29	56	51	23	19	—	14
1890	2495	2388	1654	289	17	535
1667	1901	1755	1529	168	93	111
2159	2304	2197	2173	—	123	8
3176	3067	2868	2545	137	136	249
3356	3297	3177	2995	3	221	78
1864	2124	2015	1626	242	53	203
350	420	420	389	8	—	23
610	1077	948	861	143	34	39
1428	1687	1628	1613	63	8	3
2938	2563	2552	2467	3	44	49
3743	3149	3035	2710	86	167	186
3782	3943	3753	3152	193	270	328
1644	3053	2980	2721	48	178	106
3894	4801	4572	3968	319	251	263
3826	4482	4402	2895	495	810	282
7764	7636	7474	7128	263	72	173
4322	4506	4408	4021	283	147	55
3810	3678	3616	3393	15	155	115
195	448	345	379	18	50	1
1159	1924	1817	1898	7	16	3
5077	6022	5886	5293	40	661	28
5797	4307	4141	4219	14	69	5
8176	7146	7083	7146	—	—	—
—	406	12	406	—	—	—
2321	2698	2654	2330	29	339	—
1349	1833	1785	1758	17	8	50
420	507	503	496	—	9	2
631	662	661	647	5	10	—
3347	3600	3350	3406	82	105	7
415	391	391	391	—	—	—

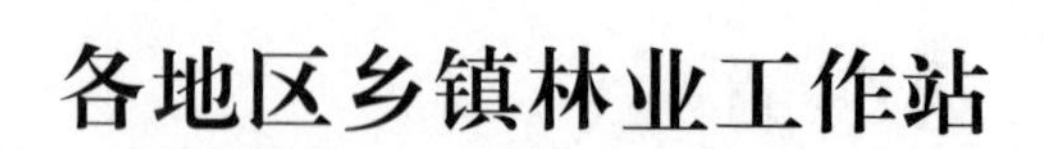

各地区乡镇林业工作站

地　区	年末在岗职工	文化程度情况				
		大专及以上	中专	高中	初中及以下	其中:涉林专业人数
全国总计	**86788**	**56502**	**15452**	**10667**	**4167**	**25937**
北　京	996	784	66	62	84	277
天　津	56	40	6	5	5	16
河　北	2495	1706	447	249	93	618
山　西	1901	905	365	512	119	134
内蒙古	2304	1788	310	180	26	758
辽　宁	3067	2247	392	167	261	742
吉　林	3297	1937	964	285	111	932
黑龙江	2124	1439	537	118	30	600
上　海	420	345	30	29	16	17
江　苏	1077	580	389	102	6	286
浙　江	1687	1401	154	116	16	654
安　徽	2563	1880	527	136	20	1357
福　建	3149	2207	469	400	73	1756
江　西	3943	1859	677	1092	315	1183
山　东	3053	1920	667	277	189	473
河　南	4801	2674	963	921	243	454
湖　北	4482	2363	918	851	350	893
湖　南	7636	3822	1755	1708	351	1985
广　东	4506	2445	898	836	327	839
广　西	3678	2646	530	386	116	1434
海　南	448	235	106	72	35	75
重　庆	1924	1555	206	122	41	164
四　川	6022	3852	1017	686	467	1863
贵　州	4307	3619	469	149	70	1507
云　南	7146	5709	924	306	207	3754
西　藏	406	394	—	—	12	—
陕　西	2698	1704	537	401	56	833
甘　肃	1833	1273	219	216	125	494
青　海	507	400	57	37	13	176
宁　夏	662	514	97	32	19	418
新　疆	3600	2259	756	214	371	1245
新疆兵团	391	378	13	—	—	385

人员素质和培训情况

单位：人

专业技术人员			年龄结构情况			年度培训情况			
						站长			站员培训人次数
高级	中级	初级	35岁以下	36~50岁	51岁以上	计	初任培训人次数	能力提升培训人次数	
5705	**20464**	**20450**	**16355**	**51100**	**19333**	**34757**	**8027**	**26730**	**86027**
36	90	44	327	387	282	77	—	77	232
9	7	7	6	31	19	43	2	41	25
241	570	354	590	1570	335	957	166	791	1959
108	206	228	316	947	638	1090	158	932	1009
264	564	348	323	1487	494	629	167	462	1220
93	885	539	450	1875	742	807	212	595	1501
235	908	1056	395	1747	1155	340	55	285	3099
315	722	396	215	1299	610	543	91	452	659
21	58	67	154	164	102	—	—	—	302
73	353	328	109	588	380	723	290	433	1387
41	852	431	440	474	773	549	85	464	1044
434	1012	686	340	1636	587	1052	179	873	2527
273	872	906	721	1414	1014	588	119	469	2573
179	679	921	571	2302	1070	1367	251	1116	2741
167	674	799	360	1980	713	3096	709	2387	3210
101	589	884	791	3262	748	2035	676	1359	2383
138	1426	967	433	2890	1159	1794	399	1395	2731
253	1509	1575	927	4965	1744	1545	483	1062	6851
24	577	883	882	2255	1369	767	159	608	2295
28	747	1276	868	2057	753	1893	162	1731	6698
—	15	132	69	293	86	275	64	211	246
118	535	336	402	1037	485	558	162	396	1051
409	1394	1384	997	3759	1266	1695	290	1405	4570
203	953	1171	1393	2400	514	2608	603	2005	3835
1405	2077	1960	1992	4088	1066	7793	2094	5699	21122
—	—	390	—	406	—	—	—	—	85
172	687	536	586	1646	466	874	233	641	2800
102	336	409	649	918	266	342	48	294	842
13	168	140	112	341	54	68	6	62	54
126	218	134	100	412	150	318	57	261	2865
124	781	1163	837	2470	293	331	107	224	4111
37	144	114	126	214	51	79	28	51	2191

各地区乡镇林业工作站

地区	本年完成投资				至本年底自有	
	合计	国家投资	地方投资		自有业务用房林业站数量	自有业务用房面积
			计	其中:省级投资		
全国总计	**25345**	**8885**	**16460**	**7995**	**13976**	**2704614**
北京	430	180	250	—	120	15301
天津	—	—	—	—	6	706
河北	325	260	65	—	306	20837
山西	342	300	42	—	604	21919
内蒙古	744	699	46	—	400	32244
辽宁	862	460	402	—	412	43534
吉林	583	540	43	—	540	77037
黑龙江	345	340	5	—	468	21411
上海	100	—	100	90	105	17957
江苏	751	180	571	100	75	12377
浙江	298	150	148	—	183	43687
安徽	1249	360	889	20	454	114089
福建	3790	460	3330	2579	732	290779
江西	1505	433	1072	418	576	176073
山东	751	60	691	—	514	21673
河南	1087	400	687	415	831	68979
湖北	534	420	114	—	605	457282
湖南	880	440	440	440	688	250190
广东	4876	220	4656	2330	615	79077
广西	807	380	427	228	864	187990
海南	4	—	4	—	54	1907
重庆	630	129	501	375	517	19261
四川	1810	575	1235	1000	826	167628
贵州	195	180	15	—	765	125082
云南	791	320	471	—	1106	239362
西藏	—	—	—	—	—	—
陕西	465	220	245	—	484	49473
甘肃	306	300	6	—	272	32728
青海	180	180	—	—	235	18342
宁夏	203	200	3	—	79	5253
新疆	502	500	2	—	540	92438
新疆兵团	180	180	—	—	83	13328

投资完成情况

单位：万元、个、公顷、辆、台

业务用房情况		至本年底交通工具配备情况			至本年底计算机配备情况		
其中：本年新建站数	其中：本年新建面积	有交通工具林业站数量	交通工具数量	其中：本年新增交通工具的站数	有计算机林业站数量	计算机数量	其中：本年新增计算机的站数
163	**41888**	**7521**	**11900**	**451**	**19479**	**52309**	**1481**
—	—	67	148	7	163	917	27
—	—	5	20	1	10	23	2
6	562	177	245	19	498	752	23
15	1855	320	393	20	734	846	12
8	1446	321	426	25	638	1662	46
7	1270	361	513	17	717	1587	41
2	362	313	419	27	642	1969	75
—	—	166	200	6	638	1053	35
1	210	43	101	2	105	353	3
4	1050	43	91	1	180	440	7
1	160	128	133	10	419	1276	14
10	3917	271	412	11	672	2226	79
19	8245	522	920	63	853	3123	149
6	2286	382	459	15	822	1823	144
3	52	159	515	7	780	4308	25
12	2311	369	520	59	1083	1570	83
—	—	333	396	4	834	2266	5
7	5293	233	261	5	1166	2438	48
20	3732	603	1482	37	972	2884	200
1	625	500	798	39	970	2500	63
—	—	10	41	—	48	74	—
3	514	110	98	2	712	1500	84
18	3201	261	309	6	1203	2907	71
—	—	420	601	23	1230	3286	60
5	1391	764	1381	10	1316	6189	93
—	—	—	—	—	—	—	—
3	1230	110	127	—	558	921	26
10	1996	83	121	11	398	797	35
1	64	87	174	4	188	312	9
1	80	45	58	—	156	406	9
	36	315	538	20	774	1901	13
—	36	85	198	3	148	688	4

各地区乡镇林业工作站

地　区	营造林情况				
	本年造林面积		本年育苗面积	森林抚育面积	四旁(零星)植树(万株)
	计	其中:林业重点工程造林			
全国总计	**3543071**	**1302238**	**276847**	**4074881**	**151314**
北　京	5400	904	861	71030	107
天　津	8648	475	3254	16648	189
河　北	184097	80090	22230	135935	3545
山　西	128643	100419	27472	16721	5767
内蒙古	426737	247581	14759	160760	4867
辽　宁	100427	23042	9211	42769	2191
吉　林	43400	21641	2885	55261	1080
黑龙江	23825	16344	4335	23274	1115
上　海	4503	—	1234	20596	177
江　苏	18348	3874	7783	18393	2384
浙　江	18927	—	4598	60971	1257
安　徽	62394	12387	8754	331934	6819
福　建	74822	4076	714	314381	2262
江　西	73873	24291	13863	193564	2032
山　东	124633	4789	23688	119256	8995
河　南	176844	16756	29674	201765	25695
湖　北	193433	68632	15042	152962	11812
湖　南	160703	41295	1709	261740	13965
广　东	72172	848	2047	186397	267
广　西	143136	13933	7686	370871	3183
海　南	6189	129	239	2351	271
重　庆	226490	55842	13527	103956	15067
四　川	107253	32449	12323	116904	7191
贵　州	294070	79339	6012	179207	5070
云　南	268889	207429	3051	63409	12482
西　藏	2389	854	16	2387	—
陕　西	110349	61424	18552	80619	3892
甘　肃	138498	59874	10382	53828	4079
青　海	140603	42089	305	24882	645
宁　夏	64087	21359	4771	27581	725
新　疆	139289	60072	5867	664530	4181
新疆兵团	5923	3508	1287	138228	41

职能作用发挥情况(一)

单位：公顷、个、人天、人

林业有害生物防治面积	受委托行使林业行政执法权站数	具有林业行政执法证人数	直接办理林政案件数	协助办理林政案件数	参与调处林权纠纷(件)
7113513	**7728**	**28694**	**23279**	**55592**	**41086**
11648	—	70	13	35	37
32283	—	4	6	47	21
418092	68	399	256	793	457
92103	59	106	13	390	319
273038	170	418	552	4399	790
447433	354	849	920	1408	1466
252310	490	1729	2398	2083	722
42045	289	682	257	734	309
12595	—	—	—	5	21
50213	38	153	—	67	30
152548	57	455	82	953	860
305702	176	1379	165	3219	1918
148071	415	1496	710	3117	1348
239657	678	2489	3602	2164	3658
316642	37	76	4	891	173
439997	83	252	343	1672	1015
377192	433	2516	1474	4149	4371
178942	700	2735	1298	2249	3931
174528	243	1125	396	1827	1838
163448	208	1221	1252	6573	5687
4028	1	26	78	106	162
320891	356	582	390	1006	1111
468180	514	2532	692	3677	2846
157514	658	1344	922	2609	2749
360126	1102	4543	6795	9598	3706
749	1	11	—	—	—
219552	281	680	384	865	867
192656	70	259	74	305	286
84625	10	50	—	106	15
105973	23	66	37	135	213
1070736	214	447	166	410	160
98608	148	226	29	232	38

乡镇林业工作站

地　区	受理林业承包合同纠纷（件）	政策等宣传数(人天)	开展一站式、全程代理服务站数	参与森林保险工作的站数
全国总计	**7901**	**2157980**	**6673**	**9684**
北　京	5	7514	64	7
天　津	24	6566	17	—
河　北	174	8398	60	218
山　西	43	13448	51	231
内蒙古	194	16807	339	416
辽　宁	486	86692	336	596
吉　林	221	34943	512	44
黑龙江	97	9356	87	—
上　海	—	1977	—	75
江　苏	9	2621	15	1
浙　江	665	38231	184	244
安　徽	512	32436	272	495
福　建	347	222034	262	657
江　西	295	54099	281	594
山　东	60	18214	57	297
河　南	403	26426	110	179
湖　北	884	8725	322	235
湖　南	955	53657	1073	981
广　东	174	16105	59	330
广　西	405	30076	124	591
海　南	42	8636	9	24
重　庆	245	58092	166	471
四　川	350	255545	522	856
贵　州	362	180562	334	923
云　南	548	735962	949	906
西　藏	—	50	1	1
陕　西	222	26115	135	116
甘　肃	57	21156	150	130
青　海	—	3746	2	54
宁　夏	27	7654	1	10
新　疆	95	172137	179	2
新疆兵团	37	50168	148	1

职能作用发挥情况(二)

单位：公顷、个、人天、人

指导、扶持的林业经济合作组织个数		培训林农（人次）	科技推广	
计	带动农户（户）		站办示范基地面积	本年推广面积
89107	**2955957**	**6141586**	**202847**	**654792**
252	11645	515	283	3257
23	3878	11040	170	820
1404	117286	211114	6486	23283
4006	51709	87823	3784	7420
599	16967	64617	29433	23180
277	30350	72677	164	2099
517	23557	24697	240	1555
106	2139	12701	62	274
648	3220	5124	110	300
260	21716	21410	476	3577
1584	54690	57186	2881	7924
6417	199156	182299	13871	50661
6385	82570	92136	2005	17532
7603	75278	69892	14616	13593
2748	110147	193286	6951	43230
4230	97659	151723	3088	8424
9442	350577	263261	24279	72415
6257	218767	241991	13783	23819
4191	41393	55948	1058	5394
1611	36846	271332	688	11667
718	849	7606	1	93
3244	169016	256299	14492	10284
2845	344169	722578	16336	44915
14537	293916	290881	11955	49267
1934	367712	1161882	5182	70722
181	5306	1938	1	1
2428	110917	260910	11672	52613
1295	57373	164259	6703	10159
637	4881	13650	2	2
972	14185	80154	4560	6070
1756	38083	1090657	7516	90243
146	4901	103105	1432	2319

各地区乡村

地　区	护林员总人数		人员类别		文化程度	
	合计	其中:建档立卡贫困人口生态护林员	专职	兼职	大专以上	中专高中
全国总计	**1243722**	**756731**	**627410**	**616312**	**22453**	**173948**
北　京	45369	—	38807	6562	1891	9871
天　津	1108	—	276	832	26	298
河　北	51440	28332	29449	21991	701	9041
山　西	47848	24423	24748	23100	532	8899
内蒙古	52188	19653	39015	13173	1064	12363
辽　宁	15475	1488	13832	1643	677	2718
吉　林	10372	5021	6712	3660	205	2449
黑龙江	19710	18191	10645	9065	32	610
上　海	6033	—	5960	73	121	779
江　苏	3459	356	640	2819	96	1140
浙　江	15283	289	8126	7157	391	3507
安　徽	35845	21484	13115	22730	441	3173
福　建	16435	1088	8012	8423	469	4891
江　西	37316	20505	25610	11706	158	4349
山　东	27405	849	15967	11438	465	5264
河　南	51794	35563	21567	30227	2329	15485
湖　北	42623	27714	9218	33405	791	7621
湖　南	38042	22743	21790	16252	504	6834
广　东	24963	1265	18727	6236	843	7559
广　西	42940	38896	10360	32580	612	3967
海　南	3950	3662	1491	2459	90	706
重　庆	32897	19075	4953	27944	1150	5113
四　川	73076	57115	16558	56518	1238	8912
贵　州	92868	80783	60195	32673	1083	8097
云　南	226663	170971	118022	108641	3882	15291
西　藏	44057	22491	1883	42174	491	142
陕　西	42072	30129	30174	11898	211	6114
甘　肃	62757	50337	23245	39512	979	11029
青　海	24667	7665	23941	726	100	1370
宁　夏	11374	9369	5098	6276	39	661
新　疆	43693	37274	19274	24419	842	5695
新疆兵团	2915	—	959	1956	145	818

护林员情况

单位：人、公顷

	年龄结构			报酬来源			管护林地总面积
初中以下	45 岁以下	46~60 岁	61 岁以上	财政补助	林业经费	乡镇、村组自筹	
1047321	**437748**	**726493**	**79481**	**927033**	**257481**	**59208**	**160134446**
33607	8439	27935	8995	38228	4434	2707	819307
784	350	734	24	151	135	822	49283
41698	10730	34785	5925	35840	10866	4734	4000497
38417	9850	31341	6657	22415	22426	3007	3958699
38761	16646	32546	2996	39100	12885	203	7831529
12080	7743	7485	247	8766	6395	314	4991572
7718	2569	6359	1444	6778	1240	2354	1298528
19068	4313	13822	1575	18288	1	1421	695307
5133	697	5206	130	5734	88	211	38197
2223	315	1965	1179	565	1383	1511	169566
11385	2230	9593	3460	6722	6889	1672	3462552
32231	5107	25732	5006	25823	2333	7689	3516271
11075	5248	10472	715	8189	7359	887	6054787
32809	8166	27063	2087	26597	10062	657	8653243
21676	4202	17515	5688	16151	5165	6089	1074351
33980	10421	35206	6167	32290	15198	4306	4811759
34211	10180	29266	3177	24091	9723	8809	464642
30704	10715	25319	2008	31405	5524	1113	7559763
16561	9792	14425	746	18710	4606	1647	9189380
38361	17804	23314	1822	37603	5312	25	11597310
3154	2514	1424	12	3508	385	57	621890
26634	7511	21774	3612	15224	15162	2511	7701397
62926	25866	40877	6333	57590	11698	3788	17677661
83688	38288	53044	1536	74182	17818	868	10030268
207490	120195	103607	2861	176749	49387	527	25310625
43424	26073	17345	639	41568	2489	—	881407
35747	12429	28783	860	33442	7737	893	6131731
50749	17327	43361	2069	51183	11553	21	3422362
23197	9456	14664	547	23648	1019	—	2643177
10674	3653	7416	305	7077	4297	—	952491
37156	28919	14115	659	39416	3912	365	4524896
1952	1395	1496	24	557	2358	—	1134599

各地区乡村林场

地区	林场个数			经营面积		
	计	其中：		合计	公益林	商品林
		集体林场	家庭林场			
全国总计	**20900**	**10407**	**9705**	**6261536**	**2753435**	**2701257**
北　京	15	15	—	17869	15726	2140
天　津	55	55	—	8224	6592	1615
河　北	175	34	141	54858	19542	28663
山　西	203	66	134	147564	87988	3761
内蒙古	234	101	126	162606	108615	21343
辽　宁	487	13	453	180616	76946	103463
吉　林	50	17	33	102930	13069	51436
黑龙江	145	11	134	43637	11263	32271
上　海	—	—	—	—	—	—
江　苏	90	39	50	13336	10659	1372
浙　江	474	158	304	88056	41188	34423
安　徽	3492	1730	1601	402159	109167	253862
福　建	746	387	350	337284	92138	228700
江　西	1303	618	621	624414	192925	391592
山　东	831	355	475	103584	66914	29750
河　南	873	165	681	153860	85486	46172
湖　北	3252	1893	1114	783454	238607	309748
湖　南	3754	2554	987	709528	239916	327245
广　东	595	306	285	236448	82682	149900
广　西	344	302	42	137523	7767	109010
海　南	16	14	2	48010	28782	19229
重　庆	130	80	50	199703	91971	99662
四　川	418	171	237	697056	542991	137375
贵　州	2084	894	1182	694480	394887	265418
云　南	84	68	15	45756	25115	19364
西　藏	—	—	—	—	—	—
陕　西	176	145	30	100426	63789	24940
甘　肃	477	119	358	127723	63377	5425
青　海	75	73	2	15570	14641	344
宁　夏	318	21	297	4597	1767	2345
新　疆	4	3	1	20266	18923	691
新疆兵团	—	—	—	—	—	—

基本情况

单位：公顷、百立方米、百根、人、万元

	本年林业生产					
其他	造林面积	育苗面积	木材产量	毛竹产量	年末实有从业人员	年经营收入
806844	**250390**	**34693**	**248212**	**3631134**	**187029**	**753731**
3	1746	9	—	—	138	125
17	1385	1599	—	—	12	141
6652	3873	427	835	—	2625	4788
55816	4466	1196	375	—	1278	1614
32648	10299	360	1780	—	1095	286
207	603	146	2807	—	1076	1797
38424	202	78	14297	—	356	474
103	289	33	5	—	220	303
—	—	—	—	—	—	—
1305	653	328	520	50	2830	8678
12445	2821	346	680	29220	1703	5603
39130	4469	1202	14116	38566	24349	91496
16446	3874	659	12964	177244	11022	15407
39897	28266	2275	34280	247132	14024	33870
6920	8353	1865	4836	—	20369	72756
22202	20681	1593	28083	255032	7786	36902
235099	20130	5061	22259	181399	43152	125988
142368	25347	3433	14958	633705	23918	43150
3866	4651	91	18427	2004291	3904	246986
20747	2089	9	8535	2300	4201	9256
—	15087	6	18000	150	290	830
8070	7494	250	694	18271	779	13286
16689	7600	728	9149	17190	6312	12279
34175	50658	10803	39308	25301	5640	14236
1277	1156	36	386	538	540	759
—	—	—	—	—	—	—
11697	11493	328	257	745	2083	2144
58921	8982	1131	660	—	3344	4403
585	—	31	—	—	74	—
485	3722	654	—	—	2858	5116
652	—	16	—	—	1051	1061
—	—	—	—	—	—	—

附录三

林草主要灾害情况

ANNEX Ⅲ

全国林业主要灾害情况

指 标 名 称	单 位	2019 年	2018 年	2019 年比 2018 年增减%
林业有害生物				
1. 发生面积	千公顷	12368	12195	0. 01
2. 防治面积	千公顷	10153	9489	0. 07
3. 防治率	%	82. 09	77. 81	4. 28
(一)林业病害				
1. 发生面积	千公顷	2295	1769	0. 30
2. 防治面积	千公顷	1652	1345	0. 23
3. 防治率	%	71. 96	76. 07	-4. 11
(二)林业虫害				
1. 发生面积	千公顷	8115	8404	-0. 03
2. 防治面积	千公顷	7013	6652	0. 05
3. 防治率	%	86. 43	79. 16	7. 27
(三)林业鼠(兔)害				
1. 发生面积	千公顷	1780	1844	-0. 03
2. 防治面积	千公顷	1385	1386	—
3. 防治率	%	77. 81	75. 17	2. 64
(四)有害植物				
1. 发生面积	千公顷	177	179	-0. 01
2. 防治面积	千公顷	103	105	-0. 02
3. 防治率	%	58. 06	59. 02	-0. 96

全国草原主要灾害情况

指标名称	单位	2019 年
一、草原鼠害		
1. 危害面积	千公顷	36755
2. 防治面积	千公顷	5320
3. 防治率	%	14. 47
二、草原虫害		
1. 危害面积	千公顷	10973
2. 防治面积	千公顷	3561
3. 防治率	%	32. 45
三、毒害草		
1. 危害面积	千公顷	17980
2. 防治面积	千公顷	364
3. 防治率	%	2. 02

各地区林业有害

地　　区	发生面积				寄主树种面积	发生率(%)	
	总计	轻度	中度	重度			总　计
全国合计	**12367658**	**9498534**	**1930282**	**938842**	**260885655**	**4.74**	**10153145**
北　京	35793	35327	466	—	1641080	2.18	35792
天　津	51239	46028	4263	948	237290	21.59	51238
河　北	482171	420407	42211	19553	6133333	7.86	445464
山　西	230585	206793	21248	2544	3604000	6.40	180961
内蒙古	1062051	563080	348162	150809	24099616	4.41	973265
辽　宁	566643	465508	83873	17262	5977574	9.48	519673
吉　林	335983	211644	51276	73063	8237285	4.08	320623
黑龙江	447119	180801	229943	36375	11665451	3.83	345559
上　海	13438	12654	679	105	102800	13.07	12597
江　苏	120737	115098	5070	569	1815333	6.65	120735
浙　江	413642	363399	18638	31605	5378161	7.69	274158
安　徽	388775	367846	12742	8187	4286071	9.07	339669
福　建	177081	160511	9426	7144	8012700	2.21	164523
江　西	357162	219978	36064	101120	9533333	3.75	266285
山　东	518945	489801	17933	11211	3757321	13.81	502559
河　南	542510	492649	41241	8620	4598884	11.80	488885
湖　北	525320	380099	72055	73166	9367205	5.61	419102
湖　南	363746	305061	31868	26817	11123600	3.27	198824
广　东	342036	317832	20865	3339	9461754	3.61	244571
广　西	338458	270993	45358	22107	13159590	2.57	293674
海　南	25682	16068	6717	2897	1983006	1.30	5937
重　庆	401115	239035	15384	146696	3045147	13.17	401114
四　川	681378	490043	140124	51211	24790000	2.75	469906
贵　州	186434	174661	10652	1121	7524856	2.48	175015
云　南	405032	314153	68467	22412	22735600	1.78	400140
西　藏	225746	112880	67711	45155	15443441	1.46	74501
陕　西	380634	322903	47054	10677	10941345	3.48	288262
甘　肃	402600	330873	57321	14406	7483925	5.38	289786
青　海	262991	179974	73701	9316	5853265	4.49	213975
宁　夏	281975	207314	65749	8912	1404369	20.08	129258
新　疆	1661605	1428407	201944	31254	11211274	14.82	1485267
大兴安岭	139032	56714	82077	241	6277046	2.21	21827

生物发生防治情况

单位：公顷

防治面积						累计防治面积（公顷次）	防治率（%）	无公害防治率（%）
化学农药防治	无公害防治							
	生物化学农药防治	人工物理防治	生物防治	营造林措施防治	其　他			
618097	**4966155**	**2241185**	**1197916**	**1129792**	**—**	**17629189**	**82.09**	**93.91**
1052	22245	12204	291	—	—	363469	100.00	97.06
1988	43834	5010	393	13	—	275007	100.00	96.12
37870	362743	42385	1514	952	—	944817	92.39	91.50
11271	73212	86779	5867	3832	—	232710	78.48	93.77
42756	799052	77205	48271	5981	—	1019757	91.64	95.61
33062	250238	69730	138094	28549	—	694492	91.71	93.64
21439	233640	42322	9775	13447	—	456720	95.43	93.31
14490	152430	138747	26100	13792	—	363505	77.29	95.81
1914	9296	1254	50	83	—	34237	93.74	84.81
8333	98683	5606	1237	6876	—	638075	100.00	93.10
2868	13916	53077	3429	200868	—	327259	66.28	98.95
24416	184812	67145	36576	26720	—	1053733	87.37	92.81
350	11244	40114	78454	34361	—	251527	92.91	99.79
6984	24382	97834	21962	115123	—	358899	74.56	97.38
33512	323465	63730	13572	68280	—	3085811	96.84	93.33
50867	398591	24793	9069	5565	—	973001	90.12	89.60
44103	164899	115968	25870	68262	—	618370	79.78	89.48
27744	65056	41767	46231	18026	—	222906	54.66	86.05
18105	45787	82654	14227	83798	—	366364	71.50	92.60
7484	234311	8861	29636	13382	—	316686	86.77	97.45
1051	1034	1007	2836	9	—	7593	23.12	82.30
458	42013	194508	21504	142631	—	448678	100.00	99.89
27514	81491	221695	24224	114982	—	678205	68.96	94.14
2883	16222	110892	17747	27271	—	339269	93.88	98.35
26925	148403	166563	16717	41532	—	408161	98.79	93.27
7450	37250	—	29801	—	—	74501	33.00	90.00
21422	70702	143515	9181	43442	—	375528	75.73	92.57
45673	108891	89567	7316	38339	—	339142	71.98	84.24
15066	69923	106680	17977	4329	—	232976	81.36	92.96
15273	29631	74578	3911	5865	—	152962	45.84	88.18
62121	830703	53550	535411	3482	—	1946476	89.39	95.82
1653	18056	1445	673	—	—	28353	15.70	92.43

各地区林业病害

地　　区	发生面积				寄主树种面积	发生率(%)	
	总计	轻度	中度	重度			总　计
全国合计	**2295391**	**1601066**	**254498**	**439827**	**260885655**	**0.88**	**1651800**
北　京	1445	1445	—	—	1641080	0.09	1445
天　津	6691	5926	565	200	237290	2.82	6691
河　北	18255	16819	1036	400	6133333	0.30	17792
山　西	15545	13460	1536	549	3604000	0.43	7961
内蒙古	157251	62659	65242	29350	24099616	0.65	104390
辽　宁	46285	33979	7818	4488	5977574	0.77	39620
吉　林	21563	20741	765	57	8237285	0.26	18779
黑龙江	28848	20864	7264	720	11665451	0.25	15669
上　海	1255	1171	67	17	102800	1.22	1254
江　苏	10771	9976	292	503	1815333	0.59	10771
浙　江	374813	326466	16903	31444	5378161	6.97	236365
安　徽	72455	63777	2235	6443	4286071	1.69	46293
福　建	11536	5733	926	4877	8012700	0.14	7715
江　西	165283	64709	10164	90410	9533333	1.73	109629
山　东	146229	139939	1842	4448	3757321	3.89	140179
河　南	105166	92568	10523	2075	4598884	2.29	92978
湖　北	118436	62030	4662	51744	9367205	1.26	103788
湖　南	53522	27277	3348	22897	11123600	0.48	25493
广　东	128670	120642	5153	2875	9461754	1.36	118568
广　西	58657	38070	11008	9579	13159590	0.45	18370
海　南	54	51	3	—	1983006	—	9
重　庆	147742	7407	1700	138635	3045147	4.85	147742
四　川	124245	87329	23142	13774	24790000	0.50	84069
贵　州	19497	17797	1458	242	7524856	0.26	16172
云　南	72642	60573	8672	3397	22735600	0.32	71040
西　藏	62526	31263	18758	12505	15443441	0.40	20634
陕　西	67941	58415	7222	2304	10941345	0.62	39161
甘　肃	75269	57714	14088	3467	7483925	1.01	48823
青　海	26955	15246	11069	640	5853265	0.46	20856
宁　夏	1289	923	206	160	1404369	0.09	877
新　疆	133202	123324	8251	1627	11211274	1.19	76827
大兴安岭	21353	12773	8580	—	6277046	0.34	1840

发生防治情况

单位：公顷

防治面积						累计防治面积（公顷次）	防治率（%）	无公害防治率（%）
化学农药防治	无公害防治							
	生物化学农药防治	人工物理防治	生物防治	营造林措施防治	其 他			
216355	**363616**	**363007**	**21452**	**687370**	**—**	**2202586**	**71.96**	**86.90**
204	7	1234	—	—	—	1517	100.00	86.00
1734	3102	1855	—	—	—	12106	100.00	74.08
7374	5531	4560	—	327	—	19546	97.46	58.55
2111	4408	1367	—	75	—	9375	51.21	73.48
23799	62157	15200	356	2878	—	126923	66.38	77.20
9729	19621	4120	—	6150	—	40846	85.60	75.44
10983	4613	915	—	2268	—	23280	87.09	41.51
1588	7540	4859	—	1682	—	19031	54.32	89.87
1033	213	—	8	—	—	3016	99.92	17.62
2285	135	2246	—	6105	—	13096	100.00	78.79
380	2775	42298	68	190844	—	265559	63.06	99.84
8555	12018	11226	1165	13329	—	68175	63.89	81.52
100	2401	2727	—	2487	—	9069	66.88	98.70
4896	9989	24625	758	69361	—	158916	66.33	95.53
16803	34182	29335	—	59859	—	194115	95.86	88.01
28639	56948	4998	20	2373	—	105035	88.41	69.20
6236	6277	37517	467	53291	—	153000	87.63	93.99
3536	1317	10914	1466	8260	—	28407	47.63	86.13
1648	7416	38719	667	70118	—	198690	92.15	98.61
3660	2356	624	4382	7348	—	29229	31.32	80.08
—	—	—	—	9	—	9	16.67	100.00
—	4457	48972	—	94313	—	181435	100.00	100.00
4844	3957	16888	81	58299	—	182906	67.66	94.24
1734	2145	6012	538	5743	—	28962	82.95	89.28
19317	22979	17305	780	10659	—	72507	97.79	72.81
2063	10317	—	8254	—	—	20634	33.00	90.00
2533	5149	17229	853	13397	—	40365	57.64	93.53
25019	9959	7536	50	6259	—	53798	64.86	48.76
8197	9987	933	686	1053	—	23546	77.37	60.70
500	134	243	—	—	—	910	68.04	43.00
15202	51526	8363	853	883	—	116516	57.68	80.21
1653	—	187	—	—	—	2067	8.62	10.16

各地区林业虫害

地区	发生面积				寄主树种面积	发生率(%)	
	总计	轻度	中度	重度			总计
全国合计	**8114644**	**6402976**	**1267888**	**443780**	**260885655**	**3.11**	**7013153**
北京	34348	33882	466	—	1641080	2.09	34347
天津	44548	40102	3698	748	237290	18.77	44547
河北	427709	380211	31927	15571	6133333	6.97	397407
山西	155054	140929	12632	1493	3604000	4.30	126965
内蒙古	716762	376420	233599	106743	24099616	2.97	709890
辽宁	512153	424244	75308	12601	5977574	8.57	473235
吉林	274564	153139	48591	72834	8237285	3.33	263188
黑龙江	262813	99540	129263	34010	11665451	2.25	198441
上海	12183	11483	612	88	102800	11.85	11343
江苏	108976	104132	4778	66	1815333	6.00	108976
浙江	38829	36933	1735	161	5378161	0.72	37793
安徽	316320	304069	10507	1744	4286071	7.38	293376
福建	165545	154778	8500	2267	8012700	2.07	156808
江西	191878	155268	25900	10710	9533333	2.01	156655
山东	372716	349862	16091	6763	3757321	9.92	362380
河南	437344	400081	30718	6545	4598884	9.51	395907
湖北	325163	247041	58881	19241	9367205	3.47	268649
湖南	310224	277784	28520	3920	11123600	2.79	173331
广东	171667	161254	10408	5	9461754	1.81	97977
广西	268648	224305	31945	12398	13159590	2.04	268647
海南	9165	6742	1636	787	1983006	0.46	4811
重庆	235654	213962	13631	8061	3045147	7.74	235653
四川	522992	376911	109230	36851	24790000	2.11	358066
贵州	159412	150626	8244	542	7524856	2.12	153338
云南	309740	232906	58098	18736	22735600	1.36	306741
西藏	114360	57180	34308	22872	15443441	0.74	37739
陕西	237160	197506	32226	7428	10941345	2.17	200585
甘肃	179713	146101	25085	8527	7483925	2.40	126686
青海	111737	83542	25195	3000	5853265	1.91	92483
宁夏	112398	83041	24166	5191	1404369	8.00	42534
新疆	945689	759722	162290	23677	11211274	8.44	868945
大兴安岭	29180	19280	9700	200	6277046	0.46	5710

发生防治情况

单位：公顷

防治面积						累计防治面积（公顷次）	防治率（%）	无公害防治率（%）
化学农药防治	无公害防治							
	生物化学农药防治	人工物理防治	生物防治	营造林措施防治	其 他			
341438	**4311924**	**1357899**	**624866**	**377026**	**—**	**13664486**	**86.43**	**95.13**
848	22238	10970	291	—	—	361952	100.00	97.53
254	40732	3155	393	13	—	262901	100.00	99.43
28890	345502	22562	253	200	—	894662	92.92	92.73
5129	65488	49674	3434	3240	—	169795	81.88	95.96
9098	608926	46941	42115	2810	—	730832	99.04	98.72
23137	229873	59935	137891	22399	—	646828	92.40	95.11
7756	193071	41407	9775	11179	—	375778	95.86	97.05
10180	119247	50726	15939	2349	—	205100	75.51	94.87
881	9083	1254	42	83	—	31221	93.11	92.23
6048	98548	2582	1237	561	—	623935	100.00	94.45
2488	11141	10779	3361	10024	—	61700	97.33	93.42
15861	172794	55919	35411	13391	—	985558	92.75	94.59
250	8843	37387	78454	31874	—	242458	94.72	99.84
2088	14393	73208	21204	45762	—	199982	81.64	98.67
16709	289283	34395	13572	8421	—	2891696	97.23	95.39
22228	341643	19795	9049	3192	—	867966	90.53	94.39
37863	158622	37120	25113	9931	—	417346	82.62	85.91
24208	63739	30853	44765	9766	—	194499	55.87	86.03
4668	38371	29215	13361	12362	—	124843	57.07	95.24
3626	231955	7128	25254	684	—	276932	100.00	98.65
873	1034	68	2836	—	—	6374	52.49	81.85
458	37556	140410	14837	42392	—	249456	100.00	99.81
21689	77247	186480	24143	48507	—	457915	68.46	93.94
1148	14077	100446	17209	20458	—	253892	96.19	99.25
6332	125091	129224	15937	30157	—	312492	99.03	97.94
3774	18869	—	15096	—	—	37739	33.00	90.00
18577	62358	83750	7977	27923	—	260746	84.58	90.74
15264	77344	18202	5544	10332	—	150409	70.49	87.95
1269	45893	40717	1875	2729	—	106481	82.77	98.63
6634	20317	11271	—	4312	—	57839	37.84	84.40
43210	764339	21596	37825	1975	—	1198015	91.88	95.03
—	4307	730	673	—	—	7144	19.57	100.00

各地区林业鼠(兔)害

地　区	发生面积				寄主树种面积	发生率(%)	
	总计	轻度	中度	重度			总　计
全国合计	**1780251**	**1347151**	**383420**	**49680**	**198954322**	**0.89**	**1385210**
北　京	—	—	—	—	—	—	—
天　津	—	—	—	—	—	—	—
河　北	36207	23377	9248	3582	6133333	0.59	30265
山　西	57926	50344	7080	502	3604000	1.61	44182
内蒙古	188038	124001	49321	14716	24099616	0.78	158985
辽　宁	8205	7285	747	173	5977574	0.14	6818
吉　林	39856	37764	1920	172	8237285	0.48	38656
黑龙江	155458	60397	93416	1645	11665451	1.33	131449
上　海	—	—	—	—	—	—	—
江　苏	—	—	—	—	—	—	—
浙　江	—	—	—	—	—	—	—
安　徽	—	—	—	—	—	—	—
福　建	—	—	—	—	—	—	—
江　西	—	—	—	—	—	—	—
山　东	—	—	—	—	—	—	—
河　南	—	—	—	—	—	—	—
湖　北	3855	3104	489	262	9367205	0.04	3580
湖　南	—	—	—	—	—	—	—
广　东	—	—	—	—	—	—	—
广　西	128	128	—	—	13159590	—	128
海　南	—	—	—	—	—	—	—
重　庆	17493	17493	—	—	3045147	0.57	17493
四　川	34125	25790	7749	586	24790000	0.14	27755
贵　州	2861	2721	140	—	7524856	0.04	2473
云　南	6359	5177	1028	154	22735600	0.03	6286
西　藏	48200	24100	14460	9640	15443441	0.31	15906
陕　西	75533	66982	7606	945	10941345	0.69	48516
甘　肃	147618	127058	18148	2412	7483925	1.97	114277
青　海	118888	78058	35491	5339	5853265	2.03	98822
宁　夏	168288	123350	41377	3561	1404369	11.98	85847
新　疆	582714	545361	31403	5950	11211274	5.20	539495
大兴安岭	88499	24661	63797	41	6277046	1.41	14277

发生防治情况

单位：公顷

防治面积						累计防治面积（公顷次）	防治率（%）	无公害防治率（%）
化学农药防治	无公害防治							
	生物化学农药防治	人工物理防治	生物防治	营造林措施防治	其 他			
46916	**290504**	**445624**	**551020**	**51146**	**—**	**1634109**	**77.81**	**96.61**
—	—	—	—	—	—	—	—	—
—	—	—	—	—	—	—	—	—
1606	11710	15263	1261	425	—	30609	83.59	94.69
3931	3316	33985	2433	517	—	51687	76.27	91.10
9859	127969	15064	5800	293	—	162002	84.55	93.80
196	744	5675	203	—	—	6818	83.10	97.13
2700	35956	—	—	—	—	57662	96.99	93.02
2722	25643	83162	10161	9761	—	139374	84.56	97.93
—	—	—	—	—	—	—	—	—
—	—	—	—	—	—	—	—	—
—	—	—	—	—	—	—	—	—
—	—	—	—	—	—	—	—	—
—	—	—	—	—	—	—	—	—
—	—	—	—	—	—	—	—	—
—	—	—	—	—	—	—	—	—
—	—	—	—	—	—	—	—	—
—	—	3580	—	—	—	4923	92.87	100.00
—	—	—	—	—	—	—	—	—
—	—	—	—	—	—	—	—	—
—	—	128	—	—	—	150	100.00	100.00
—	—	—	—	—	—	—	—	—
—	—	5126	6667	5700	—	17560	100.00	100.00
981	287	18311	—	8176	—	37367	81.33	96.47
—	—	2473	—	—	—	47949	86.44	100.00
180	333	5546	—	227	—	6315	98.85	97.14
1591	7953	—	6362	—	—	15906	33.00	90.00
312	3195	42536	351	2122	—	74417	64.23	99.36
5390	21588	63829	1722	21748	—	134935	77.41	95.28
5600	14043	63763	15416	—	—	101135	83.12	94.00
8139	9180	63064	3911	1553	—	94213	51.01	90.52
3709	14838	23591	496733	624	—	631945	92.58	99.31
—	13749	528	—	—	—	19142	16.13	100.00

各地区林业有害植物

地　区	发生面积				寄主树种面积	发生率（%）	
	总计	轻度	中度	重度			总　计
全国合计	**177372**	**147341**	**24476**	**5555**	**139440130**	**0.13**	**102982**
北　京	—	—	—	—	—	—	—
天　津	—	—	—	—	—	—	—
河　北	—	—	—	—	—	—	—
山　西	2060	2060	—	—	3604000	0.06	1853
内蒙古	—	—	—	—	—	—	—
辽　宁	—	—	—	—	—	—	—
吉　林	—	—	—	—	—	—	—
黑龙江	—	—	—	—	—	—	—
上　海	—	—	—	—	—	—	—
江　苏	990	990	—	—	1815333	0.05	988
浙　江	—	—	—	—	—	—	—
安　徽	—	—	—	—	—	—	—
福　建	—	—	—	—	—	—	—
江　西	1	1	—	—	9533333	—	1
山　东	—	—	—	—	—	—	—
河　南	—	—	—	—	—	—	—
湖　北	77866	67924	8023	1919	9367205	0.83	43085
湖　南	—	—	—	—	11123600	—	—
广　东	41699	35936	5304	459	9461754	0.44	28026
广　西	11025	8490	2405	130	13159590	0.08	6529
海　南	16463	9275	5078	2110	1983006	0.83	1117
重　庆	226	173	53	—	3045147	0.01	226
四　川	16	13	3	—	24790000	—	16
贵　州	4664	3517	810	337	7524856	0.06	3032
云　南	16291	15497	669	125	22735600	0.07	16073
西　藏	660	337	185	138	15443441	—	222
陕　西	—	—	—	—	—	—	—
甘　肃	—	—	—	—	—	—	—
青　海	5411	3128	1946	337	5853265	0.09	1814
宁　夏	—	—	—	—	—	—	—
新　疆	—	—	—	—	—	—	—
大兴安岭	—	—	—	—	—	—	—

发生防治情况

单位：公顷

防治面积						累计防治面积（公顷次）	防治率（%）	无公害防治率（%）
化学农药防治	无公害防治							
	生物化学农药防治	人工物理防治	生物防治	营造林措施防治	其他			
13388	**111**	**74655**	**578**	**14250**	**—**	**128008**	**58.06**	**87.00**
—	—	—	—	—	—	—	—	—
—	—	—	—	—	—	—	—	—
—	—	—	—	—	—	—	—	—
100	—	1753	—	—	—	1853	89.95	94.60
—	—	—	—	—	—	—	—	—
—	—	—	—	—	—	—	—	—
—	—	—	—	—	—	—	—	—
—	—	—	—	—	—	—	—	—
—	—	—	—	—	—	—	—	—
—	—	778	—	210	—	1044	99.80	100.00
—	—	—	—	—	—	—	—	—
—	—	—	—	—	—	—	—	—
—	—	—	—	—	—	—	—	—
—	—	1	—	—	—	1	100.00	100.00
—	—	—	—	—	—	—	—	—
—	—	—	—	—	—	—	—	—
4	—	37751	290	5040	—	43101	55.33	99.99
—	—	—	—	—	—	—	—	—
11789	—	14720	199	1318	—	42831	67.21	57.94
198	—	981	—	5350	—	10375	59.22	96.97
178	—	939	—	—	—	1210	6.78	84.06
—	—	—	—	226	—	227	100.00	100.00
—	—	16	—	—	—	17	100.00	100.00
1	—	1961	—	1070	—	8466	65.01	99.97
1096	—	14488	—	489	—	16847	98.66	93.18
22	111	—	89	—	—	222	33.64	90.09
—	—	—	—	—	—	—	—	—
—	—	—	—	—	—	—	—	—
—	—	1267	—	547	—	1814	33.52	100.00
—	—	—	—	—	—	—	—	—
—	—	—	—	—	—	—	—	—
—	—	—	—	—	—	—	—	—

各地区草原有害生物发生防治情况(一)

单位:公顷

地区	草原鼠害				草原虫害	
	发生面积		防治面积	防治率(%)	发生面积	
	总计	其中:严重危害面积			总计	其中:严重危害面积
全国合计	**36754787**	**14482467**	**5320025**	**14.47**	**10973373**	**4792340**
北京	—	—	—	—	—	—
天津	—	—	—	—	—	—
河北	203200	18333	146667	72.18	272267	65667
山西	373333	190000	133333	35.71	280000	173333
内蒙古	4506733	2118333	1373693	30.48	4728647	2381640
辽宁	247933	102067	122820	49.54	288753	118973
吉林	75633	21333	34445	45.54	48953	8953
黑龙江	65000	—	49000	75.38	55000	—
上海	—	—	—	—	—	—
江苏	—	—	—	—	—	—
浙江	—	—	—	—	—	—
安徽	—	—	—	—	—	—
福建	—	—	—	—	—	—
江西	—	—	—	—	—	—
山东	—	—	—	—	—	—
河南	—	—	—	—	—	—
湖北	—	—	—	—	—	—
湖南	—	—	—	—	—	—
广东	—	—	—	—	—	—
广西	—	—	—	—	—	—
海南	—	—	—	—	—	—
重庆	—	—	—	—	—	—
四川	2748000	1651067	261333	9.51	793133	244533
贵州	—	—	—	—	—	—
云南	216487	—	40000	18.48	273520	—
西藏	14666667	2000000	141333	0.96	13333	1333
陕西	307800	161600	86500	28.10	88600	33313
甘肃	3024667	1355333	463333	15.32	896667	260000
青海	6666667	5586000	1171333	17.57	1274667	782667
宁夏	94000	34667	44920	47.79	143700	71907
新疆	3558667	1243733	1251313	35.16	1816133	650020

各地区草原有害生物发生防治情况(二)

单位:公顷

地区	草原虫害		毒害草			
			发生面积			
	防治面积	防治率(%)	总计	其中:严重危害面积	防治面积	防治率(%)
全国合计	**3560789**	**32.45**	**17979800**	**2231320**	**363791**	**2.02**
北京	—	—	—	—	—	—
天津	—	—	—	—	—	—
河北	188667	69.29	30667	—	—	—
山西	133333	47.62	—	—	—	—
内蒙古	1495987	31.64	881333	251867	96147	10.91
辽宁	141467	48.99	105800	28867	2667	2.52
吉林	24353	49.75	4000	1000	—	—
黑龙江	26000	47.27	—	—	—	—
上海	—	—	—	—	—	—
江苏	—	—	—	—	—	—
浙江	—	—	—	—	—	—
安徽	—	—	—	—	—	—
福建	—	—	—	—	—	—
江西	—	—	—	—	—	—
山东	—	—	—	—	—	—
河南	—	—	—	—	—	—
湖北	—	—	—	—	—	—
湖南	—	—	—	—	—	—
广东	—	—	—	—	—	—
广西	—	—	—	—	—	—
海南	—	—	—	—	—	—
重庆	—	—	—	—	—	—
四川	46667	5.88	1806667	344667	—	—
贵州	—	—	—	—	—	—
云南	60000	21.94	4370473	—	20000	0.46
西藏	13523	101.42	2533333	—	—	—
陕西	15820	17.86	75333	—	—	—
甘肃	320000	35.69	1746667	269333	—	—
青海	168667	13.23	1531333	924667	20000	1.31
宁夏	74000	51.50	7400	1000	777	10.50
新疆	852307	46.93	4886793	409920	224200	4.59

附录四

全国分县造林情况

ANNEX Ⅳ

分县造林完成情况

单位:公顷

单位名称	人工造林	飞播造林	无林地和疏林地新封山育林	退化林修复	人工更新
全国合计	**3458315**	**125565**	**1072561**	**1537877**	**370223**
北京	**18698**	**—**	**3506**	**—**	**—**
东城区	4	—	—	—	—
西城区	2	—	—	—	—
朝阳区	640	—	—	—	—
丰台区	203	—	—	—	—
石景山区	50	—	—	—	—
海淀区	173	—	—	—	—
门头沟区	2752	—	—	—	—
房山区	2203	—	—	—	—
通州区	2349	—	—	—	—
顺义区	1523	—	—	—	—
昌平区	737	—	—	—	—
大兴区	1951	—	—	—	—
怀柔区	1345	—	3295	—	—
平谷区	1293	—	—	—	—
密云区	1363	—	211	—	—
延庆区	1452	—	—	—	—
十三陵林场	13	—	—	—	—
京西林场	587	—	—	—	—
园林绿化局本级	58	—	—	—	—
天津	**16522**	**—**	**—**	**16**	**—**
东丽区	812	—	—	—	—
西青区	355	—	—	—	—
津南区	907	—	—	—	—
北辰区	1227	—	—	—	—
武清区	1184	—	—	—	—
宝坻区	1932	—	—	—	—
滨海新区	4733	—	—	16	—
宁河区	3933	—	—	—	—
静海区	647	—	—	—	—
蓟州区	792	—	—	—	—
河北	**350969**	**21365**	**135286**	**3946**	**4208**
石家庄市	**35172**	**—**	**16577**	**466**	**—**
新华区	86	—	—	—	—
井陉矿区	47	—	—	—	—
裕华区	6	—	—	—	—
藁城区	1767	—	—	—	—
鹿泉区	1756	—	2000	—	—
栾城区	1000	—	—	—	—
井陉县	4082	—	2023	133	—
正定县	1792	—	—	—	—
行唐县	3067	—	1867	—	—
灵寿县	4133	—	3000	—	—
高邑县	489	—	—	—	—
深泽县	352	—	—	—	—
赞皇县	4000	—	2667	—	—

分县造林完成情况

单位：公顷

单位名称	人工造林	飞播造林	无林地和疏林地新封山育林	退化林修复	人工更新
无极县	640	—	—	—	—
平山县	5000	—	3687	333	—
元氏县	4067	—	1333	—	—
赵县	547	—	—	—	—
循环化工园区	100	—	—	—	—
晋州市	680	—	—	—	—
新乐市	989	—	—	—	—
正定新区	572	—	—	—	—
唐山市	**23170**	**—**	**12639**	**—**	**466**
路南区	210	—	—	—	3
路北区	307	—	—	—	—
古冶区	683	—	267	—	—
开平区	1160	—	200	—	—
丰南区	1873	—	—	—	—
丰润区	2767	—	1266	—	—
曹妃甸区	944	—	—	—	—
高新技术开发区	107	—	—	—	—
海港开发区	138	—	—	—	—
芦台开发区	86	—	—	—	—
汉沽管理区	121	—	—	—	—
唐山国际旅游岛	138	—	—	—	—
滦南县	1713	—	—	—	—
乐亭县	2002	—	—	—	—
迁西县	1666	—	4333	—	—
玉田县	2005	—	965	—	—
遵化市	2667	—	3342	—	—
迁安市	2026	—	1333	—	463
滦州市	2557	—	933	—	—
秦皇岛市	**20018**	**2699**	**6669**	**1621**	**—**
海港区	2698	—	1067	—	—
山海关区	416	—	267	—	—
北戴河区	344	—	—	1287	—
抚宁区	3140	—	667	—	—
青龙满族自治县	5065	1765	2667	—	—
昌黎县	3134	—	667	—	—
卢龙县	4344	934	1334	334	—
经济技术开发区	149	—	—	—	—
北戴河新区	728	—	—	—	—
邯郸市	**31656**	**18666**	**3868**	**11**	**301**
邯山区	367	—	—	—	—
丛台区	547	—	—	—	—
复兴区	1053	—	67	—	—
峰峰矿区	1400	333	667	—	—
肥乡区	1289	—	—	—	—
永年区	1319	—	467	—	—
临漳县	980	—	—	—	—
成安县	832	—	—	—	133

分县造林完成情况

单位:公顷

单位名称	人工造林	飞播造林	无林地和疏林地新封山育林	退化林修复	人工更新
大名县	1330	—	—	—	—
涉县	5433	7333	1000	—	—
磁县	3887	4000	667	—	—
邱县	1343	—	—	—	—
鸡泽县	1255	—	—	—	—
广平县	622	—	—	—	133
馆陶县	168	—	—	—	—
魏县	812	—	—	—	—
曲周县	1265	—	—	—	8
武安市	6807	7000	1000	—	—
经济技术开发区	284	—	—	—	—
冀南新区	630	—	—	11	27
漳河林场	33	—	—	—	—
邢台市	**24756**	**—**	**14666**	**400**	**—**
桥东区	367	—	—	—	—
桥西区	560	—	—	—	—
邢台县	2466	—	5666	—	—
临城县	425	—	3000	200	—
内丘县	2666	—	3000	—	—
柏乡县	1158	—	—	—	—
隆尧县	1000	—	—	—	—
任县	2013	—	—	—	—
南和县	1166	—	—	—	—
宁晋县	2533	—	—	—	—
巨鹿县	740	—	—	—	—
新河县	1040	—	—	—	—
广宗县	400	—	—	—	—
平乡县	1000	—	—	—	—
威县	1000	—	—	—	—
清河县	800	—	—	—	—
临西县	800	—	—	—	—
经济开发区	646	—	—	—	—
南宫市	2300	—	—	—	—
沙河市	1676	—	3000	200	—
保定市	**44155**	**—**	**20252**	**1400**	**667**
市直单位	2334	—	667	—	—
竞秀区	25	—	—	—	—
莲池区	142	—	—	—	—
清苑区	1751	—	—	—	—
徐水区	2020	—	—	—	—
涞水县	4000	—	2667	—	—
阜平县	4333	—	3333	—	—
定兴县	1868	—	—	—	—
唐县	3337	—	2826	—	—
高阳县	1468	—	—	—	—
涞源县	5333	—	4000	1333	—
望都县	1014	—	—	—	—

分县造林完成情况

单位：公顷

单位名称	人工造林	飞播造林	无林地和疏林地新封山育林	退化林修复	人工更新
易县	4518	—	4026	—	—
曲阳县	3338	—	2066	—	—
蠡县	1244	—	—	67	—
顺平县	2333	—	667	—	—
博野县	1000	—	—	—	667
涿州市	1467	—	—	—	—
安国市	1000	—	—	—	—
高碑店市	1410	—	—	—	—
高新区	120	—	—	—	—
白沟新城	100	—	—	—	—
张家口市	**50029**	**—**	**21060**	**—**	**—**
桥东区	133	—	133	—	—
桥西区	200	—	133	—	—
宣化区	2207	—	2000	—	—
下花园区	300	—	133	—	—
万全区	2267	—	1467	—	—
崇礼区	9087	—	2667	—	—
张北县	3840	—	—	—	—
康保县	3867	—	2000	—	—
沽源县	2609	—	1393	—	—
尚义县	2800	—	1133	—	—
蔚县	4066	—	2000	—	—
阳原县	5066	—	2000	—	—
怀安县	3133	—	1334	—	—
怀来县	2067	—	—	—	—
涿鹿县	2667	—	2000	—	—
赤城县	5667	—	2667	—	—
高新技术产业开发区	53	—	—	—	—
承德市	**40924**	**—**	**38888**	**48**	**2300**
双桥区	293	—	133	—	—
双滦区	293	—	—	—	—
鹰手营子矿区	167	—	133	—	—
承德县	3707	—	1533	48	482
兴隆县	933	—	3333	—	267
平泉市	2829	—	6667	—	314
滦平县	5100	—	12913	—	28
隆化县	6529	—	3860	—	126
丰宁满族自治县	8754	—	4689	—	400
宽城满族自治县	1400	—	1000	—	133
围场满族蒙古族自治县	10786	—	4627	—	550
高新区	133	—	—	—	—
沧州市	**20058**	**—**	**—**	**—**	**—**
沧县	4305	—	—	—	—
青县	1467	—	—	—	—
东光县	847	—	—	—	—
海兴县	733	—	—	—	—
盐山县	1670	—	—	—	—

分县造林完成情况

单位:公顷

单位名称	人工造林	飞播造林	无林地和疏林地新封山育林	退化林修复	人工更新
肃宁县	733	—	—	—	—
南皮县	735	—	—	—	—
吴桥县	1333	—	—	—	—
献县	950	—	—	—	—
孟村回族自治县	1012	—	—	—	—
泊头市	1001	—	—	—	—
任丘市	1413	—	—	—	—
黄骅市	1358	—	—	—	—
河间市	1365	—	—	—	—
中捷产业园区	469	—	—	—	—
南大港产业园区	667	—	—	—	—
廊坊市	**21558**	**—**	**—**	**—**	**—**
安次区	1926	—	—	—	—
广阳区	233	—	—	—	—
固安县	1600	—	—	—	—
永清县	1533	—	—	—	—
香河县	1473	—	—	—	—
大城县	4200	—	—	—	—
文安县	5402	—	—	—	—
大厂回族自治县	209	—	—	—	—
霸州市	2942	—	—	—	—
三河市	1907	—	—	—	—
开发区	133	—	—	—	—
衡水市	**20947**	**—**	**—**	**—**	**338**
桃城区	332	—	—	—	—
冀州区	2164	—	—	—	—
枣强县	2044	—	—	—	—
武邑县	1883	—	—	—	—
武强县	1381	—	—	—	—
饶阳县	1522	—	—	—	—
安平县	1384	—	—	—	—
故城县	2613	—	—	—	—
景县	2527	—	—	—	333
阜城县	2164	—	—	—	—
深州市	2472	—	—	—	—
高新技术产业开发区	267	—	—	—	—
滨湖新区	194	—	—	—	5
辛集市	**1400**	**—**	**—**	**—**	**—**
定州市	**2667**	**—**	**—**	**—**	**—**
雄安新区	**13333**	**—**	**—**	**—**	**—**
木兰围场	**460**	**—**	**—**	**—**	**—**
塞罕坝机械林场	**666**	**—**	**—**	**—**	**136**
洪崖山国有林场	**—**	**—**	**667**	**—**	**—**
山西	**275024**	**—**	**58266**	**14065**	**—**
太原市	**5182**	**—**	**2167**	**—**	**—**
清徐县	133	—	—	—	—
阳曲县	1575	—	1433	—	—

分县造林完成情况

单位：公顷

单位名称	人工造林	飞播造林	无林地和疏林地新封山育林	退化林修复	人工更新
娄烦县	2607	—	267	—	—
古交市	867	—	267	—	—
市直单位	—	—	200	—	—
大同市	**25909**	**—**	**3067**	**2533**	**—**
云冈区	400	—	—	267	—
新荣区	467	—	—	267	—
阳高县	1800	—	—	333	—
天镇县	8086	—	1733	333	—
广灵县	3793	—	667	—	—
灵丘县	2503	—	—	—	—
浑源县	3133	—	667	1333	—
左云县	3913	—	—	—	—
云州区	1814	—	—	—	—
阳泉市	**3333**	**—**	**400**	**1200**	**—**
郊区	807	—	200	533	—
平定县	1333	—	200	667	—
盂县	1193	—	—	—	—
长治市	**11070**	**—**	**1335**	**—**	**—**
上党区	67	—	—	—	—
襄垣县	707	—	—	—	—
屯留区	366	—	67	—	—
平顺县	2761	—	333	—	—
黎城县	1567	—	200	—	—
壶关县	433	—	67	—	—
长子县	948	—	—	—	—
武乡县	1101	—	67	—	—
沁县	2134	—	267	—	—
沁源县	546	—	267	—	—
潞城区	440	—	67	—	—
晋城市	**1953**	**—**	**267**	**—**	**—**
城区	67	—	—	—	—
沁水县	633	—	—	—	—
阳城县	300	—	—	—	—
陵川县	633	—	—	—	—
泽州县	100	—	267	—	—
高平市	220	—	—	—	—
朔州市	**49746**	**—**	**2666**	**2799**	**—**
朔城区	2106	—	—	200	—
平鲁区	18593	—	933	933	—
山阴县	1733	—	—	—	—
应县	8800	—	667	333	—
右玉县	18387	—	1066	1333	—
怀仁市	127	—	—	—	—
晋中市	**8220**	**—**	**1660**	**3533**	**—**
榆次区	540	—	133	—	—
榆社县	1933	—	333	800	—
左权县	1133	—	—	800	—

分县造林完成情况

单位:公顷

单位名称	人工造林	飞播造林	无林地和疏林地新封山育林	退化林修复	人工更新
和顺县	607	—	—	867	—
昔阳县	1147	—	—	1066	—
寿阳县	1773	—	494	—	—
太谷县	380	—	200	—	—
祁县	533	—	—	—	—
平遥县	107	—	300	—	—
灵石县	67	—	200	—	—
运城市	**5387**	**—**	**1420**	**—**	**—**
盐湖区	587	—	—	—	—
万荣县	334	—	133	—	—
闻喜县	280	—	67	—	—
稷山县	167	—	553	—	—
新绛县	533	—	—	—	—
绛县	367	—	333	—	—
垣曲县	1100	—	—	—	—
夏县	587	—	—	—	—
平陆县	233	—	—	—	—
芮城县	933	—	134	—	—
永济市	—	—	133	—	—
河津市	266	—	67	—	—
忻州市	**51426**	**—**	**8599**	**3000**	**—**
忻府区	920	—	667	—	—
定襄县	534	—	333	—	—
五台县	353	—	—	—	—
代县	2167	—	—	—	—
繁峙县	2133	—	—	—	—
宁武县	1833	—	1533	—	—
静乐县	13100	—	1200	—	—
神池县	2500	—	2000	333	—
五寨县	3507	—	333	467	—
岢岚县	7293	—	1067	333	—
河曲县	4233	—	133	1000	—
保德县	3927	—	—	—	—
偏关县	8093	—	—	667	—
原平市	833	—	1333	200	—
临汾市	**21967**	**—**	**10400**	**—**	**—**
尧都区	333	—	333	—	—
翼城县	100	—	—	—	—
襄汾县	817	—	667	—	—
洪洞县	507	—	333	—	—
古县	266	—	133	—	—
安泽县	467	—	267	—	—
浮山县	693	—	467	—	—
吉县	1267	—	333	—	—
乡宁县	686	—	667	—	—
大宁县	5467	—	667	—	—
隰县	4737	—	4000	—	—

分县造林完成情况

单位：公顷

单位名称	人工造林	飞播造林	无林地和疏林地新封山育林	退化林修复	人工更新
永和县	3760	—	1067	—	—
蒲县	2400	—	1000	—	—
汾西县	467	—	466	—	—
吕梁市	**21489**	**—**	**5033**	**1000**	**—**
离石区	580	—	—	—	—
文水县	133	—	433	—	—
交城县	700	—	733	—	—
兴县	8700	—	1000	333	—
临县	2200	—	133	333	—
柳林县	500	—	333	—	—
石楼县	534	—	200	334	—
岚县	3560	—	—	—	—
方山县	1800	—	934	—	—
中阳县	1314	—	667	—	—
交口县	634	—	600	—	—
孝义市	367	—	—	—	—
汾阳市	467	—	—	—	—
管涔山国有林管理局	**7980**	**—**	**2933**	**—**	**—**
五台山林局	**6600**	**—**	**1533**	**—**	**—**
关帝山林局	**9120**	**—**	**5100**	**—**	**—**
太行山林局	**10007**	**—**	**—**	**—**	**—**
太岳山国有林管理局	**8640**	**—**	**2333**	**—**	**—**
吕梁山国有林管理局	**8173**	**—**	**1867**	**—**	**—**
中条山林局	**6851**	**—**	**3400**	**—**	**—**
黑茶山林局	**4834**	**—**	**3933**	**—**	**—**
杨树局	**7004**	**—**	**—**	**—**	**—**
林业职业技术学院实验林场	**133**	**—**	**153**	**—**	**—**
内蒙古	**371332**	**32186**	**109614**	**187710**	**7696**
呼和浩特市	**11268**	**—**	**2067**	**6667**	**—**
托克托县	1667	—	—	1333	—
和林格尔县	—	—	—	1334	—
清水河县	4934	—	2067	2667	—
武川县	4667	—	—	1333	—
包头市	**21503**	**—**	**26001**	**5334**	**—**
东河区	5	—	—	—	—
昆都仑区	53	—	334	—	—
青山区	300	—	—	—	—
石拐区	400	—	1667	—	—
九原区	20	—	—	—	—
土默特右旗	133	—	6000	—	—
固阳县	17012	—	4333	2667	—
达尔罕茂明安联合旗	3580	—	13667	2667	—
乌海市	**535**	**—**	**—**	**—**	**—**
海勃湾区	120	—	—	—	—
海南区	360	—	—	—	—
乌达区	55	—	—	—	—
赤峰市	**37531**	**—**	**3133**	**32127**	**812**

分县造林完成情况

单位:公顷

单位名称	人工造林	飞播造林	无林地和疏林地新封山育林	退化林修复	人工更新
红山区	133	—	—	—	—
元宝山区	593	—	—	—	—
松山区	453	—	—	2187	13
阿鲁科尔沁旗	1920	—	467	8000	—
巴林左旗	4233	—	—	4800	533
巴林右旗	3133	—	1133	6000	—
林西县	2080	—	333	2540	127
克什克腾旗	11000	—	1200	2000	—
翁牛特旗	3633	—	—	2000	—
喀喇沁旗	1000	—	—	2000	73
宁城县	1000	—	—	1267	66
敖汉旗	8353	—	—	1333	—
通辽市	**47555**	**—**	**17200**	**42801**	**1207**
科尔沁区	2954	—	—	2667	—
科尔沁左翼中旗	13333	—	—	2667	—
科尔沁左翼后旗	14000	—	13200	—	1207
开鲁县	6000	—	—	13133	—
库伦旗	728	—	2000	1000	—
奈曼旗	9333	—	—	13667	—
扎鲁特旗	1034	—	2000	9667	—
霍林郭勒市	173	—	—	—	—
鄂尔多斯市	**59678**	**187**	**1340**	**29524**	**—**
东胜区	1454	—	—	—	—
康巴什区	103	—	—	—	—
达拉特旗	5168	—	—	1933	—
准格尔旗	10493	—	—	3633	—
鄂托克前旗	9825	—	—	4133	—
鄂托克旗	8440	187	340	4033	—
杭锦旗	10411	—	1000	6533	—
乌审旗	9240	—	—	4326	—
伊金霍洛旗	1667	—	—	4933	—
造林总场	2877	—	—	—	—
呼伦贝尔市	**53957**	**—**	**3941**	**20880**	**—**
市直单位	560	—	—	7	—
海拉尔	2145	—	—	—	—
阿荣旗	11407	—	—	3134	—
莫力达瓦达斡尔族自治旗	6549	—	—	3333	—
鄂伦春自治旗	906	—	—	—	—
鄂温克旗	6694	—	—	—	—
陈巴尔虎旗	4606	—	—	667	—
新巴尔虎左旗	534	—	1340	1853	—
新巴尔虎右旗	286	—	1	—	—
牙克石市	4426	—	667	6266	—
扎兰屯市	5039	—	333	474	—
额尔古纳市	271	—	267	—	—
根河市	293	—	—	—	—
免渡河	1979	—	—	1533	—

分县造林完成情况

单位：公顷

单位名称	人工造林	飞播造林	无林地和疏林地新封山育林	退化林修复	人工更新
乌奴耳	1045	—	—	480	—
巴林	346	—	333	467	—
南木	1247	—	—	1400	—
红花尔基	5045	—	667	733	—
柴河	133	—	333	533	—
海拉尔农垦集团	326	—	—	—	—
大兴安岭农垦集团	120	—	—	—	—
巴彦淖尔市	**15067**	**6000**	**8667**	**6868**	**—**
临河区	1527	—	—	667	—
五原县	720	—	—	867	—
磴口县	3733	—	1333	2267	—
乌拉特前旗	733	2000	667	667	—
乌拉特中旗	3600	—	4000	2400	—
乌拉特后旗	3367	4000	2667	—	—
杭锦后旗	1387	—	—	—	—
乌兰察布市	**19515**	**—**	**12934**	**6134**	**—**
市直单位	171	—	—	133	—
卓资县	994	—	200	—	—
化德县	1443	—	1000	666	—
商都县	1127	—	—	667	—
兴和县	2179	—	—	667	—
凉城县	2469	—	1067	667	—
察哈尔右翼前旗	1516	—	—	667	—
察哈尔右翼中旗	1848	—	—	666	—
察哈尔右翼后旗	2555	—	2667	667	—
四子王旗	2176	—	7200	667	—
丰镇市	3037	—	800	667	—
兴安盟	**22812**	**1333**	**3000**	**2000**	**174**
乌兰浩特市	1000	—	—	—	—
阿尔山市	600	—	667	—	—
科尔沁右翼前旗	5892	—	—	—	—
科尔沁右翼中旗	6733	1333	—	—	—
扎赉特旗	4387	—	—	333	—
突泉县	4013	—	2333	1667	174
五岔沟国有林管理局	187	—	—	—	—
锡林郭勒盟	**13997**	**6000**	**26665**	**6668**	**—**
锡林浩特市	47	—	—	—	—
阿巴嘎旗	167	667	3335	—	—
苏尼特左旗	46	2000	6000	—	—
苏尼特右旗	111	1333	3332	667	—
东乌珠穆沁旗	2700	—	1333	—	—
西乌珠穆沁旗	233	—	2000	—	—
太仆寺旗	640	—	—	667	—
镶黄旗	613	—	1333	—	—
正镶白旗	1040	1333	4666	—	—
正蓝旗	5306	667	4666	2667	—
多伦县	3087	—	—	2667	—

分县造林完成情况

单位:公顷

单位名称	人工造林	飞播造林	无林地和疏林地新封山育林	退化林修复	人工更新
乌拉盖管理区	7	—	—	—	—
阿拉善盟	**66000**	**18666**	**4666**	**3999**	**—**
阿拉善左旗	13333	14666	—	1333	—
阿拉善右旗	14000	2000	1333	—	—
额济纳旗	33334	—	2000	1333	—
经济开发区	5333	—	1333	1333	—
生态示范区	—	2000	—	—	—
内蒙古森工集团	**1914**	**—**	**—**	**24708**	**5503**
辽宁	**48980**	**13333**	**17333**	**29460**	**10493**
沈阳市	**6960**	**—**	**—**	**467**	**1266**
辽中区	2492	—	—	—	—
康平县	867	—	—	—	—
法库县	534	—	—	400	1066
新民市	3067	—	—	67	200
大连市	**400**	**—**	**—**	**933**	**—**
普兰店市	133	—	—	400	—
瓦房店市	267	—	—	400	—
庄河市	—	—	—	133	—
鞍山市	**1267**	**—**	**—**	**933**	**400**
台安县	933	—	—	333	67
岫岩满族自治县	267	—	—	600	333
海城市	67	—	—	—	—
抚顺市	**3127**	**—**	**—**	**3453**	**3220**
市直单位	—	—	—	134	—
东洲区	147	—	—	233	53
顺城区	46	—	—	13	34
抚顺县	600	—	—	433	933
新宾满族自治县	667	—	—	1200	1133
清原满族自治县	1667	—	—	1333	1000
林业发展服务中心	—	—	—	107	67
本溪市	**33**	**—**	**—**	**160**	**214**
林业发展服务中心	—	—	—	—	87
平山区	—	—	—	20	—
南芬区	—	—	—	—	20
本溪满族自治县	33	—	—	73	67
桓仁满族自治县	—	—	—	67	40
丹东市	**667**	**—**	**—**	**1180**	**1180**
振安区	—	—	—	80	47
宽甸满族自治县	267	—	—	533	333
东港市	200	—	—	467	—
凤城市	200	—	—	100	800
锦州市	**3214**	**—**	**—**	**133**	**800**
市直单位	13	—	—	—	—
黑山县	1534	—	—	—	133
义县	867	—	—	133	—
凌海市	533	—	—	—	667
北镇市	267	—	—	—	—

分县造林完成情况

单位：公顷

单位名称	人工造林	飞播造林	无林地和疏林地新封山育林	退化林修复	人工更新
营口市	**47**	**—**	**—**	**47**	**66**
鲅鱼圈区	14	—	—	7	—
盖州市	—	—	—	40	33
大石桥市	33	—	—	—	33
阜新市	**2733**	**—**	**—**	**1767**	**1747**
新邱区	33	—	—	—	—
阜新蒙古族自治县	700	—	—	—	1000
彰武县	2000	—	—	1667	667
阜矿集团林业分公司	—	—	—	100	80
辽阳市	**1273**	**—**	**—**	**—**	**13**
文圣区	20	—	—	—	13
宏伟区	67	—	—	—	—
弓长岭区	373	—	—	—	—
太子河区	13	—	—	—	—
辽阳县	533	—	—	—	—
灯塔市	267	—	—	—	—
铁岭市	**1840**	**—**	**—**	**2033**	**533**
清河区	300	—	—	—	—
铁岭县	333	—	—	1167	133
西丰县	200	—	—	500	200
昌图县	666	—	—	333	33
调兵山市	7	—	—	33	167
开原市	334	—	—	—	—
朝阳市	**18346**	**12000**	**14000**	**12766**	**933**
双塔区	—	—	—	200	—
龙城区	333	—	667	—	—
朝阳县	4333	4000	4666	3000	333
建平县	2000	—	4667	1333	—
喀喇沁左翼蒙古族自治县	2667	4000	—	2333	—
北票市	4880	1333	4000	4433	267
凌源市	4133	2667	—	1467	333
葫芦岛市	**9073**	**1333**	**3333**	**5301**	**—**
市直单位	—	—	—	100	—
连山区	40	—	—	667	—
龙港区	33	—	—	33	—
南票区	267	—	—	1200	—
绥中县	333	—	—	1000	—
建昌县	8333	1333	3333	1334	—
兴城市	67	—	—	967	—
省直单位	**—**	**—**	**—**	**287**	**121**
吉林	**24595**	**—**	**—**	**69926**	**8408**
长春市	**1971**	**—**	**—**	**631**	**1121**
绿园区	4	—	—	—	4
双阳区	123	—	—	10	65
九台区	231	—	—	48	59
农安县	507	—	—	413	432
榆树市	230	—	—	104	311

分县造林完成情况

单位:公顷

单位名称	人工造林	飞播造林	无林地和疏林地新封山育林	退化林修复	人工更新
德惠市	876	—	—	56	250
吉林市	**922**	**—**	**—**	**1600**	**696**
昌邑区	—	—	—	—	24
龙潭区	—	—	—	—	24
船营区	—	—	—	—	34
丰满区	—	—	—	—	34
永吉县	22	—	—	—	160
蛟河市	—	—	—	—	59
桦甸市	—	—	—	—	56
舒兰市	33	—	—	—	136
磐石市	867	—	—	—	129
上营森林经营局	—	—	—	1600	40
四平市	**7109**	**—**	**—**	**1080**	**1037**
铁西区	142	—	—	2	—
铁东区	567	—	—	—	—
梨树县	3644	—	—	160	829
伊通满族自治县	1425	—	—	—	86
公主岭市	533	—	—	157	122
双辽市	651	—	—	761	—
国有林总场	147	—	—	—	—
辽源市	**496**	**—**	**—**	**—**	**889**
龙山区	—	—	—	—	14
东丰县	100	—	—	—	428
东辽县	396	—	—	—	425
国有林保护中心	—	—	—	—	22
通化市	**1424**	**—**	**—**	**3**	**1186**
东昌区	6	—	—	3	34
二道江区	—	—	—	—	46
通化县	—	—	—	—	367
辉南县	800	—	—	—	259
柳河县	—	—	—	—	176
梅河口市	551	—	—	—	206
集安市	67	—	—	—	98
白山市	**141**	**—**	**—**	**476**	**133**
江源区	—	—	—	—	26
抚松县	73	—	—	—	—
靖宇县	48	—	—	—	27
长白朝鲜族自治县	—	—	—	—	67
临江市	20	—	—	76	13
长白森林经营局	—	—	—	400	—
松原市	**3885**	**—**	**—**	**1028**	**1290**
宁江区	191	—	—	48	76
前郭尔罗斯蒙古族自治县	415	—	—	907	728
长岭县	2400	—	—	—	—
乾安县	449	—	—	73	449
扶余市	423	—	—	—	—
其他单位	7	—	—	—	37

分县造林完成情况

单位：公顷

单位名称	人工造林	飞播造林	无林地和疏林地新封山育林	退化林修复	人工更新
白城市	**8429**	**—**	**—**	**1399**	**804**
洮北区	228	—	—	42	190
镇赉县	893	—	—	667	—
通榆县	4523	—	—	277	—
洮南市	2400	—	—	413	435
大安市	330	—	—	—	146
其他单位	55	—	—	—	33
延边朝鲜族自治州	**205**	**—**	**—**	**110**	**611**
延吉市	—	—	—	—	105
图们市	—	—	—	100	59
敦化市	195	—	—	—	42
珲春市	10	—	—	—	—
龙井市	—	—	—	—	252
和龙市	—	—	—	10	92
安图县	—	—	—	—	61
省直单位	**13**	**—**	**—**	**1202**	**—**
吉林森工集团	**—**	**—**	**—**	**29659**	**48**
长白山森工集团	**—**	**—**	**—**	**32738**	**593**
黑龙江	**43030**	**—**	**27659**	**42214**	**4400**
哈尔滨市	**6648**	**—**	**12127**	**2547**	**—**
市直市郊	703	—	667	—	—
依兰县	1152	—	667	—	—
方正县	35	—	—	—	—
宾县	467	—	667	800	—
巴彦县	333	—	1333	200	—
木兰县	194	—	2000	—	—
通河县	2010	—	1333	—	—
延寿县	628	—	2793	1047	—
尚志市	333	—	—	100	—
五常市	793	—	2667	400	—
齐齐哈尔市	**4254**	**—**	**—**	**3986**	**—**
市局机关	113	—	—	—	—
龙江县	723	—	—	—	—
依安县	733	—	—	—	—
泰来县	696	—	—	—	—
甘南县	467	—	—	—	—
富裕县	269	—	—	—	—
克山县	289	—	—	—	—
克东县	349	—	—	—	—
拜泉县	333	—	—	53	—
讷河市	282	—	—	3933	—
鸡西市	**2184**	**—**	**—**	**133**	**—**
市局机关	756	—	—	66	—
鸡东县	182	—	—	67	—
虎林市	314	—	—	—	—
密山市	932	—	—	—	—
鹤岗市	**933**	**—**	**—**	**1200**	**—**

分县造林完成情况

单位:公顷

单位名称	人工造林	飞播造林	无林地和疏林地新封山育林	退化林修复	人工更新
市局机关	540	—	—	1200	—
萝北县	326	—	—	—	—
绥滨县	67	—	—	—	—
双鸭山市	**646**	**—**	**133**	**1047**	**—**
市局机关	—	—	133	—	—
集贤县	181	—	—	—	—
宝清县	245	—	—	1047	—
饶河县	220	—	—	—	—
大庆市	**1802**	**—**	**—**	**360**	**—**
市局机关	2	—	—	360	—
肇州县	333	—	—	—	—
肇源县	467	—	—	—	—
林甸县	333	—	—	—	—
杜尔伯特蒙古族自治县	667	—	—	—	—
伊春市	**314**	**—**	**667**	**667**	**—**
伊春市区	67	—	—	—	—
嘉荫县	180	—	—	—	—
金林区	—	—	—	667	—
铁力市	67	—	667	—	—
佳木斯市	**1695**	**—**	**2933**	**553**	**—**
市局机关	266	—	533	100	—
市郊区	7	—	—	—	—
桦南县	476	—	—	200	—
桦川县	390	—	400	—	—
汤原县	269	—	667	253	—
富锦市	287	—	—	—	—
抚远市	—	—	1333	—	—
七台河市	**206**	**—**	**—**	**—**	**—**
市局机关	160	—	—	—	—
勃利县	46	—	—	—	—
牡丹江市	**5391**	**—**	**3527**	**1127**	**—**
市局机关	402	—	—	—	—
林口县	3935	—	2380	667	—
海林市	214	—	147	—	—
宁安市	235	—	—	267	—
穆棱市	379	—	1000	60	—
东宁市	226	—	—	133	—
黑河市	**2441**	**—**	**3133**	**—**	**—**
市局机关	86	—	—	—	—
爱辉区	600	—	—	—	—
逊克县	75	—	—	—	—
孙吴县	113	—	—	—	—
北安市	190	—	666	—	—
五大连池市	53	—	1333	—	—
嫩江市	1259	—	467	—	—
五大连池风景名胜区	65	—	667	—	—
绥化市	**5765**	**—**	**867**	**133**	**—**

分县造林完成情况

单位：公顷

单位名称	人工造林	飞播造林	无林地和疏林地新封山育林	退化林修复	人工更新
北林区	367	—	—	—	—
望奎县	1067	—	—	—	—
兰西县	1733	—	—	—	—
青冈县	805	—	—	—	—
庆安县	187	—	—	—	—
明水县	333	—	200	133	—
绥棱县	27	—	—	—	—
安达市	333	—	—	—	—
肇东市	333	—	—	—	—
海伦市	487	—	—	—	—
绥棱县国有林场发展服务中心	93	—	—	—	—
海伦市森林资源保护中心	—	—	667	—	—
大兴安岭地区	**133**	**—**	**—**	**—**	**—**
呼玛县	133	—	—	—	—
局直属单位	**400**	**—**	**—**	**1000**	**—**
庆安国有林场管理局	**1333**	**—**	**—**	**1333**	**—**
尚志国有林场管理局	**1287**	**—**	**—**	**—**	**—**
新江林场	**20**	**—**	**133**	**67**	**—**
桦南林业局	**820**	**—**	**—**	**—**	**—**
双鸭山新苑林业有限公司	**13**	**—**	**733**	**600**	**—**
鹤岗绿森林业有限公司	**—**	**—**	**1027**	**133**	**—**
黑龙江省农垦总局	**—**	**—**	**—**	**367**	**—**
龙江森工集团	**4095**	**—**	**—**	**13465**	**4400**
伊春森工集团	**2650**	**—**	**2379**	**13496**	**—**
上海	**5003**	**—**	**—**	**—**	**—**
宝山区	70	—	—	—	—
嘉定区	353	—	—	—	—
浦东新区	894	—	—	—	—
金山区	625	—	—	—	—
松江区	621	—	—	—	—
青浦区	256	—	—	—	—
奉贤区	184	—	—	—	—
崇明县	2000	—	—	—	—
江苏	**32370**	**—**	**—**	**159**	**11837**
南京市	**2178**	**—**	**—**	**12**	**—**
浦口区	68	—	—	12	—
栖霞区	26	—	—	—	—
雨花台区	8	—	—	—	—
江宁区	164	—	—	—	—
六合区	792	—	—	—	—
溧水区	752	—	—	—	—
高淳区	368	—	—	—	—
无锡市	**568**	**—**	**—**	**—**	**186**
锡山区	92	—	—	—	30
惠山区	51	—	—	—	17
滨湖区	5	—	—	—	2
新吴区	67	—	—	—	22

分县造林完成情况

单位:公顷

单位名称	人工造林	飞播造林	无林地和疏林地新封山育林	退化林修复	人工更新
江阴市	202	—	—	—	66
宜兴市	151	—	—	—	49
徐州市	**3649**	**—**	**—**	**—**	**2162**
贾汪区	153	—	—	—	91
铜山区	281	—	—	—	166
丰县	411	—	—	—	244
沛县	539	—	—	—	319
睢宁县	545	—	—	—	323
新沂市	1085	—	—	—	643
邳州市	635	—	—	—	376
常州市	**700**	**—**	**—**	**—**	**64**
高新区	124	—	—	—	11
武进区	184	—	—	—	17
溧阳市	198	—	—	—	18
市直单位	194	—	—	—	18
苏州市	**747**	**—**	**—**	**—**	**70**
吴中区	12	—	—	—	1
相城区	13	—	—	—	1
吴江区	44	—	—	—	4
常熟市	174	—	—	—	16
张家港市	72	—	—	—	7
昆山市	139	—	—	—	13
太仓市	284	—	—	—	27
高新区	9	—	—	—	1
南通市	**2217**	**—**	**—**	**—**	**318**
经济技术开发区	60	—	—	—	9
崇川区	61	—	—	—	9
港闸区	30	—	—	—	4
通州区	312	—	—	—	45
如东县	351	—	—	—	50
启东市	312	—	—	—	45
如皋市	314	—	—	—	45
海门市	360	—	—	—	52
海安市	315	—	—	—	45
通州湾江海联动开发示范区	102	—	—	—	14
连云港市	**2766**	**—**	**—**	**—**	**2924**
连云区	71	—	—	—	66
海州区	308	—	—	—	296
赣榆区	549	—	—	—	548
东海县	602	—	—	—	650
灌云县	480	—	—	—	540
灌南县	475	—	—	—	556
市直单位	281	—	—	—	268
淮安市	**1413**	**—**	**—**	**—**	**1486**
市局机关	289	—	—	—	304
淮阴区	123	—	—	—	129
洪泽区	157	—	—	—	165

分县造林完成情况

单位：公顷

单位名称	人工造林	飞播造林	无林地和疏林地新封山育林	退化林修复	人工更新
涟水县	292	—	—	—	307
盱眙县	285	—	—	—	300
金湖县	267	—	—	—	281
盐城市	**9210**	**—**	**—**	**147**	**1157**
亭湖区	626	—	—	—	79
盐都区	1102	—	—	—	138
大丰区	1306	—	—	—	164
响水县	593	—	—	147	75
滨海县	950	—	—	—	119
阜宁县	682	—	—	—	86
射阳县	2167	—	—	—	272
建湖县	349	—	—	—	44
东台市	1435	—	—	—	180
扬州市	**2054**	**—**	**—**	**—**	**832**
广陵区	97	—	—	—	39
邗江区	127	—	—	—	51
江都区	470	—	—	—	191
宝应县	476	—	—	—	193
仪征市	388	—	—	—	157
高邮市	496	—	—	—	201
镇江市	**1177**	**—**	**—**	**—**	**453**
京口区	5	—	—	—	2
润州区	10	—	—	—	4
丹徒区	104	—	—	—	40
丹阳市	403	—	—	—	155
扬中市	26	—	—	—	10
句容市	604	—	—	—	232
镇江新区	25	—	—	—	10
泰州市	**2165**	**—**	**—**	**—**	**242**
海陵区	52	—	—	—	6
高港区	48	—	—	—	5
姜堰区	328	—	—	—	37
兴化市	874	—	—	—	98
靖江市	188	—	—	—	21
泰兴市	675	—	—	—	75
宿迁市	**3526**	**—**	**—**	**—**	**1943**
宿城区	353	—	—	—	195
宿豫区	196	—	—	—	108
沭阳县	443	—	—	—	244
泗阳县	377	—	—	—	208
泗洪县	2157	—	—	—	1188
浙江	**6276**	**—**	**—**	**61400**	**6519**
杭州市	**617**	**—**	**—**	**7239**	**1559**
江干区	—	—	—	—	—
拱墅区	—	—	—	—	—
西湖区	—	—	—	—	—
滨江区	—	—	—	—	—

分县造林完成情况

单位:公顷

单位名称	人工造林	飞播造林	无林地和疏林地新封山育林	退化林修复	人工更新
萧山区	27	—	—	—	—
余杭区	7	—	—	33	40
富阳区	107	—	—	—	90
临安市	45	—	—	—	340
桐庐县	70	—	—	2173	71
淳安县	124	—	—	—	451
建德市	237	—	—	5033	567
宁波市	**107**	**—**	**—**	**2969**	**27**
海曙区	—	—	—	27	—
江北区	—	—	—	63	—
北仑区	—	—	—	67	—
镇海区	20	—	—	—	—
奉化区	42	—	—	528	13
象山县	—	—	—	1333	—
宁海县	38	—	—	533	14
余姚市	7	—	—	400	—
慈溪市	—	—	—	18	—
温州市	**1278**	**—**	**—**	**12567**	**275**
市直单位	10	—	—	—	—
龙湾区	15	—	—	1	—
瓯海区	99	—	—	1033	—
洞头县	—	—	—	—	—
永嘉县	—	—	—	1000	81
平阳县	327	—	—	2413	—
苍南县	492	—	—	1867	31
文成县	19	—	—	6000	69
泰顺县	68	—	—	—	71
瑞安市	167	—	—	—	—
乐清市	81	—	—	253	23
嘉兴市	**552**	**—**	**—**	**—**	**20**
南湖区	67	—	—	—	—
秀洲区	40	—	—	—	—
嘉善县	42	—	—	—	—
海盐县	64	—	—	—	17
海宁市	195	—	—	—	—
平湖市	90	—	—	—	3
桐乡市	54	—	—	—	—
湖州市	**286**	**—**	**—**	**2468**	**29**
吴兴区	34	—	—	500	2
南浔区	45	—	—	—	—
德清县	69	—	—	471	—
长兴县	70	—	—	571	16
安吉县	68	—	—	926	11
绍兴市	**919**	**—**	**—**	**3100**	**—**
越城区	15	—	—	267	—
柯桥区	64	—	—	800	—
上虞区	167	—	—	1333	—

分县造林完成情况

单位：公顷

单位名称	人工造林	飞播造林	无林地和疏林地新封山育林	退化林修复	人工更新
新昌县	77	—	—	—	—
诸暨市	208	—	—	700	—
嵊州市	388	—	—	—	—
金华市	**398**	**—**	**—**	**1296**	**827**
市直单位	—	—	—	—	—
婺城区	72	—	—	—	141
金东区	35	—	—	—	4
武义县	29	—	—	1223	459
浦江县	14	—	—	—	28
磐安县	8	—	—	73	73
兰溪市	—	—	—	—	21
义乌市	141	—	—	—	18
东阳市	28	—	—	—	56
永康市	71	—	—	—	27
衢州市	**993**	**—**	**—**	**78**	**602**
市直单位	—	—	—	—	—
柯城区	22	—	—	—	—
衢江区	11	—	—	—	36
常山县	54	—	—	—	78
开化县	691	—	—	78	309
龙游县	48	—	—	—	37
江山市	167	—	—	—	142
舟山市	**84**	**—**	**—**	**—**	**—**
市直单位	13	—	—	—	—
定海区	31	—	—	—	—
普陀区	25	—	—	—	—
岱山县	10	—	—	—	—
嵊泗县	5	—	—	—	—
台州市	**287**	**—**	**—**	**7838**	**328**
市直单位	—	—	—	—	—
椒江区	23	—	—	—	—
黄岩区	50	—	—	—	17
路桥区	24	—	—	—	—
三门县	8	—	—	—	21
天台县	21	—	—	1933	38
仙居县	55	—	—	4758	111
温岭市	21	—	—	—	—
临海市	73	—	—	1147	133
玉环市	12	—	—	—	8
丽水市	**755**	**—**	**—**	**23845**	**2852**
市直单位	—	—	—	—	—
莲都区	127	—	—	1738	45
青田县	—	—	—	—	320
缙云县	65	—	—	15626	259
遂昌县	65	—	—	6448	343
松阳县	178	—	—	33	380
云和县	43	—	—	—	185

分县造林完成情况

单位:公顷

单位名称	人工造林	飞播造林	无林地和疏林地新封山育林	退化林修复	人工更新
庆元县	2	—	—	—	307
景宁畲族自治县	108	—	—	—	145
龙泉市	167	—	—	—	868
安徽	**51264**	**—**	**4905**	**46109**	**992**
合肥市	**6149**	**—**	**—**	**1494**	**—**
瑶海区	21	—	—	—	—
包河区	62	—	—	233	—
蜀山区	40	—	—	—	—
长丰县	1182	—	—	—	—
肥东县	2637	—	—	252	—
肥西县	919	—	—	267	—
庐江县	929	—	—	408	—
巢湖市	359	—	—	334	—
芜湖市	**2522**	**—**	**—**	**466**	**198**
镜湖区	17	—	—	—	—
弋江区	33	—	—	—	—
鸠江区	148	—	—	—	40
三山区	84	—	—	—	—
芜湖县	305	—	—	—	46
繁昌县	216	—	—	133	45
南陵县	667	—	—	200	—
无为县	1052	—	—	133	67
蚌埠市	**1519**	**—**	**—**	**—**	**—**
龙子湖区	9	—	—	—	—
蚌山区	63	—	—	—	—
禹会区	109	—	—	—	—
淮上区	98	—	—	—	—
怀远县	569	—	—	—	—
五河县	381	—	—	—	—
固镇县	269	—	—	—	—
市直单位	21	—	—	—	—
淮南市	**998**	**—**	**—**	**—**	**—**
大通区	16	—	—	—	—
田家庵区	27	—	—	—	—
谢家集区	29	—	—	—	—
八公山区	7	—	—	—	—
潘集区	32	—	—	—	—
毛集区	33	—	—	—	—
凤台县	235	—	—	—	—
寿县	619	—	—	—	—
马鞍山市	**1085**	**—**	**—**	**335**	**5**
花山区	34	—	—	—	—
雨山区	26	—	—	—	—
博望区	104	—	—	33	5
当涂县	260	—	—	67	—
含山县	350	—	—	133	—
和县	311	—	—	102	—

分县造林完成情况

单位：公顷

单位名称	人工造林	飞播造林	无林地和疏林地新封山育林	退化林修复	人工更新
淮北市	**2180**	—	—	—	—
杜集区	114	—	—	—	—
相山区	200	—	—	—	—
烈山区	371	—	—	—	—
濉溪县	1495	—	—	—	—
铜陵市	**384**	—	**40**	**412**	**11**
铜官区	—	—	—	13	—
义安区	30	—	—	133	—
铜陵郊区	40	—	—	133	11
枞阳县	314	—	40	133	—
安庆市	**8227**	—	**388**	**8208**	—
迎江区	47	—	—	—	—
大观区	117	—	—	—	—
宜秀区	92	—	95	—	—
怀宁县	812	—	—	200	—
太湖县	3341	—	293	2800	—
宿松县	1610	—	—	200	—
望江县	899	—	—	133	—
桐城市	386	—	—	800	—
岳西县	434	—	—	3200	—
潜山市	489	—	—	875	—
黄山市	**906**	—	**1122**	**10985**	—
屯溪区	13	—	—	67	—
黄山区	318	—	—	667	—
徽州区	16	—	—	200	—
歙县	147	—	122	4000	—
休宁县	75	—	—	4082	—
黟县	162	—	1000	1000	—
祁门县	172	—	—	667	—
市直单位	3	—	—	302	—
滁州市	**6576**	—	**733**	**1907**	**330**
琅琊区	30	—	—	—	30
南谯区	581	—	—	140	—
来安县	966	—	333	133	13
全椒县	684	—	—	200	—
定远县	1761	—	400	—	—
凤阳县	1046	—	—	267	—
天长市	249	—	—	—	—
明光市	735	—	—	400	226
市直单位	524	—	—	767	61
阜阳市	**3566**	—	—	**535**	—
颍州区	204	—	—	—	—
颍东区	223	—	—	—	—
颍泉区	165	—	—	—	—
临泉县	883	—	—	134	—
太和县	431	—	—	133	—
阜南县	667	—	—	124	—

分县造林完成情况

单位:公顷

单位名称	人工造林	飞播造林	无林地和疏林地新封山育林	退化林修复	人工更新
颍上县	472	—	—	144	—
界首市	521	—	—	—	—
宿州市	**5222**	**—**	**133**	**3748**	**—**
埇桥区	1320	—	133	548	—
砀山县	402	—	—	2667	—
萧县	1398	—	—	533	—
灵璧县	1076	—	—	—	—
泗县	1026	—	—	—	—
六安市	**2561**	**—**	**1600**	**7652**	**65**
金安区	400	—	—	533	—
裕安区	377	—	—	—	28
叶集区	231	—	—	—	—
霍邱县	716	—	—	200	24
舒城县	474	—	533	1333	—
金寨县	141	—	667	3333	—
霍山县	222	—	400	2253	13
亳州市	**6100**	**—**	**—**	**136**	**—**
谯城区	467	—	—	—	—
涡阳县	1343	—	—	—	—
蒙城县	1345	—	—	—	—
利辛县	2945	—	—	136	—
池州市	**1880**	**—**	**492**	**5000**	**383**
贵池区	756	—	—	1000	216
九华山区	3	—	—	—	3
东至县	767	—	333	1333	85
石台县	53	—	—	2000	20
青阳县	301	—	159	667	59
宣城市	**1389**	**—**	**397**	**5231**	**—**
宣州区	445	—	—	456	—
郎溪县	185	—	267	333	—
泾县	298	—	—	1342	—
绩溪县	36	—	—	1300	—
旌德县	175	—	130	134	—
宁国市	67	—	—	1333	—
广德市	183	—	—	333	—
福建	**6738**	**—**	**3246**	**16938**	**47636**
福州市	**1403**	**—**	**—**	**431**	**3182**
马尾区	—	—	—	—	176
平潭综合实验区	81	—	—	61	—
晋安区	131	—	—	—	82
长乐区	160	—	—	—	106
闽侯县	13	—	—	—	417
连江县	167	—	—	—	350
罗源县	79	—	—	70	255
闽清县	—	—	—	—	970
永泰县	408	—	—	253	713
福清市	364	—	—	47	113

分县造林完成情况

单位：公顷

单位名称	人工造林	飞播造林	无林地和疏林地新封山育林	退化林修复	人工更新
厦门市	**—**	**—**	**—**	**614**	**—**
海沧区	—	—	—	324	—
集美区	—	—	—	75	—
同安区	—	—	—	199	—
翔安区	—	—	—	16	—
莆田市	**108**	**—**	**—**	**1405**	**1310**
城厢区	8	—	—	93	73
涵江区	3	—	—	263	48
荔城区	—	—	—	—	22
秀屿区	81	—	—	20	—
仙游县	13	—	—	1029	1167
湄洲岛国家旅游度假区	2	—	—	—	—
北岸管委会	1	—	—	—	—
三明市	**704**	**—**	**—**	**2774**	**10058**
梅列区	1	—	—	—	178
三元区	—	—	—	272	454
明溪县	147	—	—	435	1074
清流县	38	—	—	223	737
宁化县	33	—	—	360	150
大田县	15	—	—	163	1363
尤溪县	56	—	—	396	1471
沙县	112	—	—	194	1245
将乐县	255	—	—	134	861
泰宁县	40	—	—	312	505
建宁县	—	—	—	206	579
永安市	7	—	—	79	1441
泉州市	**1175**	**—**	**—**	**1445**	**3821**
丰泽区	—	—	—	11	3
洛江区	11	—	—	37	90
泉港区	20	—	—	100	92
惠安县	194	—	—	54	—
安溪县	600	—	—	240	542
永春县	241	—	—	160	803
德化县	32	—	—	316	1318
石狮市	8	—	—	—	—
晋江市	29	—	—	214	147
南安市	36	—	—	313	826
台商区	4	—	—	—	—
漳州市	**515**	**—**	**3246**	**228**	**9623**
芗城区	—	—	25	—	18
龙文区	—	—	26	—	83
云霄县	57	—	320	5	957
漳浦县	70	—	387	—	1560
诏安县	29	—	300	2	1630
长泰县	64	—	387	21	836
东山县	48	—	47	—	16
南靖县	74	—	460	5	1299

分县造林完成情况

单位:公顷

单位名称	人工造林	飞播造林	无林地和疏林地新封山育林	退化林修复	人工更新
平和县	67	—	473	174	1472
华安县	54	—	474	21	1146
龙海市	52	—	347	—	606
南平市	**619**	**—**	**—**	**3026**	**11879**
延平区	70	—	—	95	1384
建阳区	42	—	—	708	1250
顺昌县	6	—	—	364	1029
浦城县	98	—	—	177	1264
光泽县	2	—	—	200	811
松溪县	63	—	—	217	611
政和县	22	—	—	468	355
邵武市	45	—	—	202	1379
武夷山市	210	—	—	295	1014
建瓯市	61	—	—	300	2782
龙岩市	**875**	**—**	**—**	**6033**	**5921**
新罗区	177	—	—	51	180
永定区	265	—	—	2216	491
长汀县	34	—	—	1695	1177
上杭县	100	—	—	182	1134
武平县	158	—	—	1094	856
连城县	76	—	—	383	771
漳平市	65	—	—	412	1312
宁德市	**1339**	**—**	**—**	**982**	**1842**
蕉城区	219	—	—	366	69
霞浦县	30	—	—	51	433
古田县	634	—	—	—	—
屏南县	87	—	—	33	380
寿宁县	—	—	—	100	167
周宁县	76	—	—	—	264
柘荣县	79	—	—	71	296
福安市	—	—	—	287	175
福鼎市	214	—	—	74	58
江西	**66951**	**—**	**17226**	**122704**	**5387**
南昌市	**904**	**—**	**—**	**900**	**—**
湾里区	35	—	—	127	—
南昌县	73	—	—	—	—
新建区	220	—	—	233	—
安义县	153	—	—	267	—
进贤县	423	—	—	273	—
景德镇市	**1771**	**—**	**—**	**953**	**136**
市辖区	296	—	—	133	—
昌江区	20	—	—	20	—
浮梁县	402	—	—	467	106
乐平市	1053	—	—	333	30
萍乡市	**3104**	**—**	**2700**	**6914**	**53**
安源经济开发区	13	—	—	213	—
安源区	40	—	367	433	—

分县造林完成情况

单位：公顷

单位名称	人工造林	飞播造林	无林地和疏林地新封山育林	退化林修复	人工更新
湘东区	850	—	533	1200	53
莲花县	1200	—	1067	2087	—
上栗县	807	—	267	1107	—
芦溪县	194	—	333	1667	—
武功山	—	—	133	207	—
九江市	**6254**	**—**	**4334**	**11746**	**466**
市辖区	13	—	—	—	—
濂溪区	167	—	—	—	—
柴桑区	167	—	—	280	150
武宁县	800	—	—	2000	—
修水县	1660	—	2667	3334	—
永修县	567	—	—	280	—
德安县	553	—	467	833	—
都昌县	334	—	400	313	—
湖口县	333	—	—	533	—
彭泽县	840	—	—	2133	183
瑞昌市	573	—	800	1840	133
共青城市	100	—	—	67	—
庐山市	147	—	—	133	—
新余市	**2835**	**—**	**653**	**2268**	**114**
市辖区	—	—	—	31	—
渝水区	731	—	67	533	—
仙女湖	114	—	253	267	114
高新区	169	—	—	100	—
分宜县	1821	—	333	1337	—
鹰潭市	**1243**	**—**	**133**	**2620**	**—**
月湖区	7	—	—	13	—
龙虎山	116	—	—	500	—
余江区	430	—	—	867	—
贵溪市	690	—	133	1240	—
赣州市	**16561**	**—**	**2744**	**39412**	**2486**
犹江林场	—	—	—	53	—
经开区	16	—	—	—	—
章贡区	46	—	—	247	39
南康区	600	—	—	3227	—
赣县区	807	—	468	3227	—
信丰县	855	—	185	3227	1327
大余县	535	—	—	1000	—
上犹县	611	—	37	1467	—
崇义县	400	—	—	1333	480
安远县	1894	—	—	2307	—
龙南县	771	—	720	1300	—
定南县	2200	—	—	1067	430
全南县	556	—	—	2000	—
宁都县	1317	—	—	3814	—
于都县	750	—	—	4880	—
兴国县	1259	—	—	1667	—

分县造林完成情况

单位:公顷

单位名称	人工造林	飞播造林	无林地和疏林地新封山育林	退化林修复	人工更新
会昌县	588	—	667	3133	—
寻乌县	395	—	667	800	—
石城县	1176	—	—	1663	—
瑞金市	1785	—	—	3000	210
吉安市	**11877**	**—**	**1854**	**21389**	**1984**
市辖区	—	—	—	67	—
吉州区	80	—	—	213	—
青原区	200	—	—	333	—
吉安县	800	—	467	2333	699
吉水县	1000	—	—	1200	1130
峡江县	789	—	—	1500	—
新干县	1140	—	—	1855	65
永丰县	1371	—	—	2467	—
泰和县	1163	—	687	2000	80
遂川县	934	—	—	1667	—
万安县	817	—	—	1200	—
安福县	1833	—	700	2867	—
永新县	1390	—	—	2267	—
井冈山市	360	—	—	1420	10
宜春市	**9624**	**—**	**3868**	**13056**	**15**
袁州区	1594	—	267	2533	—
明月山温泉风景名胜区	75	—	100	134	—
奉新县	367	—	100	467	—
万载县	534	—	—	2434	—
上高县	1442	—	667	954	15
宜丰县	1906	—	600	1600	—
靖安县	224	—	200	1234	—
铜鼓县	530	—	400	1700	—
丰城市	1000	—	1334	820	—
樟树市	649	—	200	367	—
高安市	1303	—	—	813	—
抚州市	**4350**	**—**	**940**	**8850**	**76**
临川区	284	—	—	567	—
东乡区	333	—	474	1267	76
南城县	134	—	—	1000	—
黎川县	715	—	—	587	—
南丰县	275	—	—	820	—
崇仁县	800	—	133	1335	—
乐安县	563	—	—	680	—
宜黄县	272	—	333	920	—
金溪县	417	—	—	667	—
资溪县	134	—	—	240	—
广昌县	423	—	—	767	—
上饶市	**8428**	**—**	**—**	**14596**	**57**
信州区	40	—	—	460	—
三清山	20	—	—	533	—
广丰区	397	—	—	1533	7

分县造林完成情况

单位：公顷

单位名称	人工造林	飞播造林	无林地和疏林地新封山育林	退化林修复	人工更新
广信区	1133	—	—	1667	—
玉山县	595	—	—	1062	—
铅山县	270	—	—	840	—
横峰县	457	—	—	867	—
弋阳县	520	—	—	620	50
余干县	1619	—	—	1620	—
鄱阳县	1441	—	—	1700	—
万年县	600	—	—	1020	—
婺源县	740	—	—	1207	—
德兴市	596	—	—	1467	—
山东	**125393**	**—**	**—**	**18114**	**24790**
济南市	**10631**	**—**	**—**	**4328**	**127**
历下区	134	—	—	—	—
市中区	724	—	—	167	—
槐荫区	68	—	—	200	—
天桥区	67	—	—	—	13
历城区	678	—	—	267	—
长清区	610	—	—	533	94
章丘区	1255	—	—	667	—
济阳区	441	—	—	—	—
莱芜区	1953	—	—	667	—
钢城区	972	—	—	507	—
高新区	261	—	—	—	—
平阴县	687	—	—	587	—
商河县	901	—	—	—	—
南部山区	1832	—	—	733	—
莱芜高新技术产业开发区	—	—	—	—	20
济南新旧动能转换先行区	48	—	—	—	—
青岛市	**9637**	**—**	**—**	**—**	**882**
黄岛区	1518	—	—	—	200
崂山区	—	—	—	—	70
城阳区	101	—	—	—	—
即墨区	1024	—	—	—	67
胶州市	1894	—	—	—	112
平度市	2503	—	—	—	272
莱西市	2597	—	—	—	161
淄博市	**2864**	**—**	**—**	**67**	**762**
淄川区	643	—	—	—	45
张店区	40	—	—	—	33
博山区	400	—	—	—	78
临淄区	75	—	—	—	85
周村区	104	—	—	—	97
桓台县	131	—	—	—	—
高青县	267	—	—	—	200
沂源县	1000	—	—	—	—
高新区	34	—	—	67	—
文昌湖省级旅游度假区	133	—	—	—	200

分县造林完成情况

单位:公顷

单位名称	人工造林	飞播造林	无林地和疏林地新封山育林	退化林修复	人工更新
经济开发区	37	—	—	—	24
枣庄市	**4112**	**—**	**—**	**683**	**1597**
市中区	200	—	—	67	186
薛城区	271	—	—	—	182
峄城区	300	—	—	200	134
台儿庄区	467	—	—	—	267
山亭区	1667	—	—	266	525
滕州市	1200	—	—	150	234
高新区	7	—	—	—	69
东营市	**4638**	**—**	**—**	**—**	**168**
东营区	930	—	—	—	—
河口区	539	—	—	—	—
垦利区	757	—	—	—	—
利津县	1193	—	—	—	—
广饶县	1219	—	—	—	168
烟台市	**8832**	**—**	**—**	**4122**	**490**
高新技术产业开发区	89	—	—	—	—
芝罘区	27	—	—	133	—
福山区	253	—	—	200	—
牟平区	639	—	—	779	54
莱山区	107	—	—	133	—
长岛县	27	—	—	267	—
龙口市	439	—	—	233	100
莱阳市	1035	—	—	48	72
莱州市	1091	—	—	283	117
蓬莱市	447	—	—	193	40
招远市	1130	—	—	400	—
栖霞市	1366	—	—	800	—
海阳市	1958	—	—	400	107
昆嵛山自然保护区	27	—	—	200	—
烟台开发区	197	—	—	53	—
潍坊市	**8238**	**—**	**—**	**1606**	**2553**
潍城区	38	—	—	195	61
寒亭区	56	—	—	303	185
坊子区	170	—	—	—	72
奎文区	—	—	—	68	4
临朐县	953	—	—	402	133
昌乐县	600	—	—	134	137
青州市	1189	—	—	280	88
诸城市	1200	—	—	—	487
寿光市	628	—	—	—	300
安丘市	1148	—	—	72	369
高密市	487	—	—	—	220
昌邑市	678	—	—	—	335
高新区	19	—	—	—	27
滨海区	540	—	—	20	67
峡山区	532	—	—	132	68

分县造林完成情况

单位:公顷

单位名称	人工造林	飞播造林	无林地和疏林地新封山育林	退化林修复	人工更新
济宁市	**6273**	**—**	**—**	**—**	**5280**
任城区	211	—	—	—	63
兖州区	167	—	—	—	128
微山县	284	—	—	—	358
鱼台县	400	—	—	—	267
金乡县	329	—	—	—	337
嘉祥县	760	—	—	—	680
汶上县	601	—	—	—	530
泗水县	1322	—	—	—	791
梁山县	688	—	—	—	272
曲阜市	585	—	—	—	696
邹城市	926	—	—	—	1158
泰安市	**4073**	**—**	**—**	**3309**	**—**
市直单位	237	—	—	166	—
岱岳区	315	—	—	103	—
宁阳县	1104	—	—	802	—
东平县	300	—	—	306	—
新泰市	1267	—	—	933	—
肥城市	850	—	—	999	—
威海市	**2416**	**—**	**—**	**923**	**1605**
环翠区	33	—	—	267	—
文登区	677	—	—	389	224
荣成市	733	—	—	—	600
乳山市	800	—	—	200	467
临港经济技术开发区	80	—	—	—	134
经济技术开发区	47	—	—	67	67
高新区	20	—	—	—	67
南海农业海洋发展局	26	—	—	—	46
日照市	**6192**	**—**	**—**	**334**	**1689**
东港区	1333	—	—	—	467
岚山区	1003	—	—	334	—
五莲县	1266	—	—	—	567
莒县	2253	—	—	—	655
山海天旅游度假区	267	—	—	—	—
开发区	70	—	—	—	—
临沂市	**9134**	**—**	**—**	**2398**	**2506**
兰山区	103	—	—	101	—
罗庄区	135	—	—	—	86
河东区	120	—	—	—	80
沂南县	1211	—	—	—	525
郯城县	489	—	—	—	311
沂水县	1316	—	—	—	853
兰陵县	1205	—	—	595	—
费县	1093	—	—	838	124
平邑县	1125	—	—	—	208
莒南县	605	—	—	54	319
蒙阴县	1546	—	—	810	—

分县造林完成情况

单位:公顷

单位名称	人工造林	飞播造林	无林地和疏林地新封山育林	退化林修复	人工更新
临沭县	150	—	—	—	—
高新区	36	—	—	—	—
德州市	**12057**	**—**	**—**	**—**	**1362**
德城区	139	—	—	—	181
陵城区	733	—	—	—	—
宁津县	750	—	—	—	330
庆云县	942	—	—	—	—
临邑县	1266	—	—	—	—
齐河县	2433	—	—	—	—
平原县	1151	—	—	—	511
夏津县	1000	—	—	—	—
武城县	684	—	—	—	200
乐陵市	1740	—	—	—	—
禹城市	1046	—	—	—	—
经济技术开发区	119	—	—	—	140
运河开发区	54	—	—	—	—
聊城市	**4997**	**—**	**—**	**344**	**1466**
东昌府区	278	—	—	310	120
阳谷县	566	—	—	—	207
莘县	775	—	—	—	172
茌平县	653	—	—	—	108
东阿县	524	—	—	—	119
冠县	780	—	—	25	200
高唐县	509	—	—	—	243
临清市	600	—	—	—	200
江北水城旅游度假区	106	—	—	9	27
经济技术开发区	100	—	—	—	30
高新区	106	—	—	—	40
滨州市	**15847**	**—**	**—**	**—**	**2363**
滨城区	2251	—	—	—	—
沾化区	2720	—	—	—	—
惠民县	1650	—	—	—	1120
阳信县	2524	—	—	—	—
无棣县	2954	—	—	—	—
博兴县	2422	—	—	—	—
邹平市	976	—	—	—	1243
高新技术产业开发区	350	—	—	—	—
菏泽市	**15452**	**—**	**—**	**—**	**1940**
牡丹区	1047	—	—	—	140
曹县	1981	—	—	—	266
单县	3455	—	—	—	826
成武县	1369	—	—	—	98
巨野县	1400	—	—	—	180
郓城县	1650	—	—	—	220
鄄城县	1133	—	—	—	—
定陶区	1230	—	—	—	210
东明县	1920	—	—	—	—

分县造林完成情况

单位：公顷

单位名称	人工造林	飞播造林	无林地和疏林地新封山育林	退化林修复	人工更新
开发区	267	—	—	—	—
河南	**164771**	**13335**	**18287**	**100**	**—**
郑州市	**6331**	**—**	**343**	**—**	**—**
中原区	13	—	—	—	—
二七区	8	—	—	—	—
管城回族区	20	—	—	—	—
金水区	20	—	—	—	—
惠济区	20	—	—	—	—
中牟县	799	—	—	—	—
巩义市	2315	—	—	—	—
荥阳市	678	—	—	—	—
新密市	749	—	343	—	—
新郑市	714	—	—	—	—
登封市	685	—	—	—	—
市辖区	310	—	—	—	—
开封市	**8163**	**—**	**—**	**—**	**—**
龙亭区	67	—	—	—	—
顺河回族区	80	—	—	—	—
鼓楼区	74	—	—	—	—
禹王台区	17	—	—	—	—
祥符区	1706	—	—	—	—
杞县	1500	—	—	—	—
通许县	1466	—	—	—	—
尉氏县	1920	—	—	—	—
兰考县	1333	—	—	—	—
洛阳市	**7718**	**2334**	**2570**	**—**	**—**
孟津县	647	—	—	—	—
新安县	767	667	—	—	—
栾川县	379	667	—	—	—
嵩县	1714	—	—	—	—
汝阳县	1155	1000	680	—	—
宜阳县	690	—	490	—	—
洛宁县	970	—	1400	—	—
伊川县	859	—	—	—	—
偃师市	537	—	—	—	—
平顶山市	**8975**	**—**	**—**	**—**	**—**
新华区	33	—	—	—	—
卫东区	7	—	—	—	—
石龙区	56	—	—	—	—
湛河区	27	—	—	—	—
城乡一体化示范区	53	—	—	—	—
高新区	5	—	—	—	—
宝丰县	1867	—	—	—	—
叶县	633	—	—	—	—
鲁山县	1453	—	—	—	—
郏县	1733	—	—	—	—
舞钢市	193	—	—	—	—

分县造林完成情况

单位:公顷

单位名称	人工造林	飞播造林	无林地和疏林地新封山育林	退化林修复	人工更新
汝州市	2915	—	—	—	—
安阳市	**4333**	**—**	**663**	**67**	**—**
文峰区	31	—	—	—	—
北关区	20	—	—	—	—
殷都区	283	—	—	—	—
龙安区	252	—	63	—	—
安阳县	334	—	—	—	—
汤阴县	943	—	—	—	—
滑县	1483	—	—	—	—
内黄县	387	—	—	67	—
林州市	600	—	600	—	—
鹤壁市	**5961**	**667**	**—**	**33**	**—**
鹤山区	1051	—	—	—	—
山城区	259	—	—	—	—
淇滨区	861	—	—	—	—
浚县	1869	—	—	—	—
淇县	1921	667	—	33	—
新乡市	**4782**	**2000**	**280**	**—**	**—**
凤泉区	70	—	—	—	—
新乡县	292	—	—	—	—
获嘉县	193	—	—	—	—
原阳县	468	—	—	—	—
延津县	393	—	—	—	—
封丘县	323	—	—	—	—
卫辉市	1084	667	140	—	—
辉县市	514	1333	140	—	—
长垣县	1445	—	—	—	—
焦作市	**2693**	**1334**	**264**	**—**	**—**
解放区	100	—	—	—	—
中站区	135	—	70	—	—
马村区	33	—	—	—	—
山阳区	133	—	67	—	—
修武县	364	667	127	—	—
博爱县	593	—	—	—	—
武陟县	458	—	—	—	—
温县	231	—	—	—	—
沁阳市	340	667	—	—	—
孟州市	200	—	—	—	—
示范区	106	—	—	—	—
濮阳市	**4763**	**—**	**—**	**—**	**—**
华龙区	57	—	—	—	—
开发区	207	—	—	—	—
清丰县	747	—	—	—	—
南乐县	663	—	—	—	—
范县	765	—	—	—	—
台前县	850	—	—	—	—
濮阳县	1474	—	—	—	—

分县造林完成情况

单位：公顷

单位名称	人工造林	飞播造林	无林地和疏林地新封山育林	退化林修复	人工更新
许昌市	**6822**	**667**	**—**	**—**	**—**
魏都区	44	—	—	—	—
东城区	40	—	—	—	—
经济技术开发区	46	—	—	—	—
城乡一体化示范区	35	—	—	—	—
建安区	563	—	—	—	—
鄢陵县	733	—	—	—	—
襄城县	988	—	—	—	—
禹州市	3500	667	—	—	—
长葛市	873	—	—	—	—
漯河市	**4815**	**—**	**—**	**—**	**—**
源汇区	376	—	—	—	—
郾城区	1393	—	—	—	—
召陵区	697	—	—	—	—
舞阳县	1071	—	—	—	—
临颍县	1278	—	—	—	—
三门峡市	**15120**	**2333**	**2948**	**—**	**—**
湖滨区	396	—	—	—	—
陕州区	1505	—	—	—	—
渑池县	4829	666	—	—	—
卢氏县	4977	1000	2948	—	—
义马市	526	—	—	—	—
灵宝市	2887	667	—	—	—
南阳市	**34891**	**3000**	**5893**	**—**	**—**
宛城区	976	—	—	—	—
卧龙区	67	—	—	—	—
南召县	3450	1000	1382	—	—
方城县	1145	—	—	—	—
西峡县	2574	—	1705	—	—
镇平县	2084	—	595	—	—
内乡县	1837	—	136	—	—
淅川县	13300	2000	396	—	—
社旗县	805	—	—	—	—
唐河县	1266	—	—	—	—
新野县	454	—	—	—	—
桐柏县	4826	—	1332	—	—
邓州市	1926	—	347	—	—
市辖区	181	—	—	—	—
商丘市	**6648**	**—**	**—**	**—**	**—**
梁园区	454	—	—	—	—
睢阳区	689	—	—	—	—
民权县	495	—	—	—	—
睢县	598	—	—	—	—
宁陵县	1093	—	—	—	—
柘城县	416	—	—	—	—
虞城县	752	—	—	—	—
夏邑县	1400	—	—	—	—

分县造林完成情况

单位:公顷

单位名称	人工造林	飞播造林	无林地和疏林地新封山育林	退化林修复	人工更新
永城市	751	—	—	—	—
信阳市	**22282**	**—**	**4573**	**—**	**—**
浉河区	1971	—	770	—	—
平桥区	3200	—	752	—	—
罗山县	2840	—	—	—	—
光山县	2808	—	1802	—	—
新县	1350	—	695	—	—
商城县	2442	—	554	—	—
固始县	2278	—	—	—	—
潢川县	1333	—	—	—	—
淮滨县	1113	—	—	—	—
息县	2947	—	—	—	—
周口市	**6403**	**—**	**—**	**—**	**—**
川汇区	27	—	—	—	—
扶沟县	590	—	—	—	—
西华县	668	—	—	—	—
商水县	407	—	—	—	—
沈丘县	712	—	—	—	—
郸城县	668	—	—	—	—
淮阳县	572	—	—	—	—
太康县	544	—	—	—	—
鹿邑县	1542	—	—	—	—
项城市	673	—	—	—	—
驻马店市	**10625**	**—**	**395**	**—**	**—**
驿城区	296	—	—	—	—
西平县	435	—	—	—	—
上蔡县	1351	—	—	—	—
平舆县	410	—	—	—	—
正阳县	644	—	—	—	—
确山县	2312	—	—	—	—
泌阳县	2300	—	266	—	—
汝南县	910	—	—	—	—
遂平县	362	—	129	—	—
新蔡县	1605	—	—	—	—
济源市	**3446**	**1000**	**358**	**—**	**—**
湖北	**138486**	**—**	**61159**	**136220**	**5913**
武汉市	**1872**	**—**	**—**	**2600**	**267**
市直单位	14	—	—	—	—
东西湖区	40	—	—	—	—
汉南区	140	—	—	—	—
蔡甸区	132	—	—	333	—
江夏区	80	—	—	600	267
黄陂区	1333	—	—	1000	—
新洲区	133	—	—	667	—
黄石市	**5556**	**—**	**1667**	**—**	**—**
阳新县	3267	—	1000	—	—
大冶市	2289	—	667	—	—

分县造林完成情况

单位：公顷

单位名称	人工造林	飞播造林	无林地和疏林地新封山育林	退化林修复	人工更新
十堰市	**12193**	**—**	**17639**	**20197**	**733**
市直单位	13	—	134	—	—
茅箭区	368	—	—	200	200
张湾区	14	—	—	880	—
郧阳区	1036	—	3493	2650	—
郧西县	772	—	1299	2466	—
竹山县	1439	—	3194	3067	—
竹溪县	3333	—	2433	3800	533
房县	1018	—	5046	4667	—
丹江口市	4187	—	1706	2000	—
武当山特区	13	—	334	467	—
宜昌市	**1685**	**—**	**15359**	**21533**	**66**
西陵区	14	—	—	—	—
点军区	57	—	—	800	—
猇亭区	4	—	133	—	—
夷陵区	120	—	2866	2667	—
远安县	74	—	1000	2333	—
兴山县	104	—	2333	3067	—
秭归县	443	—	3118	2467	—
长阳土家族自治县	533	—	800	3666	66
五峰土家族自治县	23	—	2770	2933	—
宜都市	100	—	2339	2000	—
当阳市	13	—	—	1267	—
枝江市	200	—	—	333	—
襄阳市	**7649**	**—**	**2266**	**13053**	**667**
市直单位	20	—	—	—	—
高新区	55	—	—	—	—
襄城区	1870	—	—	400	—
樊城区	88	—	—	—	—
襄州区	620	—	—	120	70
南漳县	1023	—	333	3867	377
谷城县	147	—	333	2133	—
保康县	933	—	1333	3933	—
老河口市	333	—	—	667	153
枣阳市	1227	—	267	1067	—
宜城市	1333	—	—	866	67
鄂州市	**966**	**—**	**—**	**107**	**—**
荆门市	**4713**	**—**	**400**	**7404**	**506**
市直单位	46	—	—	—	—
东宝区	400	—	—	1667	—
掇刀区	186	—	—	200	—
漳河新区	201	—	—	—	—
沙洋县	1696	—	—	670	60
钟祥市	1178	—	—	2200	22
京山市	826	—	400	2667	424
屈家岭管理区	180	—	—	—	—
孝感市	**9374**	**—**	**933**	**4538**	**70**

分县造林完成情况

单位:公顷

单位名称	人工造林	飞播造林	无林地和疏林地新封山育林	退化林修复	人工更新
孝南区	752	—	—	67	70
孝昌县	1343	—	333	3000	—
大悟县	5000	—	400	—	—
云梦县	333	—	—	—	—
应城市	333	—	—	333	—
安陆市	866	—	200	667	—
汉川市	747	—	—	471	—
荆州市	**45211**	**—**	**1000**	**6318**	**508**
市直单位	1891	—	—	—	—
沙市区	1410	—	—	534	—
荆州区	2853	—	—	667	—
公安县	5958	—	—	800	—
监利县	9733	—	—	667	—
江陵县	3000	—	—	467	—
石首市	6679	—	—	1520	—
洪湖市	8747	—	—	713	—
松滋市	4940	—	1000	950	508
黄冈市	**12735**	**—**	**6654**	**13399**	**461**
黄州区	307	—	—	200	—
团风县	867	—	267	333	—
红安县	1712	—	1333	1333	—
罗田县	426	—	1087	2867	—
英山县	667	—	667	1333	—
浠水县	2089	—	733	1000	18
蕲春县	1598	—	667	2000	—
黄梅县	935	—	200	667	65
麻城市	2800	—	200	2333	233
武穴市	1200	—	1500	1333	—
龙感湖管理区	134	—	—	—	145
咸宁市	**13004**	**—**	**4000**	**12078**	**1267**
市直单位	50	—	—	—	—
咸安区	1740	—	333	1000	—
嘉鱼县	1881	—	—	411	1267
通城县	800	—	667	2067	—
崇阳县	4000	—	667	3200	—
通山县	3600	—	2333	3200	—
赤壁市	933	—	—	2200	—
随州市	**4489**	**—**	**1466**	**8114**	**306**
市直单位	174	—	—	—	—
曾都区	334	—	—	827	306
广水市	1973	—	733	1820	—
随县	2008	—	733	5467	—
恩施土家族苗族自治州	**10396**	**—**	**9775**	**21346**	**869**
恩施市	782	—	433	3800	—
利川市	2120	—	—	3280	854
建始县	617	—	1667	2800	2
巴东县	2502	—	1656	3200	—

分县造林完成情况

单位：公顷

单位名称	人工造林	飞播造林	无林地和疏林地新封山育林	退化林修复	人工更新
宣恩县	504	—	3124	2000	—
咸丰县	933	—	888	2533	13
来凤县	1333	—	1333	1200	—
鹤峰县	1605	—	674	2533	—
仙桃市	**3900**	**—**	**—**	**—**	**—**
潜江市	**2134**	**—**	**—**	**733**	**—**
天门市	**2053**	**—**	**—**	**667**	**193**
神农架林区	**333**	**—**	**—**	**4000**	**—**
省局直属单位	**223**	**—**	**—**	**133**	**—**
湖南	**191985**	**—**	**86554**	**213907**	**5910**
长沙市	**4027**	**—**	**700**	**2015**	**—**
望城区	267	—	—	—	—
长沙县	533	—	—	333	—
浏阳市	1867	—	—	1000	—
宁乡市	1360	—	700	682	—
株洲市	**11453**	**—**	**5350**	**12067**	**2066**
云龙示范区	7	—	—	—	—
荷塘区	20	—	—	—	—
芦淞区	13	—	—	—	—
石峰区	133	—	—	—	—
天元区	13	—	—	—	—
渌口区	1300	—	550	1400	66
攸县	2867	—	1467	3000	2000
茶陵县	3033	—	1467	3000	—
炎陵县	1467	—	333	2000	—
醴陵市	2600	—	1533	2667	—
湘潭市	**2664**	**—**	**534**	**1998**	**—**
雨湖区	66	—	—	266	—
湘潭县	1266	—	267	666	—
湘乡市	1233	—	267	666	—
韶山市	66	—	—	200	—
昭山区	33	—	—	200	—
衡阳市	**22220**	**—**	**7500**	**31233**	**287**
珠晖区	133	—	—	—	—
雁峰区	33	—	66	—	—
石鼓区	33	—	—	—	—
蒸湘区	80	—	73	—	—
南岳区	33	—	—	—	—
衡阳县	4867	—	3333	7333	—
衡南县	2940	—	1153	4667	153
衡山县	1147	—	—	2333	—
衡东县	2814	—	1174	4100	—
祁东县	2340	—	334	4667	—
耒阳市	3733	—	1033	1000	134
常宁市	4067	—	334	7133	—
邵阳市	**28825**	**—**	**8850**	**34159**	**—**
双清区	167	—	134	667	—

分县造林完成情况

单位:公顷

单位名称	人工造林	飞播造林	无林地和疏林地新封山育林	退化林修复	人工更新
大祥区	333	—	—	1333	—
北塔区	200	—	—	666	—
新邵县	4600	—	373	3333	—
邵阳县	2200	—	544	3400	—
隆回县	2567	—	2333	3200	—
洞口县	6081	—	1400	3520	—
绥宁县	3225	—	—	3533	—
新宁县	2480	—	—	3400	—
城步苗族自治县	2200	—	2333	4067	—
武冈市	2405	—	1733	3467	—
邵东县	2367	—	—	3573	—
岳阳市	**14341**	**—**	**2268**	**12001**	**1370**
岳阳楼区	80	—	—	—	—
云溪区	375	—	135	335	—
君山区	867	—	67	200	—
岳阳县	1867	—	—	1867	—
华容县	1073	—	333	1333	—
湘阴县	1333	—	533	1333	35
平江县	5000	—	—	3667	—
汨罗市	1400	—	533	1333	1335
临湘市	1433	—	667	1600	—
屈原区	913	—	—	333	—
常德市	**15597**	**—**	**10999**	**12001**	**540**
武陵区	200	—	1000	333	—
鼎城区	2000	—	—	1800	—
安乡县	2633	—	333	1400	533
汉寿县	3333	—	1333	1600	—
澧县	2333	—	2333	1467	—
临澧县	1000	—	1333	667	—
桃源县	2764	—	2333	3667	7
石门县	667	—	1667	667	—
津市市	667	—	667	400	—
张家界市	**5767**	**—**	**6486**	**8001**	**—**
永定区	1667	—	2333	2567	—
武陵源区	533	—	—	100	—
慈利县	1700	—	820	2667	—
桑植县	1867	—	3333	2667	—
益阳市	**13387**	**—**	**4466**	**11335**	**134**
资阳区	1200	—	666	667	—
赫山区	1200	—	800	1334	134
南县	1420	—	—	1333	—
桃江县	1667	—	—	2000	—
安化县	4000	—	3000	3867	—
沅江市	3200	—	—	2000	—
大通湖区	667	—	—	134	—
高新区	33	—	—	—	—
郴州市	**17131**	**—**	**6618**	**23400**	**—**

分县造林完成情况

单位：公顷

单位名称	人工造林	飞播造林	无林地和疏林地新封山育林	退化林修复	人工更新
北湖区	520	—	880	1667	—
苏仙区	433	—	1000	1733	—
桂阳县	3307	—	805	2800	—
宜章县	1720	—	333	2200	—
永兴县	2813	—	—	2333	—
嘉禾县	1667	—	—	1667	—
临武县	1813	—	333	2200	—
汝城县	1067	—	—	2200	—
桂东县	780	—	1267	1933	—
安仁县	1667	—	1667	2000	—
资兴市	1344	—	333	2667	—
永州市	**19193**	**—**	**11734**	**23733**	**1313**
零陵区	1340	—	1333	2667	—
冷水滩区	933	—	—	1333	—
祁阳县	1814	—	—	2667	133
东安县	1600	—	1333	2000	—
双牌县	1600	—	—	3000	—
道县	2067	—	2000	2000	—
江永县	906	—	1467	1333	—
宁远县	2753	—	2260	2000	380
蓝山县	1733	—	854	2000	—
新田县	2167	—	200	1333	—
江华瑶族自治县	1400	—	1467	2067	800
经开区	67	—	153	333	—
回龙圩管理区	133	—	—	333	—
金洞管理区	680	—	667	667	—
怀化市	**17091**	**—**	**10897**	**22282**	**67**
鹤城区	400	—	267	333	—
中方县	1003	—	807	1680	—
沅陵县	2267	—	1200	2267	—
辰溪县	1334	—	1003	1867	67
溆浦县	2400	—	1333	2667	—
会同县	1554	—	933	2000	—
麻阳苗族自治县	1333	—	1000	1867	—
新晃侗族自治县	1000	—	1000	1667	—
芷江侗族自治县	1333	—	1334	2000	—
靖州苗族侗族自治县	1333	—	867	1667	—
通道侗族自治县	1667	—	—	2000	—
洪江市	1333	—	1153	1947	—
洪江区	67	—	—	200	—
市直单位	67	—	—	120	—
娄底市	**10057**	**—**	**4319**	**6668**	**133**
娄星区	667	—	400	534	—
双峰县	1596	—	634	1680	—
新化县	3147	—	138	2487	133
冷水江市	1527	—	1507	1467	—
涟源市	3120	—	1640	500	—

分县造林完成情况

单位:公顷

单位名称	人工造林	飞播造林	无林地和疏林地新封山育林	退化林修复	人工更新
湘西土家族苗族自治州	**10232**	**—**	**5833**	**12934**	**—**
吉首市	133	—	333	67	—
泸溪县	1380	—	1733	2000	—
凤凰县	1333	—	1601	2000	—
花垣县	867	—	1773	2000	—
保靖县	1533	—	—	2000	—
古丈县	333	—	—	200	—
永顺县	3120	—	—	2667	—
龙山县	1533	—	393	2000	—
青羊湖国有林场	**—**	**—**	**—**	**80**	**—**
广东	**22132**	**—**	**10974**	**69898**	**59495**
广州市	**—**	**—**	**—**	**—**	**466**
白云区	—	—	—	—	67
花都区	—	—	—	—	133
增城林场	—	—	—	—	133
梳脑林场	—	—	—	—	133
韶关市	**1070**	**—**	**188**	**9149**	**1749**
武江区	—	—	—	107	—
浈江区	—	—	—	206	—
曲江区	85	—	188	24	—
始兴县	446	—	—	732	300
仁化县	118	—	—	896	—
翁源县	—	—	—	467	1079
乳源瑶族自治县	108	—	—	1031	80
新丰县	—	—	—	358	—
乐昌市	77	—	—	1901	—
南雄市	236	—	—	2607	—
韶关林场	—	—	—	133	—
曲江林场	—	—	—	—	267
仁化林场	—	—	—	263	—
河口林场	—	—	—	200	—
九曲水林场	—	—	—	111	23
华溪林场	—	—	—	113	—
深圳市	**—**	**—**	**—**	**—**	**1975**
市直单位	—	—	—	—	54
罗湖区	—	—	—	—	35
福田区	—	—	—	—	18
龙岗区	—	—	—	—	1333
盐田区	—	—	—	—	21
坪山区	—	—	—	—	221
光明区	—	—	—	—	63
大鹏新区	—	—	—	—	84
市野生动物救护中心	—	—	—	—	123
市梧桐树风景区管理处	—	—	—	—	23
珠海市	**148**	**—**	**—**	**172**	**85**
香洲区	10	—	—	72	—
斗门区	40	—	—	67	59

分县造林完成情况

单位：公顷

单位名称	人工造林	飞播造林	无林地和疏林地新封山育林	退化林修复	人工更新
金湾区	20	—	—	—	—
高新技术产业开发区	54	—	—	—	—
高栏港经济区	24	—	—	33	26
汕头市	**1020**	**—**	**—**	**1746**	**72**
金平区	20	—	—	—	—
濠江区	—	—	—	62	—
潮阳区	114	—	—	652	—
潮南区	249	—	—	757	—
澄海区	25	—	—	—	5
南澳县	612	—	—	275	67
佛山市	**149**	**—**	**—**	**390**	**167**
南海区	84	—	—	27	—
顺德区	21	—	—	—	—
三水区	26	—	—	—	167
高明区	18	—	—	363	—
江门市	**327**	**—**	**—**	**989**	**18059**
蓬江区	—	—	—	60	291
江海区	5	—	—	—	—
新会区	—	—	—	348	2048
台山市	97	—	—	—	5351
开平市	167	—	—	100	3200
鹤山市	35	—	—	74	2596
恩平市	19	—	—	248	3533
古兜山林场	—	—	—	—	166
大沙林场	—	—	—	159	428
狮山林场	—	—	—	—	180
河排林场	4	—	—	—	187
西坑林场	—	—	—	—	45
古斗林场	—	—	—	—	34
湛江市	**1001**	**—**	**—**	**1571**	**1004**
市辖区	—	—	—	—	168
坡头区	120	—	—	180	—
麻章区	150		—	—	251
开发区	34	—	—	207	102
遂溪县	132	—	—	139	7
徐闻县	134	—	—	217	3
廉江市	133	—	—	650	322
雷州市	267	—	—	58	67
吴川市	20	—	—	120	—
国营防护林场	—	—	—	—	66
国营东海林场	11	—	—	—	12
国营吴川林场	—	—	—	—	6
茂名市	**459**	**—**	**1198**	**3210**	**2883**
市辖区	—	—	—	33	—
茂南区	9	—	—	—	77
电白区	143	—	—	554	67
高州市	26	—	—	867	862

分县造林完成情况

单位:公顷

单位名称	人工造林	飞播造林	无林地和疏林地新封山育林	退化林修复	人工更新
化州市	281	—	333	—	413
信宜市	—	—	865	1756	600
新田林场	—	—	—	—	127
荷塘林场	—	—	—	—	200
文楼林场	—	—	—	—	164
播扬林场	—	—	—	—	100
平定林场	—	—	—	—	68
国有丽岗林场	—	—	—	—	82
电白林场	—	—	—	—	123
肇庆市	**99**	**—**	**—**	**1928**	**4275**
高要区	—	—	—	610	—
广宁县	—	—	—	398	533
怀集县	33	—	—	409	1000
封开县	33	—	—	—	1013
德庆县	33	—	—	65	751
四会市	—	—	—	113	333
国有北岭山林场	—	—	—	7	60
清桂林场	—	—	—	53	37
葵洞林场	—	—	—	6	27
大南山林场	—	—	—	—	93
国有大水口林场	—	—	—	67	125
大坑山林场	—	—	—	—	116
国有新岗林场	—	—	—	200	187
惠州市	**1340**	**—**	**—**	**797**	**835**
惠城区	133	—	—	42	125
惠阳区	—	—	—	440	—
仲恺区	—	—	—	74	—
博罗县	133	—	—	109	44
惠东县	714	—	—	35	458
龙门县	167	—	—	97	69
梁化林场	—	—	—	—	52
九龙峰林场	60	—	—	—	—
象头山林场	67	—	—	—	67
平安林场	20	—	—	—	20
油田林场	46	—	—	—	—
梅州市	**4234**	**—**	**2193**	**10354**	**5493**
梅江区	—	—	—	277	600
梅县区	333	—	—	3118	—
大埔县	301	—	—	908	1000
丰顺县	2000	—	—	938	1000
五华县	1333	—	—	2597	1347
平远县	67	—	1508	—	—
蕉岭县	—	—	—	600	213
兴宁市	200	—	685	1916	1333
汕尾市	**2616**	**—**	**—**	**8246**	**6402**
国有东海岸林场	—	—	—	145	—
城区	135	—	—	810	237

分县造林完成情况

单位：公顷

单位名称	人工造林	飞播造林	无林地和疏林地新封山育林	退化林修复	人工更新
红海湾开发区	442	—	—	1232	—
海丰县	475	—	—	600	4604
陆河县	299	—	—	3640	27
陆丰市	1265	—	—	1609	1517
红岭林场	—	—	—	—	17
东海岸林场	—	—	—	145	—
湖东林场	—	—	—	65	—
河源市	**2781**	**—**	**3674**	**10642**	**5461**
市辖区	—	—	—	400	133
源城区	12	—	67	—	—
紫金县	904	—	—	2733	1333
龙川县	158	—	2067	3087	267
连平县	358	—	—	1187	933
和平县	460	—	1387	2144	1962
东源县	647	—	153	333	467
新丰江林管局	—	—	—	—	366
牛岭水林场	242	—	—	—	—
下石林场	—	—	—	25	—
黎明林场	—	—	—	433	—
桂山林场	—	—	—	50	—
红星林场	—	—	—	250	—
阳江市	**1962**	**—**	**—**	**877**	**2084**
江城区	39	—	—	—	8
阳东区	433	—	—	133	768
海陵试验区	71	—	—	3	6
高新区	7	—	—	—	7
阳西县	130	—	—	225	309
阳春市	514	—	—	400	736
阳江林场	552	—	—	53	213
花滩林场	216	—	—	63	37
清远市	**1962**	**—**	**3434**	**4508**	**4338**
清城区	333	—	—	333	—
清新区	284	—	2500	510	766
佛冈县	—	—	—	410	333
阳山县	428	—	—	213	1187
连山壮族瑶族自治县	—	—	334	574	—
连南瑶族自治县	—	—	600	393	510
英德市	458	—	—	740	848
连州市	227	—	—	1335	—
英德林场	—	—	—	—	353
金鸡林场	—	—	—	—	79
羊角山林场	—	—	—	—	5
小龙林场	167	—	—	—	167
龙坪林场	20	—	—	—	20
杨梅林场	45	—	—	—	70
东莞市	**43**	**—**	**—**	**113**	**—**
大岭山森林公园	18	—	—	—	—

分县造林完成情况

单位:公顷

单位名称	人工造林	飞播造林	无林地和疏林地新封山育林	退化林修复	人工更新
市直单位	25	—	—	113	—
中山市	**—**	**—**	**—**	**206**	**—**
潮州市	**344**	**—**	**—**	**3060**	**297**
市辖区	66	—	—	—	—
湘桥区	15	—	—	27	36
潮安区	83	—	—	940	63
饶平县	126	—	—	2093	180
凤泉湖高新区	—	—	—	—	18
韩江林场	54	—	—	—	—
揭阳市	**1109**	**—**	**—**	**4712**	**—**
榕城区	10	—	—	25	—
揭东区	100	—	—	433	—
揭西县	275	—	—	1400	—
惠来县	457	—	—	1200	—
普宁市	267	—	—	1654	—
云浮市	**343**	**—**	**67**	**7208**	**645**
云城区	92	—	—	912	—
云安区	84	—	—	2042	—
新兴县	67	—	67	1258	—
郁南县	33	—	—	1509	340
罗定市	67	—	—	1487	—
大云雾林场	—	—	—	—	102
国有龙埇林场	—	—	—	—	136
飞马林场	—	—	—	—	30
云浮市国有同乐林场	—	—	—	—	37
中林集团雷州林业局有限公司	—	—	—	—	2736
西江林场	**—**	**—**	**—**	**—**	**67**
乳阳林场	**157**	**—**	**—**	**—**	**83**
龙眼洞林场	**—**	**—**	**—**	**—**	**5**
天井山林场	**19**	**—**	**—**	**—**	**165**
樟木头林场	**58**	**—**	**—**	**—**	**—**
乐昌林场	**133**	**—**	**—**	**—**	**—**
东江林场	**110**	**—**	**—**	**—**	**—**
九连山林场	**—**	**—**	**47**	**20**	**—**
德庆林场	**225**	**—**	**173**	**—**	**—**
郁南林场	**223**	**—**	**—**	**—**	**99**
云浮林场	**50**	**—**	**—**	**—**	**50**
湛江红树林国家级自然保护区	**150**	**—**	**—**	**—**	**—**
广西	**34537**	**—**	**7128**	**5885**	**136452**
南宁市	**703**	**—**	**—**	**—**	**14972**
兴宁区	—	—	—	—	927
青秀区	61	—	—	—	467
江南区	67	—	—	—	1500
西乡塘区	—	—	—	—	205
良庆区	—	—	—	—	1220
邕宁区	—	—	—	—	885
武鸣区	—	—	—	—	1118

分县造林完成情况

单位：公顷

单位名称	人工造林	飞播造林	无林地和疏林地新封山育林	退化林修复	人工更新
隆安县	69	—	—	—	899
马山县	207	—	—	—	673
上林县	100	—	—	—	1340
宾阳县	199	—	—	—	2844
横县	—	—	—	—	2309
高新区	—	—	—	—	50
经开区	—	—	—	—	460
东盟经开区	—	—	—	—	75
柳州市	**1261**	**—**	**—**	**2393**	**8393**
市林业科学研究所	—	—	—	—	13
市苗圃林场	—	—	—	—	17
鱼峰区	—	—	—	—	34
柳南区	—	—	—	—	102
柳北区	—	—	—	—	394
柳江区	90	—	—	—	840
柳东新区	—	—	—	—	71
北部生态新区	—	—	—	—	75
柳城县	267	—	—	—	600
鹿寨县	777	—	—	—	810
融安县	—	—	—	—	2023
融水苗族自治县	127	—	—	—	1820
三江侗族自治县	—	—	—	2393	1594
桂林市	**1892**	**—**	**913**	**267**	**4291**
临桂区	73	—	—	—	532
阳朔县	133	—	913	—	74
灵川县	—	—	—	—	472
全州县	1061	—	—	53	267
兴安县	—	—	—	—	534
永福县	23	—	—	—	224
灌阳县	105	—	—	—	631
龙胜各族自治县	207	—	—	81	478
资源县	—	—	—	—	267
平乐县	132	—	—	—	100
荔浦市	158	—	—	—	160
恭城瑶族自治县	—	—	—	133	552
梧州市	**1555**	**—**	**—**	**—**	**13052**
万秀区	—	—	—	—	348
长洲区	—	—	—	—	394
龙圩区	159	—	—	—	1015
苍梧县	285	—	—	—	3254
藤县	814	—	—	—	3535
蒙山县	116	—	—	—	1423
岑溪市	181	—	—	—	3083
北海市	**76**	**—**	**—**	**—**	**3877**
银海区	—	—	—	—	146
铁山港区	—	—	—	—	141
合浦县	76	—	—	—	3590

分县造林完成情况

单位:公顷

单位名称	人工造林	飞播造林	无林地和疏林地新封山育林	退化林修复	人工更新
防城港市	**2501**	**—**	**—**	**—**	**7158**
港口区	—	—	—	—	200
防城区	1615	—	—	—	1067
上思县	300	—	—	—	5501
东兴市	586	—	—	—	390
钦州市	**249**	**—**	**—**	**—**	**2207**
钦南区	39	—	—	—	475
钦北区	60	—	—	—	169
灵山县	68	—	—	—	927
浦北县	82	—	—	—	636
贵港市	**599**	**—**	**—**	**—**	**7066**
港北区	193	—	—	—	533
港南区	—	—	—	—	2575
覃塘区	268	—	—	—	872
平南县	25	—	—	—	1386
桂平市	113	—	—	—	1700
玉林市	**570**	**—**	**—**	**224**	**12121**
玉州区	—	—	—	—	118
福绵区	—	—	—	189	278
玉东新区	—	—	—	—	27
容县	401	—	—	—	3143
陆川县	103	—	—	—	2444
博白县	33	—	—	—	2909
兴业县	—	—	—	—	620
北流市	33	—	—	35	2582
百色市	**7696**	**—**	**5574**	**268**	**13518**
右江区	1335	—	—	—	2387
田阳区	563	—	1260	—	800
田东县	553	—	180	—	1313
德保县	365	—	—	—	21
那坡县	1133	—	420	268	336
凌云县	1256	—	800	—	200
乐业县	767	—	1267	—	547
田林县	780	—	—	—	3455
西林县	62	—	—	—	1543
隆林各族自治县	380	—	—	—	1464
靖西市	400	—	1647	—	300
平果县	102	—	—	—	1152
贺州市	**2456**	**—**	**—**	**252**	**8164**
八步区	971	—	—	50	3570
平桂区	1000	—	—	—	940
昭平县	166	—	—	—	2507
钟山县	236	—	—	—	625
富川瑶族自治县	83	—	—	202	522
河池市	**13502**	**—**	**641**	**1448**	**8335**
金城江区	949	—	67	69	120
宜州区	—	—	—	—	2034

分县造林完成情况

单位:公顷

单位名称	人工造林	飞播造林	无林地和疏林地新封山育林	退化林修复	人工更新
南丹县	1061	—	—	106	469
天峨县	372	—	—	484	1055
凤山县	1285	—	133	—	203
东兰县	3681	—	—	133	419
罗城仫佬族自治县	—	—	67	273	1861
环江毛南族自治县	2767	—	241	133	1507
巴马瑶族自治县	1467	—	—	250	—
都安瑶族自治县	1253	—	—	—	600
大化瑶族自治县	667	—	133	—	67
来宾市	**555**	**—**	**—**	**—**	**16115**
兴宾区	249	—	—	—	3530
忻城县	129	—	—	—	2140
象州县	—	—	—	—	4391
武宣县	177	—	—	—	3411
金秀瑶族自治县	—	—	—	—	1496
合山市	—	—	—	—	1147
崇左市	**850**	**—**	**—**	**62**	**6248**
江州区	96	—	—	—	1182
扶绥县	—	—	—	—	1489
宁明县	—	—	—	—	2201
龙州县	667	—	—	—	67
大新县	—	—	—	—	784
天等县	87	—	—	62	158
凭祥市	—	—	—	—	367
南宁树木园	**—**	**—**	**—**	**—**	**72**
高峰林场	**—**	**—**	**—**	**—**	**1755**
七坡林场	**—**	**—**	**—**	**—**	**598**
博白林场	**—**	**—**	**—**	**209**	**1385**
六万林场	**—**	**—**	**—**	**40**	**1518**
黄冕林场	**—**	**—**	**—**	**272**	**968**
钦廉林场	**—**	**—**	**—**	**—**	**696**
雅长林场	**72**	**—**	**—**	**—**	**7**
大桂山林场	**—**	**—**	**—**	**—**	**1085**
三门江林场	**—**	**—**	**—**	**187**	**998**
东门林场	**—**	**—**	**—**	**—**	**67**
派阳山林场	**—**	**—**	**—**	**—**	**886**
维都林场	**—**	**—**	**—**	**—**	**518**
热林中心	**—**	**—**	**—**	**263**	**344**
林科院	**—**	**—**	**—**	**—**	**38**
海南	**3057**	**—**	**—**	**55**	**12592**
海口市	521	—	—	—	1468
三亚市	53	—	—	—	45
儋州市	22	—	—	—	1189
五指山市	—	—	—	—	94
琼海市	135	—	—	—	630
文昌市	153	—	—	—	591
万宁市	199	—	—	—	499

分县造林完成情况

单位:公顷

单位名称	人工造林	飞播造林	无林地和疏林地新封山育林	退化林修复	人工更新
东方市	435	—	—	—	670
定安县	76	—	—	—	529
屯昌县	—	—	—	—	1087
澄迈县	69	—	—	—	1078
澄迈林场	—	—	—	53	—
临高县	336	—	—	—	486
白沙黎族自治县	—	—	—	—	981
昌江黎族自治县	503	—	—	—	411
乐东黎族自治县	285	—	—	—	442
陵水黎族自治县	7	—	—	2	238
保亭黎族苗族自治县	9	—	—	—	277
琼中黎族苗族自治县	254	—	—	—	1809
岛东林场(机关)	—	—	—	—	68
重庆	**146539**	**—**	**39743**	**75400**	**—**
万州区	3533	—	2667	7333	—
涪陵区	2400	—	467	—	—
大渡口区	—	—	—	67	—
江北区	333	—	—	—	—
沙坪坝区	133	—	—	667	—
九龙坡区	200	—	—	3000	—
南岸区	67	—	133	400	—
北碚区	4733	—	—	—	—
綦江区	5333	—	200	—	—
大足区	3333	—	667	2133	—
渝北区	3067	—	867	5867	—
巴南区	3867	—	933	4000	—
黔江区	3467	—	2000	133	—
长寿区	4733	—	267	9600	—
江津区	3800	—	—	8000	—
合川区	13200	—	5133	4333	—
永川区	1667	—	267	4533	—
南川区	2933	—	595	—	—
璧山区	7195	—	—	4000	—
铜梁区	1533	—	133	2533	—
潼南区	9333	—	—	—	—
荣昌区	2733	—	267	—	—
开州区	5133	—	2333	3067	—
梁平区	7800	—	—	—	—
武隆区	3000	—	337	—	—
城口县	933	—	1733	—	—
丰都县	5200	—	1267	—	—
垫江县	3533	—	2267	2667	—
忠县	8134	—	—	4600	—
云阳县	4727	—	1667	267	—
奉节县	5400	—	2733	467	—
巫山县	4552	—	4333	267	—
巫溪县	3067	—	23	333	—

分县造林完成情况

单位：公顷

单位名称	人工造林	飞播造林	无林地和疏林地新封山育林	退化林修复	人工更新
石柱土家族自治县	800	—	874	—	—
秀山土家族苗族自治县	7600	—	1800	4000	—
酉阳土家族苗族自治县	5467	—	3714	3000	—
彭水苗族土家族自治县	3600	—	1799	—	—
万盛经开区	—	—	267	133	—
四川	**136609**	**79**	**48260**	**129833**	**7286**
成都市	**2716**	**79**	**231**	**1687**	**350**
龙泉驿区	—	20	231	1360	—
青白江区	87	13	—	—	—
双流区	215	13	—	—	—
金堂县	887	20	—	—	—
大邑县	147	—	—	20	—
新津县	105	—	—	—	—
都江堰市	507	—	—	—	—
彭州市	—	—	—	—	217
邛崃市	—	—	—	—	66
崇州市	200	—	—	307	67
简阳市	568	13	—	—	—
自贡市	**3266**	**—**	**460**	**840**	**47**
自流井区	100	—	—	100	47
贡井区	293	—	—	—	—
大安区	233	—	—	73	—
沿滩区	267	—	60	267	—
荣县	1733	—	400	200	—
富顺县	640	—	—	200	—
攀枝花市	**4321**	**—**	**333**	**2120**	**—**
东区	100	—	—	—	—
西区	80	—	—	—	—
仁和区	887	—	—	1733	—
米易县	1667	—	333	387	—
盐边县	1567	—	—	—	—
市辖区	20	—	—	—	—
泸州市	**6219**	**—**	**—**	**3200**	**67**
江阳区	213	—	—	—	—
纳溪区	80	—	—	—	—
泸县	267	—	—	—	67
合江县	2400	—	—	1107	—
叙永县	1926	—	—	2093	—
古蔺县	1333	—	—	—	—
德阳市	**2220**	**—**	**153**	**633**	**87**
旌阳区	100	—	—	13	—
罗江区	200	—	—	—	—
中江县	1133	—	—	467	—
广汉市	7	—	—	—	—
什邡市	260	—	—	—	60
绵竹市	520	—	153	153	27
绵阳市	**5227**	**—**	**1080**	**1459**	**734**

分县造林完成情况

单位:公顷

单位名称	人工造林	飞播造林	无林地和疏林地新封山育林	退化林修复	人工更新
涪城区	67	—	—	—	—
游仙区	400	—	—	200	—
安州区	1067	—	—	1000	—
三台县	1133	—	—	—	—
盐亭县	560	—	—	67	67
梓潼县	600	—	747	93	—
北川羌族自治县	1000	—	333	—	—
平武县	133	—	—	67	667
江油市	267	—	—	32	—
广元市	**7459**	**—**	**2533**	**8260**	**633**
利州区	1200	—	—	733	67
昭化区	1333	—	—	67	—
朝天区	133	—	667	1333	—
旺苍县	1400	—	533	733	467
青川县	40	—	—	1467	46
剑阁县	2153	—	—	2260	53
苍溪县	1067	—	1333	1667	—
市辖区	133	—	—	—	—
遂宁市	**4013**	**—**	**—**	**1167**	**—**
船山区	400	—	—	—	—
安居区	880	—	—	500	—
蓬溪县	733	—	—	667	—
大英县	933	—	—	—	—
射洪市	1067	—	—	—	—
内江市	**2986**	**—**	**—**	**—**	**—**
市中区	387	—	—	—	—
东兴区	693	—	—	—	—
威远县	1193	—	—	—	—
隆昌市	713	—	—	—	—
乐山市	**2993**	**—**	**—**	**3607**	**2913**
市中区	—	—	—	—	400
高新区	—	—	—	404	—
沙湾区	200	—	—	—	1347
五通桥区	—	—	—	33	267
金口河区	33	—	—	—	—
犍为县	—	—	—	300	566
井研县	334	—	—	700	—
夹江县	373	—	—	200	333
沐川县	—	—	—	600	—
峨边彝族自治县	200	—	—	240	—
马边彝族自治县	1653	—	—	400	—
峨眉山市	200	—	—	730	—
南充市	**9754**	**—**	**1334**	**133**	**—**
顺庆区	800	—	—	—	—
高坪区	800	—	—	—	—
嘉陵区	1133	—	—	—	—
南部县	2067	—	—	—	—

分县造林完成情况

单位：公顷

单位名称	人工造林	飞播造林	无林地和疏林地新封山育林	退化林修复	人工更新
营山县	667	—	—	—	—
蓬安县	920	—	—	—	—
仪陇县	1100	—	667	—	—
西充县	1467	—	—	—	—
阆中市	800	—	667	133	—
眉山市	**3147**	**—**	**—**	**1000**	**1126**
东坡区	1000	—	—	266	133
彭山区	400	—	—	—	133
仁寿县	1373	—	—	133	—
洪雅县	200	—	—	267	400
丹棱县	107	—	—	—	260
青神县	67	—	—	334	200
宜宾市	**15587**	**—**	**4914**	**16990**	**296**
翠屏区	467	—	—	933	—
南溪区	1860	—	—	300	13
叙州区	1633	—	294	1067	—
江安县	947	—	—	1233	67
长宁县	1073	—	880	7887	—
高县	1200	—	—	1313	33
珙县	1767	—	53	667	133
筠连县	1773	—	1007	940	—
兴文县	3800	—	—	1583	50
屏山县	1067	—	2680	1067	—
广安市	**2851**	**—**	**1800**	**2219**	**—**
广安区	467	—	100	667	—
前锋区	267	—	67	133	—
岳池县	1132	—	—	233	—
武胜县	553	—	333	53	—
邻水县	100	—	333	200	—
华蓥市	332	—	967	933	—
达州市	**7999**	**—**	**5332**	**1353**	**533**
通川区	333	—	333	—	—
达川区	2020	—	1000	333	533
宣汉县	1233	—	1333	—	—
开江县	1200	—	333	733	—
大竹县	513	—	—	287	—
渠县	1800	—	1000	—	—
万源市	900	—	1333	—	—
雅安市	**5654**	**—**	**5373**	**273**	**400**
雨城区	527	—	—	—	—
名山区	360	—	—	—	—
荥经县	1387	—	—	—	—
汉源县	733	—	1400	—	—
石棉县	627	—	2240	—	—
天全县	1193	—	—	273	—
芦山县	400	—	—	—	—
宝兴县	427	—	1733	—	400

分县造林完成情况

单位:公顷

单位名称	人工造林	飞播造林	无林地和疏林地新封山育林	退化林修复	人工更新
巴中市	**12405**	**—**	**1334**	**3446**	**100**
巴州区	733	—	—	400	—
恩阳区	1333	—	—	333	—
通江县	3473	—	667	547	100
南江县	2733	—	667	2033	—
平昌县	4133	—	—	133	—
资阳市	**3146**	**—**	**—**	**533**	**—**
雁江区	1733	—	—	—	—
安岳县	1200	—	—	533	—
乐至县	213	—	—	—	—
阿坝藏族羌族自治州	**7426**	**—**	**7202**	**140**	**—**
马尔康市	20	—	333	—	—
汶川县	1073	—	—	—	—
理县	464	—	333	—	—
茂县	47	—	—	—	—
松潘县	447	—	973	—	—
九寨沟县	509	—	2564	—	—
金川县	486	—	—	—	—
小金县	371	—	—	—	—
黑水县	373	—	333	80	—
壤塘县	1436	—	1333	—	—
阿坝县	743	—	1333	—	—
若尔盖县	136	—	—	—	—
红原县	347	—	—	—	—
南坪林业局	647	—	—	—	—
壤塘林业局	60	—	—	—	—
松潘林业局	267	—	—	60	—
甘孜藏族自治州	**5781**	**—**	**7334**	**—**	**—**
康定市	220	—	—	—	—
泸定县	293	—	—	—	—
丹巴县	647	—	—	—	—
九龙县	480	—	—	—	—
雅江县	333	—	667	—	—
道孚县	67	—	333	—	—
炉霍县	1000	—	333	—	—
甘孜县	347	—	333	—	—
新龙县	333	—	667	—	—
德格县	567	—	667	—	—
白玉县	487	—	667	—	—
石渠县	13	—	667	—	—
色达县	13	—	667	—	—
理塘县	467	—	667	—	—
巴塘县	220	—	333	—	—
乡城县	7	—	333	—	—
稻城县	200	—	667	—	—
得荣县	87	—	333	—	—
凉山彝族自治州	**20172**	**—**	**3380**	**80773**	**—**

分县造林完成情况

单位：公顷

单位名称	人工造林	飞播造林	无林地和疏林地新封山育林	退化林修复	人工更新
西昌市	100	—	—	2733	—
木里藏族自治县	400	—	—	3520	—
盐源县	2700	—	1333	8600	—
德昌县	200	—	—	3387	—
会理县	1100	—	—	5333	—
会东县	1261	—	47	3520	—
宁南县	2185	—	—	9241	—
普格县	800	—	—	4000	—
布拖县	534	—	667	3233	—
金阳县	1601	—	—	5440	—
昭觉县	173	—	333	4000	—
喜德县	1000	—	—	4073	—
冕宁县	273	—	—	5453	—
越西县	1639	—	—	5333	—
甘洛县	1200	—	—	4920	—
美姑县	1333	—	667	4000	—
雷波县	2066	—	333	3587	—
木里林业局	73	—	—	—	—
雷波林业局	200	—	—	—	—
凉北林业局	867	—	—	—	—
林业第五筑路工程处	467	—	—	400	—
省长江造林局	**800**	**—**	**3000**	**—**	**—**
省大渡河造林局	**467**	**—**	**2467**	**—**	**—**
贵州	**142472**	**—**	**77574**	**95376**	**7534**
贵阳市	**326**	**—**	**—**	**10344**	**—**
南明区	—	—	—	260	—
花溪区	170	—	—	956	—
乌当区	—	—	—	942	—
白云区	7	—	—	613	—
观山湖区	—	—	—	22	—
开阳县	41	—	—	2673	—
息烽县	38	—	—	891	—
修文县	30	—	—	1830	—
清镇市	40	—	—	2157	—
六盘水市	**11235**	**—**	**10636**	**17627**	**501**
钟山区	422	—	3063	13	501
六枝特区	1467	—	2533	2840	—
水城县	6180	—	3600	4047	—
盘州市	3166	—	1440	10727	—
遵义市	**56165**	**—**	**10316**	**13048**	**366**
汇川区	1068	—	—	347	—
播州区	1667	—	—	—	—
桐梓县	21599	—	—	5067	—
绥阳县	4000	—	—	667	—
正安县	6381	—	3619	5333	—
道真仡佬族苗族自治县	2370	—	4563	—	—
务川仡佬族苗族自治县	4081	—	—	—	—

分县造林完成情况

单位:公顷

单位名称	人工造林	飞播造林	无林地和疏林地新封山育林	退化林修复	人工更新
凤冈县	1600	—	—	—	—
湄潭县	467	—	—	—	—
余庆县	1666	—	2134	—	—
习水县	8000	—	—	—	—
赤水市	1333	—	—	1634	366
仁怀县	333	—	—	—	—
新蒲新区	1600	—	—	—	—
安顺市	**2179**	**—**	**5375**	**2638**	**—**
西秀区	394	—	—	996	—
平坝区	23	—	—	200	—
普定县	262	—	1419	333	—
关岭布依族苗族自治县	469	—	2415	733	—
镇宁布依族苗族自治县	317	—	1541	43	—
紫云苗族布依族自治县	447	—	—	—	—
黄果树管委会	267	—	—	333	—
毕节市	**46427**	**—**	**13018**	**16759**	**1333**
七星关区	4975	—	2588	1827	—
大方县	6285	—	—	4801	—
黔西县	8201	—	—	228	—
金沙县	1301	—	1000	85	—
织金县	10992	—	—	2134	666
纳雍县	6817	—	3103	—	—
威宁彝族回族苗族自治县	5804	—	2933	4000	667
赫章县	1120	—	2794	3017	—
百里杜鹃	205	—	600	—	—
金海湖新区	727	—	—	667	—
铜仁市	**4597**	**—**	**9793**	**6266**	**5334**
碧江区	—	—	—	1666	667
万山区	—	—	667	667	—
江口县	13	—	—	1133	—
石阡县	667	—	2512	2000	1333
思南县	120	—	2080	—	667
印江土家族苗族自治县	1177	—	3001	—	667
德江县	1533	—	—	—	667
沿河土家族自治县	20	—	—	800	666
松桃苗族自治县	1067	—	1533	—	667
黔西南布依族苗族自治州	**10728**	**—**	**15317**	**7307**	**—**
兴义市	667	—	1872	—	—
兴仁市	79	—	2328	—	—
普安县	240	—	1761	—	—
晴隆县	1325	—	1024	1333	—
贞丰县	658	—	2007	—	—
望谟县	1793	—	1622	2067	—
册亨县	1791	—	2060	3907	—
安龙县	3942	—	2029	—	—
义龙新区	233	—	614	—	—
黔东南苗族侗族自治州	**6662**	**—**	**2939**	**10260**	**—**

分县造林完成情况

单位：公顷

单位名称	人工造林	飞播造林	无林地和疏林地新封山育林	退化林修复	人工更新
凯里市	35	—	1135	—	—
黄平县	487	—	—	—	—
施秉县	33	—	1804	—	—
三穗县	200	—	—	—	—
镇远县	646	—	—	—	—
岑巩县	430	—	—	667	—
天柱县	—	—	—	3100	—
锦屏县	2687	—	—	133	—
剑河县	51	—	—	—	—
台江县	413	—	—	—	—
黎平县	—	—	—	4707	—
榕江县	1027	—	—	466	—
从江县	360	—	—	1000	—
雷山县	113	—	—	187	—
麻江县	27	—	—	—	—
丹寨县	153	—	—	—	—
黔南布依族苗族自治州	**4078**	**—**	**10180**	**11127**	**—**
都匀市	—	—	—	533	—
荔波县	667	—	—	667	—
贵定县	200	—	—	1467	—
福泉县	—	—	1000	733	—
瓮安县	400	—	—	—	—
独山县	467	—	1133	—	—
平塘县	560	—	1870	1333	—
罗甸县	—	—	2667	200	—
长顺县	666	—	1840	1095	—
龙里县	433	—	—	1900	—
惠水县	685	—	1670	1333	—
三都水族自治县	—	—	—	1866	—
贵安新区	**75**	**—**	**—**	**—**	**—**
云南	**261244**	**—**	**22922**	**38376**	**333**
昆明市	**10209**	**—**	**—**	**—**	**—**
东川区	4353	—	—	—	—
晋宁区	120	—	—	—	—
富民县	133	—	—	—	—
宜良县	466	—	—	—	—
石林彝族自治县	500	—	—	—	—
禄劝彝族苗族自治县	2566	—	—	—	—
寻甸回族彝族自治县	2071	—	—	—	—
曲靖市	**18365**	**—**	**4159**	**905**	**—**
麒麟区	375	—	—	772	—
沾益区	1887	—	—	—	—
马龙县	855	—	—	—	—
陆良县	544	—	—	—	—
师宗县	567	—	733	—	—
罗平县	1022	—	1273	—	—
富源县	927	—	—	133	—

分县造林完成情况

单位:公顷

单位名称	人工造林	飞播造林	无林地和疏林地新封山育林	退化林修复	人工更新
会泽县	2115	—	333	—	—
宣威市	10073	—	1820	—	—
玉溪市	**7891**	**—**	**—**	**6267**	**—**
红塔区	493	—	—	—	—
江川区	33	—	—	—	—
澄江县	1500	—	—	—	—
通海县	105	—	—	—	—
华宁县	1000	—	—	—	—
易门县	387	—	—	—	—
峨山彝族自治县	380	—	—	2000	—
新平彝族傣族自治县	2413	—	—	2667	—
元江哈尼族彝族傣族自治县	1580	—	—	1600	—
保山市	**13430**	**—**	**230**	**1000**	**—**
市直单位	10	—	—	—	—
隆阳区	5840	—	230	—	—
施甸县	1413	—	—	—	—
腾冲市	87	—	—	1000	—
龙陵县	2373	—	—	—	—
昌宁县	3707	—	—	—	—
昭通市	**57844**	**—**	**2566**	**14933**	**—**
昭阳区	480	—	—	—	—
鲁甸县	1273	—	—	—	—
巧家县	10513	—	1033	—	—
盐津县	4999	—	—	10133	—
大关县	10913	—	1533	4667	—
永善县	2693	—	—	—	—
绥江县	733	—	—	—	—
镇雄县	13400	—	—	—	—
彝良县	5346	—	—	133	—
威信县	7467	—	—	—	—
水富县	27	—	—	—	—
丽江市	**6074**	**—**	**2466**	**1037**	**—**
古城区	1520	—	—	335	—
玉龙纳西族自治县	353	—	2133	1	—
永胜县	3040	—	—	9	—
华坪县	494	—	—	680	—
宁蒗彝族自治县	667	—	333	12	—
普洱市	**18949**	**—**	**—**	**—**	**333**
思茅区	823	—	—	—	—
宁洱哈尼族彝族自治县	1091	—	—	—	—
墨江哈尼族自治县	4673	—	—	—	—
景东彝族自治县	667	—	—	—	—
景谷傣族彝族自治县	800	—	—	—	—
镇沅彝族哈尼族拉祜族自治县	3953	—	—	—	—
江城哈尼族彝族自治县	2333	—	—	—	—
孟连傣族拉祜族佤族自治县	333	—	—	—	333
澜沧拉祜族自治县	4200	—	—	—	—

分县造林完成情况

单位：公顷

单位名称	人工造林	飞播造林	无林地和疏林地新封山育林	退化林修复	人工更新
西盟佤族自治县	76	—	—	—	—
临沧市	**14061**	**—**	**—**	**—**	**—**
临翔区	460	—	—	—	—
凤庆县	1340	—	—	—	—
云县	8300	—	—	—	—
永德县	447	—	—	—	—
镇康县	463	—	—	—	—
双江拉祜族佤族布朗族傣族自治县	1373	—	—	—	—
耿马傣族佤族自治县	1453	—	—	—	—
沧源佤族自治县	225	—	—	—	—
楚雄彝族自治州	**15088**	**—**	**666**	**—**	**—**
楚雄市	2674	—	333	—	—
双柏县	848	—	—	—	—
牟定县	75	—	—	—	—
南华县	1902	—	—	—	—
姚安县	203	—	—	—	—
大姚县	3861	—	—	—	—
永仁县	371	—	—	—	—
元谋县	541	—	—	—	—
武定县	3593	—	333	—	—
禄丰县	1020	—	—	—	—
红河哈尼族彝族自治州	**37344**	**—**	**800**	**7994**	**—**
个旧市	1676	—	—	1105	—
开远市	766	—	—	177	—
蒙自市	3650	—	—	1319	—
屏边苗族自治县	5184	—	—	—	—
建水县	699	—	—	1635	—
石屏县	598	—	—	867	—
弥勒县	2758	—	—	2436	—
泸西县	952	—	800	455	—
元阳县	5018	—	—	—	—
红河县	5028	—	—	—	—
金平苗族瑶族傣族自治县	5041	—		—	—
绿春县	5374	—	—	—	—
河口瑶族自治县	600	—	—	—	—
文山壮族苗族自治州	**34409**	**—**	**5534**	**—**	**—**
文山县	606	—	—	—	—
砚山县	1692	—	—	—	—
西畴县	3848	—	1000	—	—
麻栗坡县	3498	—	513	—	—
马关县	5515	—	601	—	—
丘北县	3764	—	2087	—	—
广南县	10095	—	—	—	—
富宁县	5391	—	1333	—	—
西双版纳傣族自治州	**6439**	**—**	**—**	**—**	**—**
景洪市	1553	—	—	—	—
勐海县	4000	—	—	—	—

分县造林完成情况

单位:公顷

单位名称	人工造林	飞播造林	无林地和疏林地新封山育林	退化林修复	人工更新
勐腊县	886	—	—	—	—
大理白族自治州	**10829**	**—**	**435**	**—**	**—**
大理市	260	—	333	—	—
漾濞彝族自治县	106	—	—	—	—
祥云县	749	—	—	—	—
宾川县	333	—	67	—	—
弥渡县	59	—	—	—	—
巍山彝族回族自治县	4000	—	—	—	—
云龙县	3733	—	—	—	—
洱源县	146	—	—	—	—
剑川县	799	—	—	—	—
鹤庆县	644	—	35	—	—
德宏傣族景颇族自治州	**1021**	**—**	**—**	**—**	**—**
瑞丽市	61	—	—	—	—
芒市	400	—	—	—	—
梁河县	328	—	—	—	—
盈江县	98	—	—	—	—
陇川县	134	—	—	—	—
怒江傈僳族自治州	**5635**	**—**	**666**	**6240**	**—**
泸水县	1806	—	333	—	—
福贡县	1068	—	—	4240	—
贡山独龙族怒族自治县	912	—	333	—	—
兰坪白族普米族自治县	1849	—	—	2000	—
迪庆藏族自治州	**3656**	**—**	**5400**	**—**	**—**
香格里拉市	607	—	3667	—	—
德钦县	1473	—	1733	—	—
维西傈僳族自治县	1576	—	—	—	—
西藏	**36026**	**—**	**51098**	**—**	**—**
拉萨市	**5150**	**—**	**6845**	**—**	**—**
昌都市	**5952**	**—**	**1333**	**—**	**—**
山南市	**6691**	**—**	**9427**	**—**	**—**
日喀则市	**11748**	**—**	**21605**	**—**	**—**
那曲地区	**834**	**—**	**400**	**—**	**—**
阿里地区	**3908**	**—**	**9908**	**—**	**—**
林芝市	**1743**	**—**	**1580**	**—**	**—**
陕西	**151419**	**45000**	**76608**	**57272**	**333**
西安市	**2556**	**—**	**—**	**—**	**—**
灞桥区	57	—	—	—	—
阎良区	64	—	—	—	—
临潼区	350	—	—	—	—
长安区	224	—	—	—	—
高陵区	103	—	—	—	—
鄠邑区	202	—	—	—	—
蓝田县	810	—	—	—	—
周至县	433	—	—	—	—
西咸新区	261	—	—	—	—
高新区	52	—	—	—	—

分县造林完成情况

单位:公顷

单位名称	人工造林	飞播造林	无林地和疏林地新封山育林	退化林修复	人工更新
铜川市	**3307**	**1334**	**2400**	**—**	**—**
市辖区	106	—	—	—	—
王益区	247	—	—	—	—
印台区	407	—	—	—	—
耀州区	1287	—	1333	—	—
宜君县	1260	1334	1067	—	—
宝鸡市	**1828**	**6665**	**6582**	**6668**	**—**
金台区	—	—	—	133	—
陈仓区	40	—	1333	667	—
凤翔县	314	1333	582	334	—
岐山县	134	1333	1200	533	—
扶风县	67	—	267	333	—
眉县	200	—	—	667	—
陇县	226	1333	1601	1267	—
千阳县	133	—	—	667	—
麟游县	667	1333	1466	667	—
凤县	47	1333	—	1200	—
太白县	—	—	133	200	—
咸阳市	**4720**	**4000**	**6267**	**4666**	**—**
秦都区	67	—	—	—	—
三原县	133	—	—	—	—
泾阳县	333	—	133	—	—
乾县	866	—	734	—	—
礼泉县	1160	1333	534	—	—
永寿县	560	667	1466	—	—
长武县	267	—	1133	1333	—
旬邑县	333	1000	934	2333	—
淳化县	467	—	333	333	—
武功县	67	—	—	—	—
兴平市	67	—	—	—	—
彬州市	400	1000	1000	667	—
渭南市	**13934**	**3667**	**5334**	**6667**	**—**
临渭区	1133	—	1000	533	—
华州区	800	1667	1533	333	—
潼关县	1440	—	—	333	—
大荔县	1467	—	267	667	—
合阳县	1200	—	—	333	—
澄城县	1267	—	—	400	—
蒲城县	2193	667	1000	601	—
白水县	1400	1333	867	467	—
富平县	1667	—	—	2667	—
华阴市	1367	—	667	333	—
韩城市	**1067**	**—**	**1533**	**1333**	**—**
延安市	**40412**	**8000**	**12797**	**4266**	**—**
宝塔区	1293	—	200	493	—
延长县	2757	—	333	667	—
延川县	1773	—	333	—	—

分县造林完成情况

单位:公顷

单位名称	人工造林	飞播造林	无林地和疏林地新封山育林	退化林修复	人工更新
安塞县	5213	667	400	387	—
志丹县	4234	667	1200	960	—
吴起县	7792	667	666	293	—
甘泉县	8079	—	866	533	—
富县	1386	667	1266	—	—
洛川县	140	1333	1000	267	—
宜川县	1907	1333	1067	333	—
黄龙县	433	1333	533	133	—
黄陵县	433	—	933	—	—
子长县	4706	1333	400	200	—
劳山国有林管理局	133	—	467	—	—
桥北国有林管理局	133	—	1000	—	—
桥山	—	—	800	—	—
黄龙山	—	—	1333	—	—
汉中市	**6566**	**4333**	**3667**	**8006**	**—**
汉台区	67	—	—	467	—
南郑区	200	—	667	933	—
城固县	600	—	400	867	—
洋县	233	1000	—	933	—
西乡县	1333	1000	—	800	—
勉县	467	333	—	933	—
宁强县	733	—	—	867	—
略阳县	1133	1000	1000	600	—
镇巴县	1333	1000	—	533	—
留坝县	267	—	933	600	—
佛坪县	200	—	667	473	—
榆林市	**39166**	**—**	**7000**	**2493**	**—**
榆阳区	9000	—	667	—	—
府谷县	2333	—	667	493	—
横山区	2667	—	667	—	—
靖边县	7700	—	667	—	—
定边县	6333	—	2333	—	—
绥德县	667	—	—	—	—
米脂县	667	—	—	—	—
佳县	333	—	333	—	—
吴堡县	533	—	333	—	—
清涧县	667	—	—	—	—
子洲县	2266	—	—	—	—
神木市	6000	—	1333	2000	—
安康市	**25690**	**8334**	**9801**	**10173**	**—**
市辖区	189	—	—	—	—
汉滨区	6937	2000	667	733	—
汉阴县	1600	—	1014	386	—
石泉县	1867	—	667	1400	—
宁陕县	1500	—	933	500	—
紫阳县	2440	2333	653	1020	—
岚皋县	2000	1333	2000	1067	—

分县造林完成情况

单位：公顷

单位名称	人工造林	飞播造林	无林地和疏林地新封山育林	退化林修复	人工更新
平利县	1867	—	1066	1134	—
镇坪县	907	—	1334	533	—
旬阳县	4200	1334	600	1867	—
白河县	2183	1334	867	1533	—
商洛市	**12106**	**8667**	**7094**	**6333**	**333**
商州区	1000	1333	1333	1000	—
洛南县	1333	1668	600	1000	—
丹凤县	1293	1333	1094	800	—
商南县	2133	1333	800	667	333
山阳县	2200	1667	1267	1066	—
镇安县	2067	1333	800	1000	—
柞水县	2080	—	1200	800	—
杨凌农业高新技术产业示范区	**67**	**—**	**—**	**—**	**—**
陕西省森林资源管理局	**—**	**—**	**13333**	**6667**	**—**
楼观台实验林场	**—**	**—**	**800**	**—**	**—**
甘肃	**259997**	**—**	**68364**	**23879**	**—**
兰州市	**4171**	**—**	**4160**	**200**	**—**
七里河区	212	—	—	—	—
红古区	507	—	560	—	—
永登县	1702	—	3600	—	—
皋兰县	617	—	—	—	—
榆中县	600	—	—	200	—
连城国家级自然保护区管理局	533	—	—	—	—
嘉峪关市	**302**	**—**	**—**	**90**	**—**
金昌市	**3751**	**—**	**1667**	**—**	**—**
金川区	2980	—	—	—	—
永昌县	771	—	1667	—	—
白银市	**15970**	**—**	**999**	**999**	**—**
白银区	577	—	333	—	—
平川区	1000	—	—	133	—
靖远县	5013	—	—	200	—
会宁县	5667	—	333	533	—
景泰县	3713	—	333	133	—
天水市	**18154**	**—**	**—**	**5466**	**—**
秦州区	4667	—	—	1466	—
麦积区	1620	—	—	734	—
清水县	2147	—	—	133	—
秦安县	4467	—	—	—	—
甘谷县	2533	—	—	1333	—
武山县	800	—	—	1800	—
张家川回族自治县	1920	—	—	—	—
武威市	**24539**	**—**	**32933**	**—**	**—**
凉州区	4933	—	4000	—	—
民勤县	7733	—	—	—	—
古浪县	7113	—	24133	—	—
天祝藏族自治县	3000	—	4467	—	—
濒危动物保护中心	200	—	—	—	—

分县造林完成情况

单位:公顷

单位名称	人工造林	飞播造林	无林地和疏林地新封山育林	退化林修复	人工更新
石羊河林业总场	1560	—	333	—	—
张掖市	**10253**	**—**	**13533**	**466**	**—**
甘州区	2133	—	—	333	—
肃南裕固族自治县	287	—	—	—	—
民乐县	5700	—	6866	—	—
临泽县	400	—	—	—	—
高台县	667	—	—	—	—
山丹县	1066	—	6667	133	—
平凉市	**29492**	**—**	**333**	**4667**	**—**
崆峒区	3193	—	—	1667	—
泾川县	2873	—	—	—	—
灵台县	3900	—	—	—	—
崇信县	3133	—	—	—	—
庄浪县	4500	—	—	1333	—
静宁县	8760	—	—	1667	—
华亭县	2933	—	—	—	—
关山林管局	200	—	333	—	—
酒泉市	**10367**	**—**	**8140**	**—**	**—**
肃州区	487	—	—	—	—
金塔县	5407	—	—	—	—
瓜州县	480	—	3067	—	—
肃北蒙古族自治县	160	—	5073	—	—
阿克塞哈萨克族自治县	40	—	—	—	—
玉门市	2793	—	—	—	—
敦煌市	1000	—	—	—	—
庆阳市	**68221**	**—**	**—**	**2933**	**—**
西峰区	1933	—	—	1467	—
庆城县	9301	—	—	1466	—
环县	11027	—	—	—	—
华池县	9713	—	—	—	—
合水县	2673	—	—	—	—
正宁县	4007	—	—	—	—
宁县	9366	—	—	—	—
镇原县	10700	—	—	—	—
子午岭林业管理局华池分局	4127	—	—	—	—
合水林业总场	3341	—	—	—	—
子午岭林业管理局宁县分局	2033	—	—	—	—
定西市	**26400**	**—**	**—**	**5933**	**—**
市辖区	267	—	—	400	—
安定区	5093	—	—	934	—
通渭县	6820	—	—	1800	—
陇西县	3880	—	—	800	—
渭源县	3813	—	—	133	—
临洮县	2467	—	—	1600	—
漳县	1760	—	—	133	—
岷县	2300	—	—	133	—
陇南市	**22090**	**—**	**2000**	**—**	**—**

分县造林完成情况

单位：公顷

单位名称	人工造林	飞播造林	无林地和疏林地新封山育林	退化林修复	人工更新
市辖区	267	—	—	—	—
武都区	3400	—	467	—	—
成县	1073	—	—	—	—
文县	3052	—	—	—	—
宕昌县	2667	—	133	—	—
康县	1043	—	—	—	—
西和县	2567	—	—	—	—
礼县	4489	—	200	—	—
徽县	2000	—	—	—	—
两当县	532	—	—	—	—
岷江林业总场	533	—	667	—	—
康南林业总场	467	—	533	—	—
临夏回族自治州	**7393**	**—**	**—**	**2667**	**—**
临夏市	107	—	—	—	—
临夏县	773	—	—	—	—
康乐县	1667	—	—	—	—
永靖县	800	—	—	—	—
广河县	167	—	—	—	—
和政县	1573	—	—	1667	—
东乡族自治县	833	—	—	—	—
积石山保安族东乡族撒拉族自治县	1473	—	—	1000	—
甘南藏族自治州	**13157**	**—**	**1666**	**—**	**—**
合作市	724	—	—	—	—
临潭县	3180	—	—	—	—
卓尼县	1303	—	267	—	—
舟曲县	3613	—	333	—	—
迭部县	2024	—	400	—	—
玛曲县	713	—	333	—	—
碌曲县	1107	—	333	—	—
夏河县	493	—	—	—	—
白龙江林业管理局	**3266**	**—**	**2600**	**133**	**—**
小陇山林业实验局	**1000**	**—**	**—**	**325**	**—**
祁连山国家级自然保护区管理局	**333**	**—**	**—**	**—**	**—**
莲花山国家级自然保护区管理局	**200**	**—**	**—**	**—**	**—**
民勤连古城国家级自然保护区管理局	**200**	**—**	**333**	**—**	**—**
省林业技术推广总站	**67**	**—**	**—**	**—**	**—**
农林水务局	**671**	**—**	**—**	**—**	**—**
青海	**128735**	**—**	**66586**	**24162**	**—**
西宁市	**31010**	**—**	**2134**	**2668**	**—**
市直单位	2366	—	—	667	—
城东区	107	—	—	—	—
城中区	498	—	—	—	—
城西区	133	—	—	—	—
城北区	720	—	—	—	—
大通回族土族自治县	10925	—	—	667	—
湟中县	11710	—	—	667	—
湟源县	4551	—	2134	667	—

分县造林完成情况

单位:公顷

单位名称	人工造林	飞播造林	无林地和疏林地新封山育林	退化林修复	人工更新
海东市	**31390**	**—**	**10001**	**2000**	**—**
市直单位	2220	—	—	—	—
乐都区	9503	—	3334	667	—
平安区	6034	—	667	—	—
民和回族土族自治县	2533	—	467	—	—
互助土族自治县	8918	—	2866	1333	—
化隆回族自治县	594	—	2000	—	—
循化撒拉族自治县	921	—	667	—	—
孟达国家级自然保护区管理局	667	—	—	—	—
海北藏族自治州	**3099**	**—**	**10201**	**—**	**—**
门源回族自治县	133	—	2667	—	—
祁连县	2920	—	2000	—	—
海晏县	46	—	3534	—	—
刚察县	—	—	2000	—	—
黄南藏族自治州	**16509**	**—**	**4002**	**667**	**—**
州直单位	333	—	—	—	—
同仁县	7037	—	667	—	—
尖扎县	5734	—	1334	667	—
泽库县	1599	—	1334	—	—
河南蒙古族自治县	1139	—	667	—	—
麦秀林场	667	—	—	—	—
海南藏族自治州	**35113**	**—**	**22673**	**18827**	**—**
共和县	23432	—	4400	18827	—
同德县	260	—	4000	—	—
贵德县	87	—	—	—	—
兴海县	333	—	1333	—	—
贵南县	11001	—	12940	—	—
果洛藏族自治州	**2888**	**—**	**2573**	**—**	**—**
州直单位	200	—	—	—	—
玛沁县	533	—	1573	—	—
班玛县	1673	—	333	—	—
甘德县	16	—	—	—	—
久治县	466	—	667	—	—
玉树藏族自治州	**1831**	**—**	**3335**	**—**	**—**
州直单位	400	—	—	—	—
玉树市	73	—	667	—	—
杂多县	93	—	—	—	—
称多县	266	—	667	—	—
治多县	—	—	667	—	—
囊谦县	999	—	667	—	—
曲麻莱县	—	—	667	—	—
海西蒙古族藏族自治州	**5550**	**—**	**3667**	**—**	**—**
格尔木市	4683	—	—	—	—
德令哈市	266	—	1333	—	—
乌兰县	334	—	667	—	—
都兰县	267	—	667	—	—
天峻县	—	—	1000	—	—

分县造林完成情况

单位：公顷

单位名称	人工造林	飞播造林	无林地和疏林地新封山育林	退化林修复	人工更新
省三江集团本级	**1333**	**—**	**8000**	**—**	**—**
青海监狱管理局	**12**	**—**	**—**	**—**	**—**
宁夏	**63057**	**—**	**12401**	**16796**	**—**
银川市	**5136**	**—**	**1334**	**2067**	**—**
市直单位	1260	—	—	—	—
兴庆区	260	—	—	—	—
西夏区	520	—	—	—	—
金凤区	43	—	—	—	—
永宁县	520	—	—	—	—
贺兰县	813	—	—	200	—
灵武市	1453	—	667	200	—
白芨滩国家级自然保护区管理局	267	—	667	1667	—
石嘴山市	**1794**	**—**	**466**	**1560**	**—**
市直单位	200	—	—	400	—
大武口区	67	—	—	200	—
惠农区	320	—	133	—	—
平罗县	1207	—	333	960	—
吴忠市	**10353**	**—**	**5334**	**2833**	**—**
市直单位	133	—	—	67	—
利通区	947	—	667	200	—
红寺堡区	807	—	2667	333	—
盐池县	1800	—	1333	1000	—
同心县	5200	—	667	333	—
青铜峡市	1433	—	—	900	—
太阳山	33	—	—	—	—
固原市	**36090**	**—**	**1334**	**8136**	**—**
原州区	7837	—	—	2275	—
西吉县	11000	—	667	1667	—
隆德县	4500	—	667	1000	—
泾源县	2206	—	—	467	—
彭阳县	10547	—	—	1667	—
六盘山国家级自然保护区管理局	—	—	—	1060	—
中卫市	**8999**	**—**	**2600**	**1867**	**—**
市直单位	1933	—	667	333	—
沙坡头区	466	—	—	—	—
中宁县	1267	—	600	867	—
海原县	5333	—	1333	667	—
局直属单位	**426**	**—**	**1333**	**333**	**—**
其他单位	**259**	**—**	**—**	**—**	**—**
新疆	**124670**	**267**	**41222**	**14953**	**776**
乌鲁木齐市	**1853**	**—**	**667**	**876**	**—**
天山区	367	—	—	—	—
沙依巴克区	699	—	—	333	—
新市区	200	—	—	—	—
水磨沟区	10	—	—	10	—
头屯河区	200	—	—	—	—

分县造林完成情况

单位:公顷

单位名称	人工造林	飞播造林	无林地和疏林地新封山育林	退化林修复	人工更新
达坂城区	145	—	667	200	—
米东区	67	—	—	333	—
乌鲁木齐县	165	—	—	—	—
克拉玛依市	**1200**	**—**	**—**	**—**	**—**
吐鲁番市	**3733**	**—**	**1334**	**1333**	**34**
高昌区	200	—	667	400	—
鄯善县	1200	—	667	400	—
托克逊县	2333	—	—	533	34
哈密市	**123**	**—**	**—**	**—**	**—**
巴里坤哈萨克自治县	18	—	—	—	—
伊吾县	105	—	—	—	—
昌吉回族自治州	**31087**	**—**	**5933**	**—**	**—**
昌吉市	9933	—	866	—	—
阜康市	7200	—	—	—	—
昌吉国家农业科技园区	1333	—	—	—	—
准东水务局	333	—	—	—	—
呼图壁县	2200	—	2000	—	—
玛纳斯县	1953	—	—	—	—
奇台县	3600	—	667	—	—
吉木萨尔县	2600	—	533	—	—
木垒哈萨克自治县	1935	—	1867	—	—
博尔塔拉蒙古自治州	**1200**	**—**	**333**	**—**	**27**
博乐市	467	—	—	—	—
阿拉山口市	133	—	—	—	—
精河县	400	—	—	—	27
温泉县	200	—	333	—	—
巴音郭楞蒙古自治州	**8486**	**—**	**15156**	**2474**	**136**
库尔勒市	800	—	—	675	73
轮台县	1764	—	2667	—	—
尉犁县	1033	—	3467	133	—
若羌县	467	—	3200	133	—
且末县	333	—	—	—	14
焉耆回族自治县	277	—	—	200	7
和静县	2216	—	—	1333	—
和硕县	1296	—	4489	—	—
博湖县	154	—	1333	—	—
沙依东园艺场	146	—	—	—	42
阿克苏地区	**27174**	**—**	**9667**	**1666**	**—**
阿克苏市	8067	—	4666	—	—
库车县	3020	—	2000	533	—
温宿县	4333	—	—	—	—
沙雅县	2334	—	1667	—	—
新和县	1333	—	—	333	—
拜城县	1667	—	—	—	—
乌什县	4867	—	—	—	—
阿瓦提县	1333	—	667	800	—

分县造林完成情况

单位：公顷

单位名称	人工造林	飞播造林	无林地和疏林地新封山育林	退化林修复	人工更新
柯坪县	133	—	667	—	—
托木尔峰保护区管理站	20	—	—	—	—
地区林业技术推广站	67	—	—	—	—
克孜勒苏柯尔克孜自治州	**1778**	**—**	**133**	**—**	**—**
阿图什市	317	—	—	—	—
阿克陶县	741	—	133	—	—
阿合奇县	200	—	—	—	—
乌恰县	467	—	—	—	—
克州平原林场	33	—	—	—	—
克州奥依塔克林场	20	—	—	—	—
喀什地区	**23700**	**—**	**—**	**4001**	**—**
喀什市	1466	—	—	—	—
疏附县	1813	—	—	—	—
疏勒县	800	—	—	—	—
英吉沙县	2667	—	—	667	—
泽普县	680	—	—	—	—
莎车县	4867	—	—	467	—
叶城县	2333	—	—	—	—
麦盖提县	4020	—	—	2000	—
岳普湖县	667	—	—	—	—
伽师县	3520	—	—	—	—
巴楚县	534	—	—	867	—
塔什库尔干塔吉克自治县	333	—	—	—	—
和田地区	**11240**	**—**	**4600**	**1531**	**67**
和田市	466	—	—	67	—
和田县	2094	—	1333	133	—
墨玉县	1400	—	667	533	8
皮山县	1267	—	—	133	24
洛浦县	1600	—	2133	133	—
策勒县	2333	—	—	—	35
于田县	1613	—	—	466	—
民丰县	467	—	467	66	—
伊犁哈萨克自治州	**6684**	**—**	**867**	**1933**	**512**
伊宁市	333	—	—	—	27
奎屯市	380	—	—	—	—
霍尔果斯市	167	—	—	—	—
伊宁县	533	—	—	333	333
察布查尔锡伯自治县	2033	—	—	1333	—
霍城县	533	—	—	—	—
巩留县	800	—	—	67	5
新源县	667	—	67	200	13
昭苏县	87	—	800	—	—
特克斯县	867	—	—	—	—
尼勒克县	200	—	—	—	—
平原林场	17	—	—	—	—
新源国有林管理局	—	—	—	—	134

分县造林完成情况

单位:公顷

单位名称	人工造林	飞播造林	无林地和疏林地新封山育林	退化林修复	人工更新
林业科学研究院	67	—	—	—	—
塔城地区	**1536**	**—**	**1333**	**799**	**—**
区直单位	—	—	—	333	—
塔城市	200	—	333	433	—
乌苏市	133	—	—	—	—
额敏县	220	—	—	—	—
沙湾县	333	—	—	—	—
托里县	67	—	667	33	—
裕民县	363	—	333	—	—
和布克赛尔蒙古自治县	220	—	—	—	—
阿勒泰地区	**3435**	**267**	**1199**	**340**	**—**
阿勒泰市	211	—	—	33	—
布尔津县	2116	—	—	67	—
富蕴县	186	—	—	40	—
福海县	233	—	—	66	—
哈巴河县	480	—	—	34	—
青河县	120	—	866	100	—
吉木乃县	29	—	333	—	—
喀纳斯自然保护区管理局	60	267	—	—	—
区直单位	**1441**	**—**	**—**	**—**	**—**
天山西部国有林管理局	211	—	—	—	—
阿尔泰山国有林管理局	800	—	—	—	—
新疆农业大学实习林场	10	—	—	—	—
天山东部国有林管理局	420	—	—	—	—
新疆兵团	**7034**	**—**	**6640**	**1004**	**1233**
第一师	**1173**	**—**	**—**	**—**	**144**
2 团	29	—	—	—	—
3 团	27	—	—	—	—
4 团	137	—	—	—	—
6 团	8	—	—	—	4
7 团	30	—	—	—	—
8 团	7	—	—	—	—
10 团	140	—	—	—	140
11 团	613	—	—	—	—
12 团	40	—	—	—	—
13 团	53	—	—	—	—
14 团	20	—	—	—	—
16 团	34	—	—	—	—
农业发展服务中心	35	—	—	—	—
第二师	**483**	**—**	**2006**	**5**	**118**
22 团	8	—	—	—	8
24 团	13	—	—	—	—
25 团	5	—	—	5	5
27 团	8	—	—	—	5
29 团	6	—	6	—	4

分县造林完成情况

单位：公顷

单位名称	人工造林	飞播造林	无林地和疏林地新封山育林	退化林修复	人工更新
31团	196	—	—	—	—
33团	13	—	—	—	—
34团	232	—	2000	—	—
38团	—	—	—	—	94
223团	2	—	—	—	2
第三师	**438**	**—**	**—**	**36**	**—**
41团	4	—	—	—	—
42团	5	—	—	—	—
44团	14	—	—	—	—
46团	180	—	—	—	—
48团	31	—	—	—	—
49团	19	—	—	—	—
53团	3	—	—	—	—
伽师总场	17	—	—	33	—
东风农场	13	—	—	—	—
红旗农场	7	—	—	3	—
叶城二牧场	37	—	—	—	—
54团	108	—	—	—	—
第四师	**459**	**—**	**2000**	**—**	**11**
61团	19	—	1000	—	—
62团	8	—	—	—	—
63团	7	—	—	—	—
64团	22	—	—	—	3
66团	281	—	—	—	1
67团	9	—	—	—	—
68团	12	—	—	—	—
69团	7	—	—	—	—
70团	13	—	—	—	—
71团	4	—	—	—	—
72团	8	—	—	—	—
73团	7	—	—	—	—
74团	5	—	—	—	—
75团	7	—	—	—	—
76团	14	—	—	—	—
77团	4	—	1000	—	—
78团	7	—	—	—	—
79团	12	—	—	—	—
36团	13	—	—	—	7
第五师	**193**	**—**	**—**	**—**	**64**
81团	13	—	—	—	12
83团	22	—	—	—	18
84团	13	—	—	—	—
86团	8	—	—	—	29
87团	4	—	—	—	—
88团	16	—	—	—	2

分县造林完成情况

单位:公顷

单位名称	人工造林	飞播造林	无林地和疏林地新封山育林	退化林修复	人工更新
89 团	97	—	—	—	—
90 团	8	—	—	—	3
91 团	12	—	—	—	—
第六师	**859**	**—**	**—**	**—**	**—**
101 团	35	—	—	—	—
102 团	234	—	—	—	—
103 团	39	—	—	—	—
105 团	43	—	—	—	—
106 团	8	—	—	—	—
新湖农场	88	—	—	—	—
芳草湖农场	33	—	—	—	—
红旗农场	39	—	—	—	—
军户农场	22	—	—	—	—
共青团农场	12	—	—	—	—
六运湖农场	6	—	—	—	—
土墩子农场	6	—	—	—	—
奇台农场	40	—	—	—	—
北塔山牧场	8	—	—	—	—
师直	87	—	—	—	—
50 团	159	—	—	—	—
第七师	**517**	**—**	**—**	**9**	**458**
123 团	26	—	—	9	—
124 团	33	—	—	—	4
125 团	62	—	—	—	—
126 团	192	—	—	—	2
127 团	28	—	—	—	4
128 团	32	—	—	—	6
129 团	57	—	—	—	—
130 团	29	—	—	—	442
131 团	34	—	—	—	—
137 团	1	—	—	—	—
奎东农场	9	—	—	—	—
代管 1 团	14	—	—	—	—
第八师	**538**	**—**	**—**	**774**	**369**
121 团	67	—	—	—	—
133 团	20	—	—	100	—
134 团	33	—	—	67	—
136 团	3	—	—	38	—
141 团	47	—	—	—	68
142 团	150	—	—	40	39
143 团	7	—	—	—	—
144 团	8	—	—	6	67
石河子总场	90	—	—	—	80
147 团	23	—	—	—	81
148 团	33	—	—	64	—

分县造林完成情况

单位：公顷

单位名称	人工造林	飞播造林	无林地和疏林地新封山育林	退化林修复	人工更新
149 团	23	—	—	15	—
150 团	34	—	—	444	34
第九师	**205**	**—**	**2634**	**—**	**—**
161 团	7	—	—	—	—
162 团	17	—	—	—	—
164 团	16	—	—	—	—
165 团	27	—	667	—	—
166 团	10	—	967	—	—
167 团	31	—	333	—	—
168 团	27	—	—	—	—
170 团	67	—	667	—	—
团结农场	3	—	—	—	—
第十师	**149**	**—**	**—**	**—**	**—**
182 团	7	—	—	—	—
183 团	18	—	—	—	—
184 团	32	—	—	—	—
185 团	47	—	—	—	—
186 团	12	—	—	—	—
187 团	13	—	—	—	—
188 团	20	—	—	—	—
第十一师	**7**	**—**	**—**	**—**	**—**
5 团	7	—	—	—	—
第十二师	**385**	**—**	**—**	**—**	**4**
头屯河农场	23	—	—	—	—
三坪农场	9	—	—	—	—
104 团	33	—	—	—	4
五一农场	8	—	—	—	—
二二一团	45	—	—	—	—
二二二团	27	—	—	—	—
47 团	240	—	—	—	—
第十三师	**38**	**—**	**—**	**67**	**64**
红星 1 场	7	—	—	-	3
红星 2 场	1	—	—	—	2
红星 4 场	4	—	—	—	56
黄田农场	15	—	—	67	—
火箭农场	7	—	—	—	—
柳树泉农场	1	—	—	—	—
淖毛湖农场	3	—	—	—	3
第十四师	**1590**	**—**	**—**	**113**	**1**
皮山农场	500	—	—	100	—
一牧场	60	—	—	—	1
224 团	997	—	—	—	—
225 团	33	—	—	13	—
大兴安岭	**2400**	**—**	**—**	**22000**	**—**

附录五

全国历年主要统计指标完成情况

ANNEX Ⅴ

全国历年造林和森林抚育面积(一)

单位:万公顷

年　份	人工造林	飞播造林	新封山育林	更新造林	森林抚育
1949~1952	170.73			2.25	
1953	111.29			1.65	
1954	116.62			3.88	
1955	171.05			3.92	
1956	572.33			9.41	
1957	435.51			5.58	
1958	609.87			39.11	
1959	544.27	0.70		56.03	
1960	413.69	0.70		48.37	
1961	143.23	0.90		15.71	
1962	118.87	1.00		10.63	
1963	151.60	1.41		18.30	
1964	289.32	1.81		20.65	
1965	340.32	2.21		23.89	
1966	435.18	18.15		32.10	
1967	354.10	36.30		30.30	
1968	285.88	55.45		24.00	
1969	275.33	72.60		23.30	
1970	297.65	90.75		32.50	
1971	340.44	112.07		30.75	
1972	347.33	116.24		31.90	
1973	392.55	105.74		35.67	
1974	411.47	88.77		36.20	
1975	443.77	53.61		42.20	
1976	432.31	60.27		42.08	
1977	421.85	57.47		41.64	
1978	412.57	37.06		45.84	
1979	391.03	57.90		40.93	
1980	394.00	61.20		42.19	
1981	368.10	42.91		44.26	
1982	411.58	37.98		43.88	
1983	560.31	72.13		50.88	
1984	729.07	96.29		55.20	
1985	694.88	138.80		63.83	
1986	415.82	111.58		57.74	
1987	420.73	120.69		70.35	
1988	457.48	95.85		63.69	
1989	410.95	91.38		71.91	
1990	435.33	85.51		67.15	

说明:1. 1985年以前,造林成活率达到40%即统计造林面积,以后为达到85%以上统计。
2. 本表自2015年新封山育林面积包含有林地和灌木林地封育,飞播造林面积包含飞播营林。
3. 森林抚育面积特指中、幼龄林抚育。

全国历年造林和森林抚育面积(二)

单位：万公顷

年 份	人工造林	飞播造林	新封山育林	更新造林	森林抚育
1991	475.18	84.27		66.41	262.27
1992	508.37	94.67		67.36	262.68
1993	504.44	85.90		73.92	297.59
1994	519.02	80.24		72.27	328.75
1995	462.94	58.53		75.10	366.60
1996	431.50	60.44		79.48	418.76
1997	373.78	61.72		79.84	432.04
1998	408.60	72.51		80.63	441.30
1999	427.69	62.39		104.28	612.01
2000	434.50	76.01		91.98	501.30
2001	397.73	97.57		51.53	457.44
2002	689.60	87.49		37.90	481.68
2003	843.25	68.64		28.60	457.77
2004	501.89	57.92		31.93	527.15
2005	322.13	41.64		40.75	501.06
2006	244.61	27.18	112.09	40.82	550.96
2007	273.85	11.87	105.05	39.09	649.76
2008	368.43	15.41	151.54	42.40	623.53
2009	415.63	22.63	187.97	34.43	636.26
2010	387.28	19.59	184.12	30.67	666.17
2011	406.57	19.69	173.40	32.66	733.45
2012	382.07	13.64	163.87	30.51	766.17
2013	420.97	15.44	173.60	30.31	784.72
2014	405.29	10.81	138.86	29.25	901.96
2015	436.18	12.84	215.29	29.96	781.26
2016	382.37	16.23	195.36	27.28	850.04
2017	429.59	14.12	165.72	30.54	885.64
2018	367.80	13.54	178.51	37.19	867.60
2019	345.83	12.56	189.83	37.02	847.76
1949~1990	14728.44	1925.44		1379.90	
1991~1995	2469.95	403.61		355.06	1517.89
1996~2000	2076.06	333.06		436.21	2405.41
2001~2005	2754.60	353.26		190.71	2425.10
2006~2010	1689.80	96.68	740.77	187.41	3126.69
2011~2015	2051.08	72.42	865.02	152.68	3967.56
2016~2019	1525.58	56.45	729.42	132.03	3451.04
1949~2019	27295.51	3240.93	2335.21	2834.01	16893.69

全国历年林业重点

年别	合计	天然林资源保护工程	退耕还林工程	京津风沙源治理工程	
					小计
1979~1985年	**1010.98**				**1010.98**
“七五”小计	**589.93**				**589.93**
“八五”小计	**1186.04**			**44.12**	**1141.92**
1996年	248.17			16.50	231.67
1997年	244.94			21.60	223.35
1998年	271.80	29.04		23.16	219.60
1999年	316.95	47.76	44.79	21.16	203.25
2000年	309.90	42.64	68.36	28.03	170.88
“九五”小计	**1391.76**	**119.43**	**113.15**	**110.43**	**1048.75**
2001年	307.13	94.81	87.10	21.73	103.49
2002年	673.17	85.61	442.36	67.64	77.56
2003年	824.24	68.83	619.61	82.44	53.35
2004年	478.06	64.15	321.75	47.33	44.83
2005年	309.96	42.48	189.84	40.82	36.82
“十五”小计	**2592.56**	**355.87**	**1660.66**	**259.96**	**316.06**
2006年	280.17	77.48	105.05	40.95	56.68
2007年	267.83	73.29	105.60	31.51	57.42
2008年	343.35	100.90	118.97	46.90	76.58
2009年	457.55	136.09	88.67	43.48	189.31
2010年	366.79	88.55	98.26	43.91	136.06
“十一五”小计	**1715.68**	**476.31**	**516.55**	**206.77**	**516.05**
2011年	309.30	55.36	73.02	54.52	126.40
2012年	275.39	48.52	65.53	54.17	107.18
2013年	256.90	46.03	62.89	62.61	85.36
2014年	192.69	41.05	37.86	23.91	89.87
2015年	284.05	64.48	63.60	22.33	133.64
“十二五”小计	**1318.32**	**255.44**	**302.90**	**217.53**	**542.46**
2016年	250.55	48.73	68.33	23.00	110.50
2017年	299.12	39.03	121.33	20.72	94.79
2018年	244.31	40.06	72.35	17.78	89.39
2019年	232.77	50.37	47.80	23.08	86.82
总计	**10832.02**	**1385.23**	**2903.08**	**923.39**	**5547.64**

说明:1. 京津风沙源治理工程1993~2000年数据为原全国防沙治沙工程数据。

2. 自2006年起将无林地和疏林地封育面积计入造林总面积,2015年起将有林地和灌木林地封育计入造林总面积。

3. 2016年三北及长江流域等重点防护林体系工程造林面积包括林业血防工程3.67万公顷造林面积。2017年林业万公顷,三北及长江流域等重点防护林体系工程造林面积包括林业血防工程0.55万公顷造林面积。2019年林业重点工程造

生态工程完成造林面积

单位：万公顷

三北及长江流域等重点防护林体系工程					
三北防护林工程	长江流域防护林工程	沿海防护林工程	珠江流域防护林工程	太行山绿化工程	平原绿化工程
1010.98					
517.49	**36.99**			**35.46**	
617.44	**270.17**	**84.67**		**151.86**	**17.78**
134.23	46.40	7.22		40.25	3.59
126.61	44.78	6.35	5.67	36.63	3.31
124.40	44.86	6.03	3.99	34.37	5.96
124.54	36.98	4.45	3.21	29.34	4.73
105.32	20.69	5.69	3.07	29.85	6.26
615.09	**193.71**	**29.73**	**15.93**	**170.44**	**23.84**
54.17	16.27	9.09	2.71	14.13	7.13
45.38	11.03	5.57	4.66	7.62	3.32
27.53	10.88	3.86	4.47	5.00	1.62
23.23	11.33	3.02	3.18	3.09	0.98
21.79	6.59	2.27	3.07	2.85	0.25
172.10	**56.10**	**23.80**	**18.07**	**32.69**	**13.29**
32.68	7.87	1.70	2.88	11.47	0.09
38.15	7.64	2.39	1.74	7.39	0.11
49.79	7.23	7.42	3.70	8.03	0.41
125.59	22.21	21.22	8.21	11.92	0.17
92.82	11.88	17.32	6.68	6.92	0.43
339.04	**56.83**	**50.05**	**23.21**	**45.73**	**1.20**
73.78	20.48	20.99	7.23	3.66	0.26
67.87	15.79	14.54	5.16	3.81	
51.86	13.04	11.86	4.40	3.57	0.64
59.63	10.74	9.69	2.69	4.92	2.19
76.60	23.72	18.85	9.66	4.81	
329.74	**83.78**	**75.92**	**29.14**	**20.77**	**3.10**
64.85	21.78	10.87	5.73	3.59	
62.64	17.40	6.81	4.80	3.14	
57.85	20.65	4.45	2.55	3.89	
59.65	17.20	2.68	2.22	5.07	
3846.88	**774.60**	**288.98**	**101.66**	**472.65**	**59.22**

重点工程造林面积合计包括石漠化治理工程 23.25 万公顷。2018 年林业重点工程造林面积合计包括石漠化治理工程 24.73
林面积合计包括石漠化治理工程 17.90 万公顷，国家储备林建设工程 4.87 万公顷。

全国历年林业重点生态工程实际

指标名称		合 计	天然林资源保护工程	退耕还林工程	京津风沙源治理工程	
						小 计
1979~1995 年	**实际完成投资**	**417515**			**17432**	**400083**
	其中:国家投资	**196633**			**8501**	**188132**
1996 年	实际完成投资	140461			15741	124720
	其中:国家投资	51939			4506	47433
1997 年	实际完成投资	186106			33782	152324
	其中:国家投资	64741			12247	52494
1998 年	实际完成投资	441717	227761		37741	176215
	其中:国家投资	280338	206365		10176	63797
1999 年	实际完成投资	713818	409225	33595	35477	235521
	其中:国家投资	501534	351309	33595	8198	108432
2000 年	实际完成投资	1106412	608414	154075	43102	300821
	其中:国家投资	881704	582886	146623	15655	136540
“九五”小计	**实际完成投资**	**2588514**	**1245400**	**187670**	**165843**	**989601**
	其中:国家投资	**1780256**	**1140560**	**180218**	**50782**	**408696**
2001 年	实际完成投资	1771124	949319	314547	183275	303066
	其中:国家投资	1353311	887717	248459	59283	145743
2002 年	实际完成投资	2519018	933712	1106096	123238	316711
	其中:国家投资	2249185	881617	1061504	120022	157582
2003 年	实际完成投资	3307863	679020	2085573	258781	232083
	其中:国家投资	2977684	650304	1926019	239513	136239
2004 年	实际完成投资	3489682	681985	2142905	267666	352661
	其中:国家投资	2981364	640983	1920609	261857	135782
2005 年	实际完成投资	3600892	620148	2404111	332625	192556
	其中:国家投资	3211855	584777	2185928	325408	91292
“十五”小计	**实际完成投资**	**14688579**	**3864184**	**8053232**	**1165585**	**1397077**
	其中:国家投资	**12773399**	**3645398**	**7342519**	**1006083**	**666638**
2006 年	实际完成投资	3527084	643750	2321449	327666	179501
	其中:国家投资	3254930	604120	2224633	310029	85398
2007 年	实际完成投资	3470969	820496	2084085	320929	165879
	其中:国家投资	3027545	666496	1915544	298768	91273

完成投资及国家投资情况(一)

单位：万元

三北及长江流域等重点防护林体系工程						野生动植物保护及自然保护区建设工程
三北防护林工程	长江流域防护林工程	沿海防护林工程	珠江流域防护林工程	太行山绿化工程	平原绿化工程	
231652	**77939**	**41990**		**32622**	**15880**	
132779	**27148**	**10930**		**8780**	**8495**	
71169	23114	16548		7371	6518	
30802	7455	2531		2085	4560	
80567	21095	12653	16430	12247	9332	
34704	7196	2198	502	2853	5041	
90289	27774	21029	12060	11970	13093	
37206	11154	3340	1557	5411	5129	
118754	31384	22897	16463	24232	21791	
57383	16345	5717	2775	14195	12017	
143682	31273	31551	14392	23781	56142	
71602	18427	13768	6831	13327	12585	
504461	**134640**	**104678**	**59345**	**79601**	**106876**	
231697	**60577**	**27554**	**11665**	**37871**	**39332**	
102468	53406	40026	10678	16169	80319	20917
56163	22736	14425	6499	8832	37088	12109
139272	45837	41164	17657	17151	55630	39261
66512	27942	13839	15481	10920	22888	28460
85437	41442	29155	13136	10436	52477	52406
49105	27758	20127	11083	8097	20069	25609
86645	109028	51946	11922	13048	80072	44465
44014	26017	29705	9797	11268	14981	22133
85231	53607	23029	9134	14620	6936	51452
41252	12808	19704	7039	10095	394	24450
499053	**303320**	**185320**	**62527**	**71423**	**275434**	**208501**
257046	**117261**	**97800**	**49899**	**49212**	**95420**	**112761**
84328	24386	42553	6509	13949	7776	54718
38539	8262	20637	4647	13108	205	30750
94026	13912	37819	3994	13213	2915	79580
48202	9964	23290	2811	6541	465	55464

全国历年林业重点生态工程实际

指标名称		合　计	天然林资源保护工程	退耕还林工程	京津风沙源治理工程	
						小　计
2008 年	实际完成投资	4193747	973000	2489727	323871	337349
	其中:国家投资	3625728	923500	2210195	310795	139275
2009 年	实际完成投资	5075170	817253	3217569	403175	557076
	其中:国家投资	4179436	688199	2886310	355377	209602
2010 年	实际完成投资	4711990	731299	2927290	382406	570888
	其中:国家投资	3616315	591086	2499773	329166	138550
“十一五”小计	**实际完成投资**	**20978960**	**3985798**	**13040120**	**1758047**	**1810693**
	其中:国家投资	**17703954**	**3473401**	**11736455**	**1604135**	**664098**
2011 年	实际完成投资	5319584	1826744	2463373	250395	664819
	其中:国家投资	4342817	1696826	1949855	223978	394431
2012 年	实际完成投资	5283825	2186318	1977649	356646	630274
	其中:国家投资	4050116	1710230	1545329	321863	380467
2013 年	实际完成投资	5361512	2301529	1962668	378669	569772
	其中:国家投资	4378163	2020503	1557260	357304	354732
2014 年	实际完成投资	6659502	2610936	2230905	106583	1512854
	其中:国家投资	5448154	2204105	1916113	81217	1098931
2015 年	实际完成投资	7056599	2983638	2752809	111595	954103
	其中:国家投资	6299919	2838326	2520733	107268	637340
“十二五”小计	**实际完成投资**	**29681022**	**11909165**	**11387404**	**1203888**	**4331822**
	其中:国家投资	**24519169**	**10469990**	**9489290**	**1091630**	**2865901**
2016 年	实际完成投资	6754068	3400322	2366719	152729	678829
	其中:国家投资	6304925	3334513	2149296	141944	533251
2017 年	实际完成投资	7180115	3763641	2221446	174385	676739
	其中:国家投资	6702046	3615667	2055317	158962	546891
2018 年	实际完成投资	7171963	3956762	2254055	123900	575427
	其中:国家投资	6721782	3870733	2048106	112997	441992
2019 年	实际完成投资	2320342	654331	586684	139606	720683
	其中:国家投资	1854708	626823	568660	122049	419741
总　计	**实际完成投资**	**91781078**	**32779603**	**40097330**	**4901415**	**11580954**
	其中:国家投资	**78556872**	**30177085**	**35569861**	**4297083**	**6735340**

说明:2016 年三北及长江流域等重点防护林体系工程投资包括林业血防工程 17507 万元,其中国家投资 14887 万元。2017
漠化治理工程 107522 万元,其中国家投资 104297 万元;三北及长江流域等重点防护林体系工程投资包括林业血防工程 2438
国家储备林建设工程 124522 万元,其中国家投资 26838 万元。

完成投资及国家投资情况(二)

单位:万元

三北及长江流域等重点防护林体系工程						野生动植物保护及自然保护区建设工程
三北防护林工程	长江流域防护林工程	沿海防护林工程	珠江流域防护林工程	太行山绿化工程	平原绿化工程	
184078	34916	94009	7142	16804	400	69800
99184	13119	18429	4043	4275	225	41963
270310	101057	140019	23828	21663	199	80097
133198	27000	35953	8979	4422	50	39948
284589	49422	192579	27177	16471	650	100107
68632	19557	33802	12519	4000	40	57740
917331	**223693**	**506979**	**68650**	**82100**	**11940**	**384302**
387755	**77902**	**132111**	**32999**	**32346**	**985**	**225865**
322215	98832	200344	26204	12948	4276	114253
208105	42627	117478	14984	11167	70	77727
325088	99667	165824	25796	13899		132938
210938	40869	96239	19977	12444		92227
274469	65806	178784	21154	17539	12020	148874
170664	33863	116389	11354	10442	12020	88364
406704	98569	278075	21229	13196	695081	198224
253193	33154	140431	14930	12664	644559	147788
551846	103717	247150	31420	19970		254454
370283	85227	138168	23913	19749		196252
1880322	**466591**	**1070177**	**125803**	**77552**	**711377**	**848743**
1213183	**235740**	**608705**	**85158**	**66466**	**656649**	**602358**
355827	96009	145345	38195	25946		155469
322104	83955	66275	20084	25946		145921
397780	129902	95172	31473	22412		254075
294678	120732	88841	20611	22029		236685
347045	123383	62467	19310	20784	2438	154297
272132	106295	27613	13705	20215	2032	143657
499630	123090	43256	18913	35794		
274151	93493	16160	15072	20865		
5633101	**1678567**	**2255384**	**424216**	**448235**	**1123945**	**2005387**
3385525	**923103**	**1075989**	**249193**	**283730**	**802913**	**1467247**

年林业重点工程投资合计包括石漠化治理工程 89829 万元,其中国家投资 88524 万元。2018 年林业重点工程投资合计包括石万元,其中国家投资 2032 万元。2019 年林业重点工程投资合计包括石漠化治理工程 94516 万元,其中国家投资 90597 万元;

全国历年木材、竹材及木材加工、林产化学主要产品产量

时期	木材(万立方米)	竹材(万根)	锯材(万立方米)	人造板(万立方米)				木竹地板(万平方米)	松香(吨)
				总计	其中				
					胶合板	纤维板	刨花板		
1949~1977年	**90947.00**	**210405**	**26285.10**	**500.06**	**324.28**	**143.10**	**32.68**		**3884994**
1978年	5162.30	11181	1105.50	62.45	25.22	32.88	4.36		282027
1979年	5438.93	10507	1271.40	77.46	29.24	42.93	5.29		297034
1980年	5359.31	9621	1368.70	91.43	32.99	50.62	7.82		327283
1981年	4942.31	8656	1301.06	99.61	35.11	56.83	7.67		406214
1982年	5041.25	10183	1360.85	116.67	39.41	66.99	10.27		400784
1983年	5232.32	9601	1394.48	138.95	45.48	73.45	12.74		246916
1984年	6384.81	9117	1508.59	151.38	48.97	73.59	16.48		307993
1985年	6323.44	5641	1590.76	165.93	53.87	89.50	18.21		255736
"六五"时期	**27924.13**	**43198**	**7155.74**	**672.54**	**222.84**	**360.36**	**65.37**		**1617643**
1986年	6502.42	7716	1505.20	189.44	61.08	102.70	21.03		293500
1987年	6407.86	11855	1471.91	247.66	77.63	120.65	37.78		395692
1988年	6217.60	26211	1468.40	289.88	82.69	148.41	48.31		376482
1989年	5801.80	15238	1393.30	270.56	72.78	144.27	44.20		409463
1990年	5571.00	18714	1284.90	244.60	75.87	117.24	42.80		344003
"七五"时期	**30500.68**	**79734**	**7123.71**	**1242.14**	**370.05**	**633.27**	**194.12**		**1819140**
1991年	5807.30	29173	1141.50	296.01	105.40	117.43	61.38		343300
1992年	6173.60	40430	1118.70	428.90	156.47	144.45	115.85		419503
1993年	6392.20	43356	1401.30	579.79	212.45	180.97	157.13		503681
1994年	6615.10	50430	1294.30	664.72	260.62	193.03	168.20		437269
1995年	6766.90	44792	4183.80	1684.60	759.26	216.40	435.10		481264
"八五"时期	**31755.10**	**208181**	**9139.60**	**3654.02**	**1494.20**	**852.28**	**937.66**		**2185017**
1996年	6710.27	42175	2442.40	1203.26	490.32	205.50	338.28	2293.70	501221
1997年	6394.79	44921	2012.40	1648.48	758.45	275.92	360.44	1894.39	675758
1998年	5966.20	69253	1787.60	1056.33	446.52	219.51	266.30	2643.17	416016
1999年	5236.80	53921	1585.94	1503.05	727.64	390.59	240.96	3204.58	434528
2000年	4723.97	56183	634.44	2001.66	992.54	514.43	286.77	3319.25	386760
"九五"时期	**29032.03**	**266453**	**8462.78**	**7412.78**	**3415.47**	**1605.95**	**1492.75**	**13355.09**	**2414283**
2001年	4552.03	58146	763.83	2111.27	904.51	570.11	344.53	4849.06	377793
2002年	4436.07	66811	851.61	2930.18	1135.21	767.42	369.31	4976.99	395273
2003年	4758.87	96867	1126.87	4553.36	2102.35	1128.33	547.41	8642.46	443306
2004年	5197.33	109846	1532.54	5446.49	2098.62	1560.46	642.92	12300.47	485863
2005年	5560.31	115174	1790.29	6392.89	2514.97	2060.56	576.08	17322.79	606594
"十五"时期	**24504.61**	**446844**	**6065.13**	**21434.19**	**8755.66**	**6086.88**	**2480.25**	**48091.77**	**2308829**
2006年	6611.78	131176	2486.46	7428.56	2728.78	2466.60	843.26	23398.99	915364
2007年	6976.65	139761	2829.10	8838.58	3561.56	2729.85	829.07	34343.25	1183556
2008年	8108.34	126220	2840.95	9409.95	3540.86	2906.56	1142.23	37689.43	1067293
2009年	7068.29	135650	3229.77	11546.65	4451.24	3488.56	1431.00	37753.20	1117030
2010年	8089.62	143008	3722.63	15360.83	7139.66	4354.54	1264.20	47917.15	1332798
"十一五"时期	**36854.68**	**675814**	**15108.92**	**52584.57**	**21422.11**	**15946.12**	**5509.76**	**181102.03**	**5616041**
2011年	8145.92	153929	4460.25	20919.29	9869.63	5562.12	2559.39	62908.25	1413041
2012年	8174.87	164412	5568.19	22335.79	10981.17	5800.35	2349.55	60430.54	1409995
2013年	8438.50	187685	6297.60	25559.91	13725.19	6402.10	1884.95	68925.68	1642308
2014年	8233.30	222440	6836.98	27371.79	14970.03	6462.63	2087.53	76022.40	1700727
2015年	7218.21	235466	7430.38	28679.52	16546.25	6618.53	2030.19	77355.85	1742521
"十二五"时期	**40210.79**	**963932**	**30593.39**	**124866.30**	**66092.26**	**30845.74**	**10911.62**	**345642.72**	**7908592**
2016年	7775.87	250630	7716.14	30042.22	17755.62	6651.22	2650.10	83798.66	1838691
2017年	8398.17	272013	8602.37	29485.87	17195.21	6297.00	2777.77	82568.31	1664982
2018年	8810.86	315517	8361.83	29909.29	17898.33	6168.05	2731.53	78897.76	1421382
2019年	10045.85	314480	6745.45	30859.19	18005.73	6199.61	2979.73	81805.01	1438582
总　计	**362720.32**	**4078509.99**	**145105.76**	**332894.52**	**173039.21**	**81916.01**	**32780.79**	**833456.33**	**35024520**

说明：自2006年起松香产量包括深加工产品。

全国历年林业投资完成情况

单位：万元

年　份	林业投资完成额	其中：国家投资
1950～1977 年	**1453357**	**1105740**
1978 年	108360	65604
1979 年	141326	91364
1980 年	144954	68481
1981 年	140752	64928
1982 年	168725	70986
1983 年	164399	77364
1984 年	180111	85604
1985 年	183303	81277
“六五”时期	**837291**	**380159**
1986 年	231994	83613
1987 年	247834	97348
1988 年	261413	91504
1989 年	237553	90604
1990 年	246131	107246
“七五”时期	**1224925**	**470315**
1991 年	272236	134816
1992 年	329800	138679
1993 年	409238	142025
1994 年	476997	141198
1995 年	563972	198678
“八五”时期	**2052243**	**755396**
1996 年	638626	200898
1997 年	741802	198908
1998 年	874648	374386
1999 年	1084077	594921
2000 年	1677712	1130715
“九五”时期	**5016865**	**2499828**
2001 年	2095636	1551602
2002 年	3152374	2538071
2003 年	4072782	3137514
2004 年	4118669	3226063
2005 年	4593443	3528122
“十五”时期	**18032904**	**13981372**
2006 年	4957918	3715114
2007 年	6457517	4486119
2008 年	9872422	5083432
2009 年	13513349	7104764
2010 年	15533217	7452396
“十一五”时期	**50334423**	**27841825**
2011 年	26326068	11065990
2012 年	33420880	12454012
2013 年	37822690	13942080
2014 年	43255140	16314880
2015 年	42901420	16298683
“十二五”时期	**183726198**	**70075645**
2016 年	45095738	21517308
2017 年	48002639	22592278
2018 年	48171343	24324902
2019 年	45255868	26523167
总　计	**449598433**	**212293384**

附录六

2010～2019年主要林草产品进出口情况

ANNEX Ⅵ

2010~2019年主要林草

产品			2010年	2011年	2012年	2013年
林产品总计		出口	46316686	55033714	58690787	64454614
		进口	47506554	65299100	61948082	64088332
原木	针叶原木	出口	51	38	—	—
		进口	3240796	4864608	3760576	5114048
	阔叶原木	出口	10475	6730	1724	6656
		进口	2830298	3408524	3490359	4203304
	合计	出口	10526	6768	1724	6656
		进口	6071094	8273132	7250935	9317352
锯材		出口	342001	360493	331346	325737
		进口	3878172	5721322	5524195	6829924
单板		出口	210865	273559	234420	235983
		进口	88064	118568	135155	142005
特形材		出口	433189	377244	359769	334364
		进口	19708	29668	30988	28193
刨花板		出口	41387	56411	66454	93181
		进口	114283	122232	116921	127891
纤维板		出口	1114253	1435693	1613657	1523620
		进口	124654	107114	93740	100575
胶合板		出口	3402140	4339929	4795625	5033698
		进口	116042	119681	119546	103104
木制品		出口	4114612	4536235	4854951	5160484
		进口	121953	156709	274723	500161
家具		出口	16157214	17118709	18331201	19440770
		进口	387711	546457	596047	707904
木片		出口	558	726	30	57
		进口	673817	1159600	1331814	1554275
木浆		出口	11344	34119	12694	14008
		进口	8774104	11852421	10904715	11316770
废纸		出口	119	616	691	418
		进口	5352897	6967452	6275973	5930000
纸和纸制品		出口	7554688	10454553	11800706	14232066
		进口	4610590	5055272	4600238	4373700
木炭		出口	35748	39094	44428	64472
		进口	22952	44877	58017	62857
松香		出口	486750	593328	268287	272145
		进口	8830	8577	17549	47616
水果	柑橘属	出口	615797	726457	971902	1155959
		进口	106072	148576	150776	166152
	鲜苹果	出口	831627	914326	959913	1030074
		进口	75932	115830	92578	67465

产品进出口金额(一)

单位：千美元

2014 年	2015 年	2016 年	2017 年	2018 年	2019 年
71412007	74262543	72676670	73405906	78491352	75395411
67605223	63603710	62425744	74983984	81872984	74960493
289	—	—	—	—	—
5440581	3657984	4111591	5138718	5785597	5642349
7773	4140	29793	30155	23605	15330
6341506	4402247	3973686	4781965	5199242	3791450
8062	4140	29793	30155	23605	15330
11782087	8060231	8085277	9920683	10984839	9433798
298200	206795	194220	204445	180496	165135
8088849	7506603	8137933	10067066	10132562	8592147
276757	283714	280009	382999	481998	524959
183822	162113	157597	156892	192217	228444
355706	293881	234461	213652	189707	143183
35357	41178	51055	36828	45769	84477
136337	114107	120502	97400	106627	94389
141666	141018	184022	241020	242553	234329
1630949	1425474	1228476	1146604	1118496	941612
110055	108396	125490	135017	141499	131212
5813258	5487696	5275773	5097387	5425910	4393734
131966	121126	138484	150851	155669	125580
5932432	6457198	6308242	6289577	6086516	6001919
715093	763723	771224	740539	666670	650685
22091885	22854641	22209363	22692178	22933444	19919617
888821	884025	961700	1183797	1256034	1064381
21	102	823	—	478	198
1545100	1693669	1912019	1897517	2263472	2400167
12433	16818	17267	16600	20375	28759
12004565	12701792	12196424	15266065	19513308	16765090
265	280	495	385	203	241
5347795	5283161	4988961	5874652	4294716	1943079
15859260	17097590	16403632	16733385	17599912	20549348
4308915	4046869	3945233	4981667	6203231	5272058
89129	108964	101677	104079	80387	82425
62022	50057	46031	50264	87121	97657
296592	194439	104297	—	81774	49258
25367	40434	64510	—	84263	78339
1170064	1258434	1303841	1071605	1261167	1270393
229953	267179	354846	552051	633489	594780
1027619	1031232	1452932	1456372	1298926	1246333
46278	146957	123220	115215	117385	219040

2010~2019 年主要林草

产品			2010 年	2011 年	2012 年	2013 年
水果	鲜梨	出口	243263	285559	325154	361737
		进口	75	1043	3793	6041
	鲜葡萄	出口	104943	162273	336036	268561
		进口	189471	324280	425205	514608
	鲜猕猴桃	出口	44719	2803	1592	3026
		进口	2571	81910	138843	121626
	山竹果	出口	1	1	1	—
		进口	147018	145837	196000	231455
	鲜榴莲	出口	1	4	—	—
		进口	149562	234304	399762	543165
	鲜龙眼	出口	711	2451	2813	2158
		进口	193182	314287	395965	448088
	鲜火龙果	出口	300	719	1093	736
		进口	105305	200154	326473	410163
坚果	核桃	出口	24536	47654	54660	63087
		进口	48596	55204	73373	61000
	板栗	出口	73434	75865	85864	84255
		进口	22090	17893	26937	24578
	松子仁	出口	159277	153902	174671	212315
		进口	5619	21990	22467	26953
	开心果	出口	7334	10889	35959	28830
		进口	203136	116623	134940	80886
干果	梅干及李干	出口	3844	4943	6766	6479
		进口	4942	8274	9718	9745
	龙眼干、肉	出口	1742	1674	1868	1535
		进口	64630	86455	82020	86062
	柿饼	出口	13896	11100	16040	13476
		进口	—	1	—	—
	红枣	出口	17447	22611	26808	24638
		进口	90	58	70	8
	葡萄干	出口	69960	102067	73901	83392
		进口	23010	34943	41525	37881
果汁	柑橘属果汁	出口	16064	19946	11107	11209
		进口	109036	172899	153505	155367
	苹果汁	出口	747088	1081240	1142004	906622
		进口	606	1087	1383	2269
其他林产品		出口	9459801	11782556	11746517	13455234
		进口	9727522	23016281	14830100	10756768
草产品总计		出口	—	—	—	—
		进口	—	—	—	—
草种子		出口	—	—	—	—
		进口	—	—	—	—
草饲料		出口	—	—	—	—
		进口	—	—	—	—

说明：
1. 原始数据来源：海关总署。
2. 木浆中未包括从回收纸与纸板中提取的木浆。
3. 纸和纸制品中未包括回收纸、纸板及印刷品等。
4. 2004~2008 年以造纸工业纸浆消耗价值中原生木浆价值的比例将从回收的纸与纸板中提取的纤维浆、回收纸与纸板
2004~2006 年取 0. 22；2007 年取 0. 214；2008 年取 0. 221；2009 年取 0. 80；2010 年为 0. 78；2011 年为 0. 8；2012 年为 0. 85；
5. 2004~2008 年以造纸工业纸浆消耗价值中原生木浆价值的比例将纸和纸制品出口额折算为木制林产品价值，2009~
2008 年取 0. 26，2009 年取 0. 81；2010 年取 0. 79；2011 年取 0. 81；2012 年取 0. 86；2013 年取 0. 89；2014 年取 0. 89；2015
6. 将印刷品、手稿、打字稿等的进(出)口额=进(出)口折算量×纸和纸制品的平均价格。

产品进出口金额(二)

单位：千美元

2014 年	2015 年	2016 年	2017 年	2018 年	2019 年
350656	442537	487011	—	530066	573050
10148	12935	13300	—	12671	—
358756	761873	663604	735140	689676	1008381
602607	586628	629772	590728	586352	643520
4646	4463	—	7061	9781	13306
195481	266718	145952	350104	411291	454609
—	—	12932	28	30	92
158470	238200	343079	147070	349401	794911
—	—	—	3	6	7
592625	567943	693302	552171	1095163	1604484
3105	10187	8763	9936	8295	4745
328267	341923	270213	437722	365577	424880
329	345	538	1781	6422	9038
529932	662882	381121	389512	396649	362140
71524	60735	30301	106052	149973	341261
62120	42335	31916	33817	34107	27409
82517	77858	76939	—	78469	86659
18360	10504	15222	—	19220	13098
234068	258135	272137	243249	184826	233554
53440	64841	88809	96659	30162	9305
13482	10306	9956	—	20762	19859
66195	75964	118898	—	352594	809186
4235	2294	2405	2096	2416	2916
4251	3267	6282	7722	11365	15271
1657	2392	1905	1713	2765	2804
56678	26565	60613	91308	125350	144817
14826	8830	11904	7764	7446	6749
—	—	2	17	5	3
28535	35320	37290	33361	35872	38581
8	4	16	49	47	94
74344	56891	62245	29387	45737	74200
37952	50952	55113	43633	52983	58804
10880	10914	9353	10808	9974	8892
153185	124160	115084	160369	191326	184136
638698	561250	546813	648227	621540	425717
3209	4454	4811	6438	5354	7171
14525425	15122709	15176770	16032475	19173670	17139951
19280066	18504906	17208212	20706541	9833733	21470208
—	—	—	—	307	979
—	—	—	—	660269	664299
—	—	—	—	248	317
—	—	—	—	126449	110162
—	—	—	—	59	662
—	—	—	—	533820	554137

出口额折算为木制林产品价值，2009~2019 年按木纤维浆(原生木浆和废纸中的木浆)价值比例折算，各年的折算系数为：
2013 年为 0.88；2014 年为 0.89；2015 年为 0.90；2016 年为 0.92；2017 年为 0.93，2018 年为 0.92，2019 年为 0.89。
2015 年按木纤维浆(原生木浆和废纸中的木浆)价值比例折算，各年的折算系数为：2004~2006 年取 0.27，2007 年取 0.26，
年为 0.91；2016 年为 0.93；2017 年为 0.93；2018 年为 0.92；2019 年为 0.94。

2010~2019 年主要林草

产品			单位	2010 年	2011 年	2012 年	2013 年
原木	针叶原木	出口	立方米	174	41	—	—
		进口	立方米	24274023	31465280	26769151	33163602
	阔叶原木	出口	立方米	28208	14339	3569	13128
		进口	立方米	10073466	10860568	11123565	11995831
	合计	出口	立方米	28382	14380	3569	13128
		进口	立方米	34347489	42325848	37892716	45159433
锯材		出口	立方米	539433	544194	479847	458284
		进口	立方米	14812175	21606705	20669661	24042966
单板		出口	立方米	158158	246914	205644	204347
		进口	立方米	109517	200231	342983	599518
特形材		出口	吨	302159	254144	247267	225281
		进口	吨	10513	13442	14108	11818
刨花板		出口	立方米	165527	86786	216685	271316
		进口	立方米	539368	547030	540749	586779
纤维板		出口	立方米	2569456	3291031	3609069	3068658
		进口	立方米	400071	306210	211524	226156
胶合板		出口	立方米	7546940	9572461	10032149	10263412
		进口	立方米	213672	188371	178781	154695
木制品		出口	吨	1858712	1876915	1865571	1935606
		进口	吨	43652	55484	198006	445186
家具		出口	件	298327198	289157492	286991126	287405234
		进口	件	4361353	5497244	6368316	7384560
木片		出口	吨	5342	5094	69	69
		进口	吨	4631704	6565328	7580364	9157137
木浆		出口	吨	14433	31520	19504	22759
		进口	吨	11299952	14354611	16380763	16781790
废纸		出口	吨	621	2853	2067	923
		进口	吨	24352214	27279353	30067145	29236781
纸和纸制品		出口	吨	5157993	5997827	6444274	7622315
		进口	吨	3536533	3477712	3254368	2971246
木炭		出口	吨	63398	67463	64192	75550
		进口	吨	175518	188697	167655	209273
松香		出口	吨	249801	231148	167784	133136
		进口	吨	3589	2659	9918	30413
水果	柑橘属	出口	吨	933089	901557	1082217	1041421
		进口	吨	105275	131739	126154	128621
	鲜苹果	出口	吨	1122953	1034635	975878	994664
		进口	吨	66882	77085	61505	38642
	鲜梨	出口	吨	437804	402778	409584	381374
		进口	吨	13	527	2479	3122
	鲜葡萄	出口	吨	89359	106477	152292	105152
		进口	吨	81744	122909	168409	185228
	鲜猕猴桃	出口	吨	33162	1891	934	1478
		进口	吨	2041	43114	51979	48243

产品进出口数量(一)

2014 年	2015 年	2016 年	2017 年	2018 年	2019 年
2042	—	—	—	—	—
35839252	30059122	33665605	38236224	41612911	44484085
9702	12070	94565	92491	72327	50632
15355616	14509893	15059132	17162103	18072555	14745446
11744	12070	94565	92491	72327	50632
51194868	44569015	48724737	55398327	59685466	59229531
408970	288288	262053	285640	255670	245820
25739161	26597691	31526379	37402136	36642861	37051023
255744	265447	246424	335140	428288	461487
986173	998698	880574	738810	958718	1244081
212089	176867	162298	148973	132838	97267
16072	21624	27295	18896	28971	68704
372733	254430	288177	305917	353440	336644
577962	638947	903089	1093961	1065331	1036113
3205530	3014850	2649206	2687649	2273630	2133683
238661	220524	241021	229508	307631	242180
11633086	10766786	11172980	10835369	11203381	10060581
177765	165884	196145	185483	162996	139251
2175183	2269553	2302459	2420625	2392503	2357129
670641	760350	796138	753180	664333	637822
316268837	327246688	332626587	367209974	386935434	353208468
9845973	10191956	11101311	11888758	12246952	10275286
42	85	5531	—	230	71
8850785	9818990	11569916	11401753	12836122	12564718
18393	25441	27790	24417	24370	38975
17893771	19791810	21019085	23652174	24419135	26226052
661	631	2142	1394	537	689
27518476	29283876	28498407	25717692	17025286	10362640
8520484	8358720	9422457	9313991	8563363	9161090
2945544	2986103	3091659	4874085	6404037	6379417
80373	74075	68170	76533	60647	49491
219758	172780	159338	170718	298037	329338
122469	85322	58433	—	46950	35256
11343	23357	45857	—	69931	75707
979882	920513	934320	775228	983551	1013842
161833	214890	295641	466751	533265	567157
865070	833017	1322042	1334636	1118478	971146
28148	87563	67109	68850	64512	125208
297260	373125	452435	—	491087	470245
7379	7930	8224	—	7433	—
125879	208015	254452	280391	277162	379345
211019	215899	252396	233931	231702	252312
2175	2007	—	4304	6498	8852
62829	90178	66247	112532	113344	128742

2010～2019 年主要林草

产品			单位	2010 年	2011 年	2012 年	2013 年
水果	山竹果	出口	吨	1	4	1	—
		进口	吨	90918	83573	101141	112945
	鲜榴莲	出口	吨	4	11	—	—
		进口	吨	172205	210938	286510	321950
	鲜龙眼	出口	吨	1177	1704	1894	1892
		进口	吨	291336	338846	323328	365227
	鲜火龙果	出口	吨	440	430	607	347
		进口	吨	218355	339710	469245	538542
坚果	核桃	出口	吨	12086	17952	18024	18189
		进口	吨	25918	22837	27801	28385
	板栗	出口	吨	37002	37767	35081	39046
		进口	吨	11983	9197	10666	11788
	松子仁	出口	吨	7027	9633	11579	10683
		进口	吨	503	2481	2279	1948
	开心果	出口	吨	3382	5178	11008	5193
		进口	吨	52781	24952	28039	13651
干果	梅干及李干	出口	吨	954	1157	1522	1504
		进口	吨	5635	9065	8269	6838
	龙眼干、肉	出口	吨	283	264	248	193
		进口	吨	62036	77370	58551	64471
	柿饼	出口	吨	6505	4657	6080	5036
		进口	吨	—	—	—	—
	红枣	出口	吨	7686	6873	8522	7784
		进口	吨	51	37	17	1
	葡萄干	出口	吨	39850	47959	30633	36005
		进口	吨	13855	20624	22358	20073
果汁	柑橘属果汁	出口	吨	22563	20541	6102	5661
		进口	吨	71364	78156	61904	70459
	苹果汁	出口	吨	788409	613912	591633	601490
		进口	吨	464	819	1034	1769
草产品	草种子	出口	吨	—	—	—	—
		进口	吨	—	—	—	—
	草饲料	出口	吨	—	—	—	—
		进口	吨	—	—	—	—

说明：

1. 原始数据来源：海关总署。

2. 表中数据体积与重量按刨花板 650 千克/立方米，单板 750 千克/立方米的标准换算；2004～2006 年纤维板分别按硬算标准：密度>800 千克/立方米的取 950 千克/立方米、500 千克/立方米<密度<800 千克/立方米的取 650 千克/立方米、

3. 木浆中未包括从回收纸和纸板中提取的木浆。

4. 纸和纸制品中未包括回收的废纸和纸板、印刷品、手稿等。

5. 2004～2008 年废纸、纸和纸制品出口量按纸和纸产品中的原生木浆比例折算，2009～2019 年按木纤维浆(原生木浆和2007 年为 0. 214；2008 年为 0. 221；2009 年为 0. 80；2010 年为 0. 78；2011 年为 0. 80；2012 年为 0. 85；2013 年为 0. 88；

6. 核桃进(出)口量包括未去壳核桃和核桃仁的折算量，其中核桃仁的折算量是以 40%的出仁率将核桃仁数量折算为未板栗数量折算为未去壳板栗数量；开心果进(出)口量包括未去壳开心果和去壳开心果的折算量，其中去壳开心果的折算量

7. 柑橘属水果中包括橙、葡萄柚、柚、蕉柑、其他柑橘、柠檬酸橙、其他柑橘属水果。

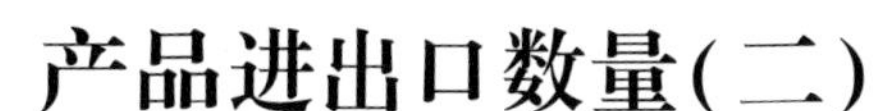

产品进出口数量(二)

2014 年	2015 年	2016 年	2017 年	2018 年	2019 年
—	—	4133	27	26	104
82798	104480	125988	71141	159029	364584
—	—	—	3	4	7
315509	298793	292310	224382	431956	604705
1754	3915	2760	3170	3713	1628
326079	354149	348455	528806	456603	406615
179	146	240	1092	3990	5136
603876	813480	523373	533448	510844	435716
17571	13660	9151	33826	51157	125343
26409	13137	12380	12334	11114	10238
35594	34590	32884	—	36389	39820
9874	6694	7213	—	7822	6641
11428	13444	13771	16153	12750	10434
3750	4228	6638	12980	3175	539
3360	2596	2082	—	4939	4878
10779	11348	18331	—	54954	114107
935	469	497	421	544	896
1613	1171	3421	4362	6304	9080
216	297	291	246	410	530
35810	16203	33729	57850	83965	114182
5492	3113	4013	2614	2434	2160
—	—	—	4	2	1
7822	9573	11027	9886	11172	13357
1	—	4	9	3	15
30201	25500	28770	13792	23739	40185
22592	34818	37087	33132	37717	40666
5265	5076	4323	4741	4553	3761
69701	64356	66268	82451	97816	104328
458590	474959	507390	655527	558700	385966
2747	4770	5600	7712	6445	8227
—	—	—	—	84	110
—	—	—	—	56296	51276
—	—	—	—	58	79
—	—	—	—	1707104	1627174

质纤维板 950 千克/立方米、中密度纤维板 650 千克/立方米、绝缘板 250 千克/立方米的标准折算；2007~2019 年纤维板折350 千克/立方米<密度<500 千克/立方米的取 425 千克/立方米、密度<350 千克/立方米的取 250 千克/立方米。

废纸中的木浆)比例折算，纸和纸制品出口量按纸和纸产品中木浆比例折算，出口量的折算系数：2004~2006 年为 0.22；2014 年为 0.89；2015 年为 0.90；2016 年为 0.92；2017 年为 0.92；2018 年为 0.91；2019 年为 0.89。
去壳的核桃数量；板栗进(出)口量包括未去壳板栗和去壳板栗的折算量，其中去壳板栗的折算量是以 80%的出仁率将去壳是以 50%的出仁率将去壳开心果数量折算为未去壳开心果数量。

附录七

野生动植物进出口情况

ANNEX Ⅶ

全国野生动植物进出口情况

指标名称	单位	2019 年
一、进出口证明书核发数量	**份**	**49181**
1. 进口	份	39297
2. 出口	份	7457
3. 再出口	份	2427
二、物种证明核发数量	**份**	**10449**
1. 进口	份	6172
2. 出口	份	4277

各办事处野生动植

单　位	进出口证明书核发数量(份)						
	合计	进口			出口		
		小计	动物	植物	小计	动物	植物
总　计	**49181**	**39297**	**11837**	**27460**	**7457**	**3186**	**4271**
濒管办北京办事处	1494	726	424	302	539	407	132
濒管办内蒙古自治区办事处	68	68	6	62	—	—	—
濒管办长春办事处	1318	1061	204	857	153	8	145
濒管办黑龙江省办事处	13623	13454	—	13454	50	26	24
濒管办上海办事处	18367	16012	8753	7259	1593	1246	347
濒管办福州办事处	1302	266	218	48	742	60	682
濒管办合肥办事处	207	92	—	92	115	12	103
濒管办武汉办事处	62	9	6	3	52	42	10
濒管办广州办事处	11268	7530	2178	5352	2890	985	1905
濒管办成都办事处	647	13	10	3	576	188	388
濒管办云南省办事处	660	37	11	26	618	208	410
濒管办西安办事处	151	20	20	—	124	4	120
濒管办乌鲁木齐办事处	2	2	—	2	—	—	—
濒管办贵阳办事处	12	7	7	—	5	—	5

说明:北京办事处下辖北京、天津、河北、山西核发点,长春办事处下辖吉林、辽宁核发点,上海办事处下辖上海、浙江、江处下辖广东、广西、海南核发点,成都办事处下辖四川、重庆、西藏核发点,西安办事处下辖陕西、甘肃、青海、宁夏核发点,乌鲁

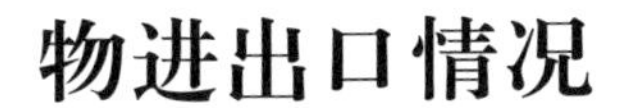

物进出口情况

			物种证明核发数量(份)						
再出口			合计	进口			出口		
小计	动物	植物		小计	动物	植物	小计	动物	植物
2427	**863**	**1564**	**10449**	**6172**	**3332**	**2840**	**4277**	**74**	**4203**
229	76	153	547	338	126	212	209	1	208
—	—	—	7	7	7	—	—	—	—
104	1	103	532	200	173	27	332	8	324
119	—	119	123	69	67	2	54	—	54
762	442	320	5889	4536	2603	1933	1353	51	1302
294	246	48	384	57	26	31	327	—	327
—	—	—	397	99	7	92	298	—	298
1	1	—	70	14	13	1	56	—	56
848	97	751	1360	557	294	263	803	14	789
58	—	58	129	12	—	12	117	—	117
5	—	5	159	142	—	142	17	—	17
7	—	7	464	17	16	1	447	—	447
—	—	—	120	120	—	120	—	—	—
—	—	—	268	4	—	4	264	—	264

苏核发点，福州办事处下辖福建、江西核发点，合肥办事处下辖安徽、山东核发点，武汉办事处下辖湖北、河南核发点，广州办事
木齐办事处下辖新疆、新疆建设兵团核发点。

附录八

世界主要国家林业情况

ANNEX Ⅷ

2020年世界主要国家森林面积及变化

国家(地区)	森林面积(千公顷)				森林面积变化					
					1990~2000年		2000~2010年		2010~2020年	
	1990年	2000年	2010年	2020年	年变化量(千公顷/年)	年变化率(%)	年变化量(千公顷/年)	年变化率(%)	年变化量(千公顷/年)	年变化率(%)
非洲										
中非	23203	22903	22603	22303	-30.0	-0.13	-30.0	-0.13	-30.0	-0.13
刚果(金)	150629	143899	137169	126155	-673.0	-0.46	-673.0	-0.48	-1101.4	-0.83
加蓬	23762	23700	23649	23531	-6.2	-0.03	-5.1	-0.02	-11.9	-0.05
苏丹	23570	21826	20081	18360	-174.4	-0.77	-174.5	-0.83	-172.2	-0.89
亚洲										
日本	24950	24876	24966	24935	-7.4	-0.03	9.0	0.04	-3.1	-0.01
蒙古	14352	14264	14184	14173	-8.8	-0.06	-8.0	-0.06	-1.1	-0.01
韩国	6551	6476	6387	6287	-7.5	-0.12	-8.9	-0.14	-10.0	-0.16
印度尼西亚	118545	101280	99659	92133	-1726.5	-1.56	-162.1	-0.16	-752.6	-0.78
老挝	17843	17425	16941	16596	-41.8	-0.24	-48.5	-0.28	-34.5	-0.21
马来西亚	20619	19691	18948	19114	-92.7	-0.46	-74.4	-0.38	16.6	0.09
缅甸	39218	34868	31441	28544	-435.0	-1.17	-342.7	-1.03	-289.7	-0.96
泰国	19361	18998	20073	19873	-36.3	-0.19	107.5	0.55	-20.0	-0.10
越南	9376	11784	13388	14643	240.8	2.31	160.4	1.28	125.5	0.90
欧洲										
芬兰	21875	22446	22242	22409	57.0	0.26	-20.4	-0.09	16.7	0.07
法国	14436	15288	16419	17253	85.2	0.58	113.1	0.72	83.4	0.50
德国	11300	11354	11409	11419	5.4	0.05	5.5	0.05	1.0	0.01
意大利	7590	8369	9028	9566	78.0	0.98	65.9	0.76	53.8	0.58
俄罗斯	808950	809269	815136	815312	31.9	—	586.7	0.07	17.6	—
西班牙	13905	17094	18545	18572	318.9	2.09	145.1	0.82	2.7	0.01
瑞典	28063	28163	28073	27980	10.0	0.04	-9.0	-0.03	-9.3	-0.03
北美洲和中美洲										
加拿大	348273	347802	347322	346928	-47.1	-0.01	-48.0	-0.01	-39.4	-0.01
墨西哥	70592	68381	66943	65692	-221.0	-0.32	-143.8	-0.21	-125.1	-0.19
美国	302450	303536	308720	309795	108.6	0.04	518.4	0.17	107.5	0.03
大洋洲										
澳大利亚	133882	131814	129546	134005	-206.8	-0.16	-226.8	-0.17	445.9	0.34
新西兰	9372	9850	9848	9893	47.8	0.50	-0.2	—	4.4	0.05
巴布亚新几内亚	36400	36278	36179	35856	-12.2	-0.03	-9.9	-0.03	-32.3	-0.09
南美洲										
巴西	588898	551089	511581	496620	-3780.9	-0.66	-3950.8	-0.74	-1496.1	-0.30
智利	15246	15817	16725	18211	57.1	0.37	90.8	0.56	148.5	0.85
哥伦比亚	64958	62736	60808	59142	-222.3	-0.35	-192.8	-0.31	-166.6	-0.28
苏里南	15378	15341	15300	15196	-3.7	-0.02	-4.1	-0.03	-10.4	-0.07
委内瑞拉	52026	49151	47505	46231	-287.5	-0.57	-164.6	-0.34	-127.4	-0.27

说明:资料来源为联合国粮食及农业组织《2020年全球森林资源评估报告》。

2018年世界主要国家林产品产量、贸易量和消费量(一)

国家(地区)	原　木(千立方米)				锯　材(千立方米)			
	产　量	消费量	进口量	出口量	产　量	消费量	进口量	出口量
世界总计	**3970872**	**3973707**	**145893**	**143058**	**492543**	**486214**	**151458**	**157787**
非洲合计	**778747**	**771869**	**1567**	**8445**	**10827**	**16830**	**8802**	**2799**
刚果(金)	90236	90183	17	70	150	122	—	28
加蓬	3870	3844	—	26	1100	158	—	942
尼日利亚	76232	75436	2	798	2002	1997	1	6
南非	27782	27735	784	831	2262	2170	136	228
乌干达	49061	49060	1	1	440	448	9	1
亚洲合计	**1160672**	**1234522**	**78035**	**4185**	**141517**	**198192**	**65537**	**8863**
印度	352856	357330	4480	7	6889	8067	1178	1
印度尼西亚	116320	116998	708	30	4169	3919	291	541
日本	29424	31720	3434	1138	9202	15036	5980	146
马来西亚	16284	13870	17	2431	3394	1687	239	1945
韩国	4845	8928	4087	3	2188	4600	2431	19
泰国	33116	33149	38	5	4500	1284	1244	4461
越南	57335	60781	3564	119	6000	7473	1713	240
欧洲合计	**824487**	**810845**	**60266**	**73908**	**170247**	**115940**	**44640**	**98948**
芬兰	68289	73649	6952	1592	11840	3748	609	8701
法国	49382	46119	1351	4614	8037	9400	2806	1443
德国	71802	75661	9250	5391	23743	20243	5494	8994
意大利	12908	15919	3187	176	1500	5899	4880	481
波兰	46586	42174	904	5316	5190	5424	1242	1008
俄罗斯	236000	216634	6	19372	42701	11085	48	31664
瑞典	73028	81808	9564	784	18373	6419	509	12464
北美洲合计	**590987**	**577307**	**5713**	**19393**	**128970**	**119813**	**28449**	**37605**
加拿大	152248	150724	4737	6261	46858	18404	1771	30224
美国	438738	426583	977	13132	82112	101397	26666	7381
大洋洲合计	**87009**	**54620**	**22**	**32412**	**9466**	**8224**	**1008**	**2251**
澳大利亚	37030	32827	3	4207	4635	5194	809	249
新西兰	35949	14544	3	21408	4414	2548	73	1938
巴布亚新几内亚	9605	5962	—	3643	240	195	—	45
拉美和加勒比合计	**528969**	**524544**	**290**	**4715**	**31516**	**27215**	**3021**	**7321**
巴西	281523	281116	13	420	10240	7199	23	3065
智利	63717	63460	—	257	8307	5236	49	3120
墨西哥	46560	46507	5	58	3362	5279	1925	8
乌拉圭	16987	14645	3	2344	594	210	8	392

2018年世界主要国家林产品产量、贸易量和消费量(二)

国家(地区)	人造板(千立方米)				木　浆(千吨)				纸张和纸板(千吨)			
	产 量	消费量	进口量	出口量	产 量	消费量	进口量	出口量	产 量	消费量	进口量	出口量
世界总计	**407950**	**405726**	**89801**	**92024**	**187758**	**188475**	**66294**	**65576**	**408843**	**408190**	**116235**	**116888**
非洲合计	2689	4878	2609	419	2329	2271	1075	1133	3052	7841	5606	817
刚果(金)	1	3	2	—	—	1	1	—	3	13	10	—
加蓬	95	81	—	14	—	—	—	—	—	5	8	3
尼日利亚	96	371	295	—	23	57	34	—	19	469	454	—
南非	1442	1394	147	194	2139	1217	205	1127	1801	1997	751	555
乌干达	45	1	4	48	—	—	—	—	—	135	139	4
亚洲合计	**245364**	**239361**	**24838**	**30841**	**37389**	**68836**	**37358**	**5911**	**191621**	**199850**	**31167**	**22938**
印度	2831	3360	579	49	3362	4837	1481	6	17284	18645	2861	1500
印度尼西亚	4643	1871	363	3136	8679	5951	1498	4226	11670	7569	704	4805
日本	5140	9030	4038	148	8806	10114	1681	373	26056	25180	1300	2175
马来西亚	4044	1322	1119	3841	131	314	185	3	1750	3177	1698	271
韩国	3136	6157	3057	36	575	2780	2241	36	11529	9702	1207	3034
泰国	7045	2055	477	5467	1162	1638	621	145	5118	4828	1039	1329
越南	1490	1695	1406	1201	540	999	464	5	1742	3215	1644	171
欧洲合计	**89892**	**84591**	**37964**	**43266**	**48624**	**50870**	**19690**	**17444**	**105988**	**92392**	**55573**	**69168**
芬兰	1342	659	402	1085	11660	8094	479	4045	10544	842	333	10034
法国	5435	4967	2389	2857	1613	3107	2004	510	7864	8706	4728	3885
德国	12713	12481	5903	6134	2398	6038	4717	1077	22666	19891	11611	14385
意大利	3880	5295	2479	1064	392	3699	3503	195	9081	11172	5439	3348
波兰	11355	11871	3686	3170	1371	2391	1165	145	4859	6678	4290	2471
俄罗斯	17334	12611	1217	5940	8579	6471	147	2255	9048	7123	1269	3194
瑞典	635	1657	1195	173	11942	8973	585	3555	10141	1420	840	9561
北美洲合计	48072	56894	19474	10652	65755	54089	5911	17576	81696	74895	12218	19019
加拿大	12659	6943	3036	8752	16790	7394	346	9741	10142	5336	2680	7486
美国	35413	49947	16434	1900	48965	46695	5565	7835	71554	69559	9538	11533
大洋洲合计	**3081**	**3355**	**1167**	**893**	**2953**	**2427**	**363**	**890**	**3963**	**4123**	**1717**	**1557**
澳大利亚	1717	2562	935	90	1523	1832	309	1	3225	3278	1184	1131
新西兰	1298	700	197	795	1430	594	53	889	738	772	457	423
巴布亚新几内亚	55	51	2	6	—	—	—	—	—	19	21	1
拉美和加勒比合计	**18851**	**16647**	**3749**	**5953**	**30707**	**9982**	**1897**	**22623**	**22523**	**29088**	**9954**	**3389**
巴西	11301	7557	11	3755	21695	6700	195	15190	10433	9213	634	1854
智利	3255	2386	479	1348	5363	693	18	4688	1201	1395	713	519
墨西哥	1043	2207	1288	124	125	1134	1012	3	5956	9673	4110	393
乌拉圭	251	113	48	186	2543	9	6	2539	59	125	69	3

说明:资料来源为联合国粮食及农业组织《林产品2018年鉴》。

勘　误

本统计年鉴以往卷主要林草产品进出口金额(主要林产品进出口金额)2012年原木(针叶原木、阔叶原木)合计均以2019卷数据(P314)为准。

《中国林业统计年鉴2008》(P16)林业重点工程建设情况(一)本年完成造林面积总计为3437498公顷。

特此更正。